装备科技译著出版基金

等离子体振荡及等离子体尾波的数学建模

[俄] E. B. 奇荣科夫 著

马菊红 邵怀玉 译

范德军 审校

国防工业出版社

· 北京 ·

内 容 简 介

本书主要研究数学建模中具有现实意义的现代等离子体物理学问题，即由短强激光脉冲激发的等离子体振荡及等离子体尾波的数学建模，本书首次从不同角度详细研究了尾波的流体动力学模型，并在此框架下分析了有利于电子加速的尾波传播规律，以及最后的翻转效应(这一效应导致不可控地向等离子体粒子传递能量)。本书尽管主要针对翻转效应分析，但对等离子体大振幅振荡的研究也同样具有独创性。书中给出的大部分结果均为原创，国内外学术文献均无类似描述。

本书适合计算数学领域的科研工作者、研究生和大学生阅读，也可以为工作中运用解析法、渐进法和数值法建立数学模型的工程师和研究人员提供参考。

著作权合同登记　图字：01-2023-5027 号

图书在版编目(CIP)数据

等离子体振荡及等离子体尾波的数学建模 / (俄罗斯) E.B.奇荣科夫著; 马菊红, 邵怀玉译. —北京: 国防工业出版社, 2024.1

ISBN 978-7-118-13116-1

Ⅰ.①等… Ⅱ.①E… ②马… ③邵 Ⅲ. ①等离子体–数学模型–研究 Ⅳ.①O53

中国国家版本馆 CIP 数据核字(2024)第 015501 号

Математические аспекты моделирования колебаний и кильватерных волн в плазме
ISBN: 978-5-9221-1794-4

Чижонков Евгений Владимирович, профессор механико-математического факультета МГУ им. М.В. Ломоносова

※

国防工业出版社 出版发行
(北京市海淀区紫竹院南路 23 号　邮政编码 100048)
雅迪云印（天津）科技有限公司印刷
新华书店经售

*

开本 710×1000　1/16　印张 15　字数 265 千字
2024 年 1 月第 1 版第 1 次印刷　印数 1—1500 册　定价 118.00 元

(本书如有印装错误，我社负责调换)

国防书店：（010）88540777　　书店传真：（010）88540776
发行业务：（010）88540717　　发行传真：（010）88540762

译者序

科技翻译是国际科技交流的重要纽带，是科技合作的基础，也是推动我国科技进步，走向世界的动力。科技俄语翻译作为中俄两国科技交流的桥梁在促进中俄各领域的科技合作中已创造出极其丰硕的成果，在提升我国国际影响力，推动全球治理以及国家全方位辐射力等方面都具有重要的战略意义及深远影响。

本人工科出身，早年受国务院人才引资办资助公派莫斯科理工学院留学，从事专业理论学习，在俄罗斯中央流体动力学研究院工作实习期间，参与了一系列国家团组与俄罗斯科技交流合作的各级学术会议及项目的笔译、口译及同声传译工作，在付出心血和宝贵时间的同时，也积累了大量的实践经验，丰富了自己，为后续的科学技术翻译奠定了实践理论基础。本人在外语研究类学术期刊上发表的多篇论文成果已形成科技俄语翻译研究的基础理论体系，翻译出版的多部科学技术译著成为外语界科技翻译的开拓性成果。在从事高校教学和科研过程中，为进一步加强跨学科科技翻译研究，促进语言学跨专业、跨领域合作，提升社会服务能力及战略价值，本人参加了哈工大哲学社会科学繁荣计划项目“国际比较与创新发展研究智库（项目编号：HIT.HSS.202127）”建设工作，利用外语赋能、科技孵化拓展优势，畅通世界先进技术跟踪渠道，选择翻译出版莫斯科大学 E.B. 奇荣科夫教授的著作《等离子体振荡及等离子体尾波的数学建模》。

众所周知，俄罗斯的基础理论学科，尤其是数学、物理学学术研究历史悠久，享誉世界，有著名数学家柯尔莫果洛夫（A. H. Колмогоров）、诺贝尔物理学奖获得者朗道（Л. Д. Ландау），以及切比雪夫（П. Л. Чебышёв）、佩雷尔曼（Г. Я. Перельман），巴索夫（Н. Г. Басов）、卡皮查（П. Л. Капица）、阿尔费罗夫（Ж.И. Алферов）等。先辈们的数学物理研究成果，也为等离子体振荡数学建模的研究奠定了坚实基础。

自 20 世纪 50 年代，等离子体技术开始得到广泛应用和推广，等离子体物理学逐渐成为一个活跃的新兴分支。《等离子体振荡及等离子体尾波的数学建模》一书通篇阐述的内容正是等离子体物理学领域问题在现代数学中最热门的研究方向之一——数值模拟，该著作 2018 年受“俄罗斯基础研究基金”资助出版，同年，诺贝尔物理学奖奖励了超强激光脉冲应用领域的突破性成果，这预示着模拟激光等离子体相互作用研究具有广阔的实际应用前景。

我们相信，本译著的出版会在我国强国战略和中俄科技合作背景下发挥其巨大价值，为国内科研工作者提供新思路，推动科研和理论创新，提升在激光脉冲、数学建模等领域整体研究实力，更期待能在短强激光研究领域获得长足发展，在能源、天体物理、化工、冶金等领域取得重大成果，造福人类。在此，感谢所有为本书的创作、翻译、出版等做出贡献的同仁！期待读者们的宝贵意见和建议。

马菊红

2023 年 3 月 30 日

前　言

本书通篇阐述的内容属于现代数学中最热门的研究方向之一——数值模拟。它的出现应归功于物理学这一学术领域中所发生的质的变化，甚至可以说是根本性的变革，因为重新理解电磁场与物质的相互作用观念在今日变得十分必要，著名等离子体物理学家 Л.М. 戈尔布诺夫 (Л.М. Горбунов)（1934—2007）的科普文章《为什么需要超强激光脉冲》就为此提供了强有力的证据。

氢原子是最简单的原子，在氢原子中只有一颗电子围绕原子核（质子）运动。将这两个粒子维系在一起的是电场强度约 5×10^{11} V/m 的电场。相比于我们生活中常见的电场，这一电场无疑是极强的。例如，击穿云母这种良好的绝缘体所需要的电场强度为 2×10^{8} V/m，仅是上述电场强度的几千分之一！经典理论从实质上讲，是“小扰动理论”，即认为相比于维持原子内部平衡的场而言，原子外的场极弱。但近年来制造出的激光器能够产生超强超短激光脉冲。在激光器实验中发现了一些新的物理现象，目前正在研究将这种脉冲用于核物理学、天文物理学，乃至医学等各个领域的可能性。这种脉冲持续时间小于 1 ps（10^{-12} s)，空间长度低于 300μm，也就是不足 1/3mm。辐射波长通常为 1μm 左右，属于红外范畴。一个脉冲长度内有数十至数百个波长。脉冲能量可达数百焦耳，功率可达 10^{15}W，即“1PW”。这已大大超出地球上所有发电站功率的总和。如果将这种脉冲聚焦在半径为 10μm 的面积上，光强将达到 3×10^{24}W/m^2，并且电场强度将达 10^{14} V/m。换句话说，这种电场比氢原子内部的电场要强几千倍。当然，这一数字可以很好地解释为什么在许多国家，研究这种脉冲的传播及其与物质相互作用，即建立新的描述强非线性效应的物理学理论，会成为前沿。

所谓的等离子体尾波是新理论的一个实例。这一术语是通过类比船在水中的运动而产生的。当短激光脉冲在等离子体中传播时，会在其后激起等离子体尾波，这种波是二维电荷密度波，沿脉冲运动的方向传播，横向传播有限。最初理论上预言的激光脉冲激发等离子体尾波效应，后来被一系列实验所证实，实验中研究了尾波场的空间结构。二维非线性尾波与一维电荷密度波有很大不同，它的一个重要特点是，随着远离激光脉冲其性能发生变化。由于频率与振幅的非线性关系，在远离脉冲后边沿时尾波场的波前会出现明显的翘曲。除此之外，当尾波落后于脉冲一定距离时会发生翻转，并将自身能量传递给等离子体中的粒子。这导致在尾波翻转区域不可控地俘获电子，并使其加速。同时，尾波的翻转还伴有很强的短波电磁辐射，这同样也已被实验所证实。

目前，尾波主要用来获取高能电子束团。在激光尾流场加速器中，相比于传统加速器，只需很短的距离就能够将电子加速到高能状态。最近也有探讨运用等离子体尾波来产生太赫兹电磁射线的可能性。太赫兹波的产生和记录有着重要意义，因为它在医学、生物学、天文物理学、防控系统，以及其他重要科学和技术领域有可能得到广泛应用。因此，深入细致地研究尾波的空间结构对于获取高速粒子束团和给定参数的太赫兹辐射脉冲是极为必要的。此外，即使是从纯学术的角度来看，研究尾波场的时空结构也是尤为重要的，因为这有助于进一步地发展非线性波理论和尾波翻转时发生的梯度突变理论。

在等离子体尾波的数值研究中使用的基本工具为 PiC（Particle-in-Cell）模型，即基于“网格质点”的模型。这一模型的程序代码已有很多，如 OSIRIS[134]、QUICKPIC[140]、VORPAL[155]、VLPL[158]、OOPIC[168] 等。在 Ю.Н. 格里戈里耶夫（Ю.Н. Григорьев）、В.А. 弗希夫科夫（В.А. Вшивков）、М.П. 费多鲁克（М.П. Федорук）的专著《网格质点法的数值模拟》[50] 中，详细介绍了这一方法。PiC 模型的应用有着显著的仿真技术特点，这一点对物理学研究工作者非常有吸引力，但是这必须要用到超级计算机，同时还需要大量不同领域的专家同时协同一致地开展工作，非常费时费力。此外，数值模拟的结果迟早还得用微分方程术语解释，如常微分方程或偏微分方程，这与理论物理学中各种效应的传统表述有关。

考虑到上述因素，在数学物理学博士、教授、首席研究员和苏联国家奖获得者 Л.М. 戈尔布诺夫的带领下，俄罗斯科学院列别捷夫物理研究所研发出了由激光脉冲激发的尾波的流体动力学模型。但必须要指出的是，流体动力学模型在等离子体模拟时相比于粒子模型，应用领域还是有着更大的局限性。不过流体动力学却能够更加细致地研究在“责任范围”所观测到的微分方程效应，并且无须在数值实验和理论推导之间再“额外地搭建桥梁”，因为在这种情况下解析、渐进，以及数值分析的都是同一对象。

应当指出，PiC 模型与流体动力学模型存在根本区别，前者是基于弗拉索夫动力学方程 [38] 或对这一方程性能的描述 [139]，而流体动力学的基础则是连续介质微分方程。并且没有证据表明，这种流体动力学模型是某种 PiC 模型的极端情况或中间状态。这需要进行非常深入的研究。流体动力学模型是对 PiC 模型的补充，本质上讲是以另一种方式描述在自然界中观察到的现象：短强激光脉冲在等离子体中激发的尾波。可以说本书中的所有材料都与研究这一流体动力学模型及模型变体的性质有关，这也完全符合计算数学领域研究人员的兴趣。

在建立本书所研究的模型之前已经有了与等离子体中不同类型的非线性特性（有质动力的非线性、热的非线性、电离的非线性等）相关的一系列研究著作，而这些特性与著名的激光光束自聚焦效应紧密相关 [73,105]。在这些研究著作中作者以数值模拟为目的，在欧拉方程的动力学相容差分格式 [55−56,97]、热波的计算方法 [84]，以及非线性薛定谔方程的隐对称格式 [21,30,63] 的基础上建立了专门的算法。本书对激光与等离子体相互作用计算时所得到的结果具有独创性，并在各章的文献评述及说明中进行了展示，但由于其偏离本书的主要内容，故并未收入正文。

尾波流体动力学模型的主要形式是非线性微分代数方程组，而这一方程组不论是对于解析法还是渐进法都极为复杂。所以在这里首选的分析工具是数值算法。从另一方面来说，如果没有解的性质概念，那么建立有效的数值方法就非常困难。况且翻转效应在尾波动力学中也有着特殊的作用。这就意味着，在这种问题中要求本质上不同的各种方法相结合。

本书建立的模型是意义非常重大的。特别是在这一模型的框架内首次取得了意料之外的结果：由轴对称激光脉冲激发的三维非线性尾波可能不是在系统的对称轴上翻转，而是在对称轴之外。要更加详细地研究这一效应，就必须引入更简单的模型：电子振动模型。借助这种模型既可以用数值方法，也可以用解析法来详细地分析轴外的翻转效应。换句话说，对尾波的这项研究是对冷等离子体大振幅电子振动的已知研究成果的更新和补充 [131]。

在简化所研究的模型时，作者得出了另一个不同寻常的新结论：在等离子体振荡翻转时刻电子密度函数形状的不稳定性。如果初始扰动是轴对称的，那么翻转（电子密度函数的奇点）会同时出现在某个半径不为零的圆周上。但如果电子密度的初始扰动截面是椭圆，那么奇点虽然也同时产生，但却只有两个点。并且翻转的最终结果是否发生质变并不取决于椭圆率的大小：椭圆的两个半轴之比与 1 的小小偏差会导致电子密度只在两点处接近无穷大。

应当指出的是，本书所探讨的尾波流体动力学模型在某种意义上是开放的。可以随时对其进行补充和完善，既可以加入新的物理要素（如离子动力学），也可以使其数学命题复杂化（如通过给出的函数来考虑等离子体的不均匀性，或者通过引入附加项的小参数使方程复杂化）。诸如此类的变化可能大大改变对相应数值模拟算法的要求。在研发新的数值方法过程中，作者曾多次向最为专业的数值分析专家和善于解决应用问题的专家求教。在此要特别感谢并缅怀俄罗斯科学院院士 Н.С. 巴赫瓦洛夫 (1934—2005) 和 В.И. 列别捷夫教授 (1930—2010)。

我们来确定本书在现代科学文献中的位置。在 21 世纪初出版了一本具有重大价值的学术著作《双曲型方程组数值解的数学问题》，作者是 А.Г. 库利科夫斯基、Н.В. 波戈列洛夫和 А.Ю. 谢苗诺夫 [69]。书中详细描述了双曲型偏微分方程组的各种数值解，并且全书的内容都与这些方程组的一些重要力学应用紧密相关，如气体动力学、浅水理论、磁流体动力学，以及可变形固体力学等。新的时代提出了新的问题。所以首先应当把本专著看作是对上述著作所阐述内容的补充或扩展。更具体地说，本专著主要深入研究的是等离子体中由短强激光脉冲激发的振荡及尾波的建模。应当指出的是，与本书研究相关的著作还有著名计算等离子体物理学专家 K.B. 布鲁什林斯基不久前出版的《磁气体动力学中的数学问题和计算问题》[31]。书中不仅非常详尽地讨论了磁气体动力学方程的性质，阐述了一些对其进行数值分析的方法和思想，还谈到了等离子体动力学和静力学其他一些效应（或者说"经典效应"）的建模问题，并且从计算物理学家的角度阐述了所研究的内容。因此不论是在提出问题的方式上，还是结果呈现形式上，本书都是上述专著的有效补充。

本书由前言及分为 9 章的两大部分主体内容和总结组成。每一章都有内容简介，每章最后都有与所述章节内容相关的文献评述及说明。为使条理清晰，易于阅读，本书前 6 章讲述等离子体振动建模，后 3 章讲述尾波建模。

书中包含了约 40 篇学术论文的成果，这些论文已刊载在国内外多家期刊上，并且多次在俄罗斯及国际数学和物理学术研讨会上作过报告。1993—2007 年和 2009—2011 年间的研究由俄罗斯基础研究基金会和其他一些组织机构提供资金资助（项目负责人：数学部分为 H.C. 巴赫瓦洛夫和 A.A. 科尔涅夫，物理部分为 Л.M. 戈尔布诺夫）。由于计算量大，多维计算主要在莫斯科大学切比雪夫超级计算机上完成。

一般来说，传统学术专著得出某些学科领域的研究结果会受到作者个人观点和知识水平的限制，但本书的情况有所不同。本书的研究不求圆满，相反，本书的内容主要是面向未来。因此，本书的主要受众是科研工作者、研究生和大学生，以及相关应用领域的工程师和研究人员。但即使是微分方程和计算数学领域的资深专家，也可能在本书中找到一些意料之外又新奇有趣的东西。在本书的总结中提出了部分未来可能的研究方向。

作者非常感谢 H.E. 安德烈耶夫和 A.A. 弗罗洛夫，正是与二位学者的合作使作者顺利开发出了研究等离子体振荡和尾波的数学工具，还要感谢进行数值模拟时 C.B. 米柳京在并行计算领域提供的专业帮助。此外，作者要特别感谢并缅怀 Л.M. 戈尔布诺夫先生，在提出具体问题和讨论解决办法，以及对周围世界形成完全不同的"物理"观点方面，先生的影响实在是难以估量，再怎么高度评价都不为过。

目　　录

第一部分　自由等离子体振动

第二部分　等离子体尾波

第一部分

自由等离子体振动

第1章　导　论

本章将引入翻转的概念，这是在研究非相互作用粒子的流体动力学模型时出现的一种效应。此外，本章还会给出描述无碰撞等离子体动力学的基本方程组，从中可以推导出最简单的平面一维方程组，包括相对论性和非相对论性方程组。以从数学角度认识翻转效应为目的，我们来讨论方程组的初始条件和边界条件，即形成基本问题。

1.1　什么是翻转？

我们来了解在非相互作用粒子的流体力学模型框架中研究连续介质运动时产生的翻转概念。我们根据文献 [58] 来进行阐述。

运用拉格朗日结构：在给出每一质点的瞬时位置 $\boldsymbol{r}$（欧拉坐标 x,y,z）与质点初始位置 ψ（拉格朗日坐标 ξ,η,ζ）和时间 t 的关系时，可以描述出该物质的运动：

$$\boldsymbol{r}=\boldsymbol{r}(\psi,t)$$

不难想象，运动是向量场 $\boldsymbol{r}$ 根据不断变化的标量参数 t 的不断变换。这一变换规律可以通过设定速度场 $\boldsymbol{u}$ 来确定：

$$\frac{\mathrm{d}\boldsymbol{r}}{\mathrm{d}t}=\boldsymbol{u}$$

而速度场又可以通过与作用力相关的某一规律来确定，不过这实质上并不重要。

我们来研究最简单的情况，即物体上没有施加任何外部作用力的情况。甚至还可以更进一步，忽略内力，也就是忽略物质粒子间所有相互作用力的情况。换句话讲，在方程中我们忽略应力，或者在液体或气体的情况下我们忽略压力和黏度。假设物质的每一个粒子都以恒定的速度运动，也就是说，存在一些粒子是做匀速直线运动的：

$$\boldsymbol{r}=\psi+(t-t_0)\,\boldsymbol{u}$$

在这种情况下对每个粒子，$\boldsymbol{u}$ 值都是恒定的。这意味着 $\boldsymbol{u}=\boldsymbol{u}\,(\psi)$, 而与时间无关。即使在这种情况下研究连续介质，也就是并非单个粒子，而是一群粒子，也会得到一些非常有趣且不同寻常的结论。

为了不产生疑义，假设在时刻 $t_0 = 0$ 时介质各处的初始密度相同，即 $n = n_0$。在拉格朗日系统中运动可以用一个简单的公式给出：

$$\boldsymbol{r} = \psi + t\boldsymbol{u}(\psi)$$

下面研究一个问题：随着时间的推移密度分布是如何变化的。

这个问题的特点在于不发生相互作用的粒子的轨道有可能相交。为了表示这种情况，我们运用“翻转”这一术语。

我们来看一维运动最简单的情况：

$$x = \xi + tv(\xi)$$

在文献 [59] 中详细探讨了这种情况，我们注意这一公式的有用结果：

$$\frac{\mathrm{d}x}{\mathrm{d}\xi} = 1 + t\frac{\mathrm{d}v}{\mathrm{d}\xi}$$

式中的变量 t 是一个参数，所以运用普通导数而非偏导数的符号。

假设两个粒子的初始位置分别为 ξ_1 和 ξ_2，如果在时刻

$$t' = \frac{\xi_2 - \xi_1}{v(\xi_1) - v(\xi_2)}$$

下面等式成立：

$$x' = x_1 = \xi_1 + t'v(\xi_1) = \xi_2 + t'v(\xi_2) = x_2$$

那么，这两个粒子在此刻处于同一点 x'。

在 $t > 0$ 的情况下，如果 $\xi_2 > \xi_1$ 时，$v(\xi_2) < v(\xi_1)$，那么在未来会存在这样一个时刻。对于相邻的两个粒子，下面等式成立：

$$\xi_2 = \xi_1 + \mathrm{d}\xi, \quad t' = -\left(\frac{\mathrm{d}v}{\mathrm{d}\xi}\right)^{-1}$$

在小区间 $\mathrm{d}\xi$ 内的物质的量为 $\mathrm{d}m = n_0\mathrm{d}\xi$。$\mathrm{d}m$ 值在运动过程中保持不变。可以表示为 $\mathrm{d}m = n\mathrm{d}x$，式中 $\mathrm{d}x$ 应该根据 $\mathrm{d}\xi$ 的选择来选取。因此，可得

$$n = \frac{\mathrm{d}m}{\mathrm{d}x} = \frac{\mathrm{d}m}{\mathrm{d}\xi} \cdot \frac{\mathrm{d}\xi}{\mathrm{d}x} = n_0\left(\frac{\mathrm{d}x}{\mathrm{d}\xi}\right)^{-1}$$

它等价于

$$n = n_0\left(1 + t\frac{\mathrm{d}v}{\mathrm{d}\xi}\right)^{-1}$$

由此可得，相邻轨道相交时刻 t' 恰好是物质的密度趋于无穷大的时刻。密度与坐标 x 的关系曲线存在无穷大峰值，这一关系曲线在文献 [59] 中有详细分析。

因此，在非相互作用粒子的流体动力学模型框架中非常重要的“翻转”概念的关键是：在对介质的拉格朗日描述中，两个及两个以上粒子的运动轨道相交，在对介质的欧拉描述中对应于该时刻和该空间点的是密度函数值趋于无穷大。

现在来看对接下来阐述非常重要的情况，这时粒子在其某些平衡位置附近振动，也就是其轨道可以通过下面公式描述：

$$x = \xi - A(\xi)\cos[\omega(\xi)t], \quad \omega(\xi) = 1 + \sigma A^2(\xi) \tag{1.1}$$

在式 (1.1) 中，粒子相对于平衡位置的初始位移通过函数 $A(\xi)$ 给出，而基本振动的频移等于 1，且与参数值 $\sigma \neq 0$ 时的初始位移是二次方关系。稍稍向前推进，我们会发现，这种轨道在 $A(\xi) = A_0\xi\exp\{-2\xi^2/\rho_*^2\}, \rho_*, A_0 = \text{const}$ 时对等离子体的非线性电子振动是典型的；而 $\sigma = 0$ 的情况则对应于线性振动。

假设在点 x，时刻 t，由 ξ 和 $\xi + \Delta\xi$ 拉格朗日坐标描述的相邻粒子的轨道相交。这就意味着，除了式 (1.1)，下列关系式也成立：

$$x = \xi + \Delta\xi - A(\xi + \Delta\xi)\cos[\omega(\xi + \Delta\xi)t)] \tag{1.2}$$

式 (1.2) 减去式 (1.1) 中的第一个等式，在得到的等式右侧加上表达式 $A(\xi + \Delta\xi)\cos[\omega(\xi)t)]$，合并同类项后再将每项除以 $\Delta\xi$，可得

$$0 = 1 - \frac{A(\xi + \Delta\xi) - A(\xi)}{\Delta\xi}\cos[\omega(\xi)t] - A(\xi + \Delta\xi)\frac{\cos[\omega(\xi + \Delta\xi)t] - \cos[\omega(\xi)t]}{\Delta\xi} \tag{1.3}$$

当 $\Delta\xi \to 0$ 时，对式 (1.3) 取极限，可得 $\dfrac{\partial x}{\partial \xi} = 0$，或

$$0 = 1 - A'(\xi)\cos[\omega(\xi)t] + A(\xi)\sin[\omega(\xi)t]\omega'(\xi)t$$

在引入辅助角 φ 后，所得到的方程形式为

$$A'(\xi)\sqrt{1 + 4t^2\sigma^2 A^4(\xi)}\cos[\omega(\xi)t + \varphi] = 1 \tag{1.4}$$

是否能够翻转仅取决于式 (1.4) 的可解性。由于在有余弦函数的情况下，且时间 t 增加时，乘子（模）单调递增，并且整个式 (1.4) 是连续的，那么，公式的显式 $A(\xi) = A_0\xi\exp\left\{-\dfrac{2\xi^2}{\rho_*^2}\right\}$ 就能够确保产生振动的翻转效应。

在振幅相当小 $A(\xi) = O(\varepsilon)$ 时，不难确定翻转时刻到来的渐近性。假设 $|A'(\xi)|\sqrt{1+4t^2\sigma^2A^4(\xi)} = O(1)$ 且 $|A'(\xi)| = O(\varepsilon)$，有

$$t = O\left(\frac{1}{|A'(\xi)|\,A^2(\xi)}\right) = O(\varepsilon^{-3})$$

要注意的是，由于振动频率与振幅的相关性，即与条件 $\omega'(\xi) \neq 0$ 有关，在这种情况下必然会产生翻转效应。当不存在频移时，小振幅振动可能无限地持续下去。

1.2 物理模型与基本方程

如果我们将等离子体定义为由相对论性电子和非相对论性离子组成的理想冷液体混合物，那么，描述它的流体动力学方程组与麦克斯韦方程联合的向量形式如下：

$$\frac{\partial n_{\mathrm{e}}}{\partial t} + \mathrm{div}\,(n_{\mathrm{e}}\boldsymbol{v}_{\mathrm{e}}) = 0 \tag{1.5}$$

$$\frac{\partial \boldsymbol{p}_{\mathrm{e}}}{\partial t} + (\boldsymbol{v}_{\mathrm{e}}\cdot\nabla)\,\boldsymbol{p}_{\mathrm{e}} = e\left(\boldsymbol{E} + \frac{1}{c}[\boldsymbol{v}_{\mathrm{e}}\times\boldsymbol{B}]\right) \tag{1.6}$$

$$\gamma = \sqrt{1 + \frac{|\boldsymbol{p}_{\mathrm{e}}|^2}{m_{\mathrm{e}}^2c^2}} \tag{1.7}$$

$$\boldsymbol{v}_{\mathrm{e}} = \frac{\boldsymbol{p}_{\mathrm{e}}}{m_{\mathrm{e}}\gamma} \tag{1.8}$$

$$\frac{\partial n_{\mathrm{i}}}{\partial t} + \mathrm{div}\,(n_{\mathrm{i}}v_{\mathrm{i}}) = 0 \tag{1.9}$$

$$\frac{\partial \boldsymbol{v}_{\mathrm{i}}}{\partial t} + (\boldsymbol{v}_{\mathrm{i}}\cdot\nabla)\,\boldsymbol{v}_{\mathrm{i}} = \frac{e_{\mathrm{i}}}{m_{\mathrm{i}}}\left(\boldsymbol{E} + \frac{1}{c}[\boldsymbol{v}_{\mathrm{i}}\times\boldsymbol{B}]\right) \tag{1.10}$$

$$\frac{1}{c}\frac{\partial \boldsymbol{E}}{\partial t} = -\frac{4\pi}{c}(en_{\mathrm{e}}\boldsymbol{v}_{\mathrm{e}} + e_{\mathrm{i}}n_{\mathrm{i}}\boldsymbol{v}_{\mathrm{i}}) + \mathrm{curl}\boldsymbol{B} \tag{1.11}$$

$$\frac{1}{c}\frac{\partial \boldsymbol{B}}{\partial t} = -\mathrm{curl}\boldsymbol{E}, \quad \mathrm{div}\boldsymbol{B} = 0 \tag{1.12}$$

式中：$e, e_{\mathrm{i}}, m_{\mathrm{e}}, m_{\mathrm{i}}$ 分别为电子和离子的电量和质量（这里电子的电量为负值，$e < 0$）；c 为光速；$n_{\mathrm{e}}, \boldsymbol{p}_{\mathrm{e}}, \boldsymbol{v}_{\mathrm{e}}$ 分别为电子的浓度、脉冲和速度；$\boldsymbol{n}_{\mathrm{i}}, \boldsymbol{v}_{\mathrm{i}}$ 分别为离子的浓度和速度；γ 为洛伦兹因子；$\boldsymbol{E}, \boldsymbol{B}$ 分别为电场和磁场向量。

式 (1.5) ~ 式 (1.12) 是一个最简单的无碰撞等离子体模型，上述列出的所谓准流体动力学描述（文献中直接称其为流体动力学描述）适用于这一模型。通常把这种近似叫作 **“冷” 等离子体的二流体流体动力学方程**。它广为人知，并在有关等离子体物理学的专著和教科书中有非常详尽的描述（如文献 [6, 40, 85–86]）。

对式 (1.5) ~ 式 (1.12) 作出柯西问题解很重要，因此我们认为，在 $t=0$ 时设定适当的初始条件为

$$\boldsymbol{p}=\boldsymbol{p}^0,\quad n=n^0,\quad \boldsymbol{E}=\boldsymbol{E}^0,\quad \boldsymbol{B}=\boldsymbol{B}^0 \tag{1.13}$$

在这种情况下，“适当的” 意味着不会与麦克斯韦方程及（或）其结果冲突，例如：

$$\mathrm{div}\boldsymbol{B}^0=0,\quad \mathrm{div}\boldsymbol{E}^0=4\pi(n^0-n_{\mathrm{i}}^0)$$

式中：n_{i}^0 为等离子体中的初始离子密度分布。

如果在整个 $\boldsymbol{R}^3$ 空间研究等离子体运动，并且初始条件具有某一特性，那么，式 (1.6) 可以变换为更方便的形式，这里指的是在个别情况所求的解可以用更简单的关系式描述。

命题 1.2.1 假设式 (1.5) ~ 式 (1.12) 的柯西问题有足够光滑的解（该解对所有自变量连续两次微分，且与上述导数一起是有界的），在无穷远处必须渐进递减，且初始函数 $\boldsymbol{B}^0(x,t),\boldsymbol{p}_{\mathrm{e}}^0(x,t)$ 有以下关系：

$$\boldsymbol{B}^0(x,t)+\frac{c}{e}\mathrm{curl}\boldsymbol{p}_{\mathrm{e}}^0(x,t)=0 \tag{1.14}$$

那么，式 (1.6) 可以表示为以下形式：

$$\frac{\partial \boldsymbol{p}_{\mathrm{e}}}{\partial t}=e\boldsymbol{E}-m_{\mathrm{e}}c^2\nabla\gamma \tag{1.15}$$

证明： 若函数 $\boldsymbol{v}_{\mathrm{e}},\boldsymbol{p}_{\mathrm{e}},\gamma$ 满足代数关系式 (1.7) 和式 (1.8)：

$$\boldsymbol{v}_{\mathrm{e}}=\frac{\boldsymbol{p}_{\mathrm{e}}}{m_{\mathrm{e}}\gamma},\quad \gamma=\sqrt{1+\frac{|\boldsymbol{p}_{\mathrm{e}}|^2}{m_{\mathrm{e}}^c c^2}}$$

则直接检验可确定等式

$$(\boldsymbol{v}_{\mathrm{e}}\cdot\nabla)\boldsymbol{p}_{\mathrm{e}}=m_{\mathrm{e}}c^2\nabla\gamma-[\boldsymbol{v}_{\mathrm{e}}\times\mathrm{curl}\boldsymbol{p}_{\mathrm{e}}] \tag{1.16}$$

成立。式 (1.16) 中对标量函数 γ 采用的算子 ∇ 具有普通 grad 算子的含义。

将式 (1.16) 代入式 (1.6) 中，可得

$$\frac{\partial \boldsymbol{p}_{\mathrm{e}}}{\partial t}=e\boldsymbol{E}-m_{\mathrm{e}}c^2\nabla\gamma+\frac{e}{c}\left[\boldsymbol{v}_{\mathrm{e}}\times\boldsymbol{A}\right] \tag{1.17}$$

式中采用辅助向量场标记：

$$\boldsymbol{A}=\boldsymbol{B}+\frac{c}{e}\mathrm{curl}\boldsymbol{p}_{\mathrm{e}} \tag{1.18}$$

我们来证明，当满足式 (1.14) 条件时向量场 $\boldsymbol{A}$ 在任何时刻都恒等于 0。我们对向量方程式 (1.17) 进行 rot 运算，运用麦克斯韦方程式 (1.12)，消除 rot$\boldsymbol{E}$，结果可得方程：

$$\frac{\partial \boldsymbol{A}}{\partial t}=\mathrm{curl}\left[\boldsymbol{v}_{\mathrm{e}}\times\boldsymbol{A}\right]$$

除此之外，等式 $\mathrm{div}\boldsymbol{A}=0$ 也是成立的，它是式 (1.12)、式 (1.14) 和式 (1.18) 通过计算的结果。这就对研究辅助向量场 $\boldsymbol{A}$ 初始条件为式 (1.14) 的问题提供了可能：

$$\frac{\partial \boldsymbol{A}}{\partial t}=\mathrm{curl}\left[\boldsymbol{v}_{\mathrm{e}}\times\boldsymbol{A}\right],\quad \mathrm{div}\boldsymbol{A}=0,\quad \boldsymbol{A}|_{t=0} \tag{1.19}$$

对式 (1.19) 中的非定态方程用向量函数 $\boldsymbol{A}$ 进行标量相乘，并对整个 $\boldsymbol{R}^3$ 空间求积分，可得

$$\frac{1}{2}\frac{\partial||\boldsymbol{A}||^2}{\partial t}=\int_{R^3}(\mathrm{curl}\left[\boldsymbol{v}_{\mathrm{e}}\times\boldsymbol{A}\right],\boldsymbol{A})\mathrm{d}x \tag{1.20}$$

其中

$$\|\boldsymbol{A}\|^2=\int_{R^3}\left(\sum_{i=1}^{3}|A_i(x,t)|^2\right)\mathrm{d}x$$

我们对式 (1.20) 的右边积分进行变换。首先要注意下列等式成立：

$$\mathrm{curl}\left[\boldsymbol{v}_{\mathrm{e}}\times\boldsymbol{A}\right]=\left(\boldsymbol{A}\cdot\nabla\right)\boldsymbol{v}_{\mathrm{e}}-\left(\boldsymbol{v}_{\mathrm{e}}\cdot\nabla\right)\boldsymbol{A}-\boldsymbol{A}\mathrm{div}\boldsymbol{v}_{\mathrm{e}}+\boldsymbol{v}_{\mathrm{e}}\mathrm{div}\,\boldsymbol{A}$$

考虑到螺旋管场 $\boldsymbol{A}$，在所得到的等式中仅保留三项。我们来研究带有后两项的积分：

$$I_1=-\int_{R^3}((\boldsymbol{v}_{\mathrm{e}}\cdot\nabla)\,\boldsymbol{A}+\boldsymbol{A}\mathrm{div}\boldsymbol{v}_{\mathrm{e}},\boldsymbol{A})\mathrm{d}x$$

我们对上式中的第一项运用分部积分法求积分后，有

$$I_1=-\frac{1}{2}\int_{R^3}\left(\boldsymbol{A}\mathrm{div}\boldsymbol{v}_{\mathrm{e}},\boldsymbol{A}\right)\mathrm{d}x\leqslant\frac{3}{2}S(t)\|\boldsymbol{A}\|^2$$

其中

$$S(t) = \max_{\mathbf{x}\in R^3} \max_{1\leqslant i,j\leqslant 3} \left|\frac{\partial v_i}{\partial x_j}\right|$$

在这里通过 $v_i(i=1,2,3)$ 来表示向量 $\boldsymbol{v}_\mathrm{e}(x,t)$ 的分量。对于另一项积分，下列估值成立：

$$I_2 = \int_{R^3} ((\boldsymbol{A}\cdot\nabla)\boldsymbol{v}_\mathrm{e}, \boldsymbol{A})\,\mathrm{d}x \leqslant 3S(t)\|\boldsymbol{A}\|^2$$

要指出的是，函数在无穷远处必须渐进递减是对所估值积分的有限性以及分部积分法的要求 [5,88]。

在式 (1.20) 中运用所得到积分的估值，可以得到所求的表达式：

$$\frac{\partial||\boldsymbol{A}||^2}{\partial t} \leqslant 9S(t)||\boldsymbol{A}||^2$$

该式与式 (1.14) 的初始条件 $||\boldsymbol{A}||=0$ 在微分形式的格朗沃尔不等式基础上共同确保向量场 $\boldsymbol{A}$ 在任意时刻的稳定性 [64]。命题得证。

在确定性方面，在空间 R^3 内，式 (1.6) 变换为更简单的形式，即式 (1.15)。这种情况可以很容易将其推广到 R^q 空间，$q=1,2$。

在对等离子体振荡进行建模时应当注意，确定翻转效应的存在相当不容易，因为它深深地隐藏在所研究模型式 (1.5) ~ 式 (1.12) 的“内部”。因此，最合理的做法就是简化方程，使其能够显现出解里存在翻转效应和不存在翻转效应的界限。

我们来向 R^3 空间引入普通直角坐标系 $OXYZ$，并作以下假设：

(1) 由于离子的质量远大于电子，故可认为离子是静止不动的；

(2) 问题的解只与向量函数 $\boldsymbol{p}_\mathrm{e}, \boldsymbol{v}_\mathrm{e}, \boldsymbol{E}$ 的 x 分量有关；

(3) 这些函数与变量 y 和 z 之间不存在依赖关系，即 $\partial/\partial y = \partial/\partial z = 0$。那么，由式 (1.5) ~ 式 (1.12) 可以得出非平凡方程：

$$\begin{gathered}\frac{\partial n}{\partial t} + \frac{\partial}{\partial x}(n\,v_x) = 0, \quad \frac{\partial p_x}{\partial t} + v_x\frac{\partial p_x}{\partial x} = eE_x, \\ \gamma = \sqrt{1+\frac{p_x^2}{m^2c^2}}, \quad v_x = \frac{p_x}{m\gamma}, \quad \frac{\partial E_x}{\partial t} = -4\pi e n v_x\end{gathered} \tag{1.21}$$

在这种情况下，描述变量与等离子体中电子部分联系的下标 e 意义不大，所以可以忽略不计。

我们引入下列无量纲量：

$$\rho = k_p x, \quad \theta = \omega_p t, \quad V = \frac{v_x}{c}, \quad P = \frac{p_x}{mc}, \quad E = -\frac{eE_x}{mc\omega_p}, \quad N = \frac{n}{n_0}$$

式中:$\omega_p = (4\pi e^2 n_0/m)^{1/2}$ 为等离子体频率;n_0 为非扰动电子密度的值;$k_p = \omega_p/c$。使用新的变量，式 (1.21) 的形式为

$$\begin{gathered}\frac{\partial N}{\partial \theta} + \frac{\partial}{\partial \rho}(NV) = 0, \quad \frac{\partial P}{\partial \theta} + E + V\frac{\partial P}{\partial \rho} = 0, \\ \gamma = \sqrt{1+P^2}, \quad V = \frac{P}{\gamma}, \quad \frac{\partial E}{\partial \theta} = NV\end{gathered} \tag{1.22}$$

由式 (1.22) 的第一个方程和最后一个方程可得

$$\frac{\partial}{\partial \theta}\left(N + \frac{\partial E}{\partial \rho}\right) = 0$$

这个关系无论是在没有等离子体振动 ($N \equiv 1, E \equiv 0$) 时，还是存在等离子体振动时，都是成立的。由此，我们可以得到有关电子密度更简单的表达式:

$$N(\rho, \theta) = 1 - \frac{\partial E}{\partial \rho} \tag{1.23}$$

现在，消去式 (1.22) 中的密度 N 和因子 γ，便可得到描述电子在冷理想等离子体中做自由平面一维相对论性振动方程组:

$$\frac{\partial P}{\partial \theta} + E + V\frac{\partial P}{\partial \rho} = 0, \quad \frac{\partial E}{\partial \theta} - V + V\frac{\partial E}{\partial \rho} = 0, \quad V = \frac{P}{\sqrt{1+P^2}} \tag{1.24}$$

可以用缩写 P1RE（Plane 1-dimension Relativistic Electron Oscillations）来表示该方程组。可能 P1RE 是解具有翻转效应的方程组中，最简单的公式之一。

最后，我们来实现式 (1.5) ~ 式 (1.12) 简化的最后一步：将式 (1.24) “割掉”一部分，使所寻找的翻转效应作为解的性质消失。这里可以做补充假设：电子的速度本质是非相对论性的，即

$$P \approx V, \quad \frac{\partial P}{\partial \rho} \approx \frac{\partial V}{\partial \rho}, \quad \frac{\partial P}{\partial \theta} \approx \frac{\partial V}{\partial \theta}$$

这种情况下可以得到描述电子在冷理想等离子体中做自由平面一维非相对论性振动的方程组:

$$\frac{\partial V}{\partial \theta} + E + V\frac{\partial V}{\partial \rho} = 0, \quad \frac{\partial E}{\partial \theta} - V + V\frac{\partial E}{\partial \rho} = 0 \tag{1.25}$$

可以把这个方程组表示为 P1NE（Plane 1-dimension Nonrelativistic Electron Oscillations），该方程组的解已经不具有要寻找的翻转效应。式 (1.25) 中的方程仍然不是平凡方程，后文将对其性质给予一定程度的研究。

应当明确指出的是，最重要的不是研究瞬时翻转（在第一个振动周期内进行的翻转），而是某一定数量的周期后产生的效应，即轨道准周期性的结果。

既然振动的翻转效应在对介质的欧拉描述和拉格朗日描述中表现形式不同，那么，这不仅对欧拉变量方程，更对拉格朗日变量方程的运用都有益处。下面来举例说明。

我们从模拟式 (1.25) 开始。假设某一介质微粒通过拉格朗日变量 ρ^L 来描述，那么，由式 (1.25) 可以得到描述粒子动力学的方程：

$$\frac{dV\left(\rho^L,\theta\right)}{d\theta}=-E\left(\rho^L,\theta\right),\quad \frac{\mathrm{d}E\left(\rho^L,\theta\right)}{\mathrm{d}\theta}=V\left(\rho^L,\theta\right) \tag{1.26}$$

式中：$\dfrac{\mathrm{d}}{\mathrm{d}\theta}=\dfrac{\partial}{\partial\theta}+V\dfrac{\partial}{\partial\theta}$ 为时间的全导数。

要提请注意的是，R 决定具有拉格朗日变量 ρ^L 的粒子位移，即轨道

$$\rho\left(\rho^L,\theta\right)=\rho^L+R(\rho^L,\theta)$$

它满足方程

$$\frac{\mathrm{d}R\left(\rho^L,\theta\right)}{\mathrm{d}\theta}=V\left(\rho^L,\theta\right)$$

由此可得，$R(\rho^L,\theta)$ 和 $E(\rho^L,\theta)$ 的值一致，精确度能达到无位移时由电场等于零这一条件计算出的常数。换句话说，在平面一维振动情况下关系式 $R\left(\rho^L,\theta\right)\equiv E(\rho,\theta)$ 成立，而拉格朗日变量方程式 (1.26) 具有以下形式：

$$\frac{\mathrm{d}V}{\mathrm{d}\theta}=-R,\quad \frac{\mathrm{d}R}{\mathrm{d}\theta}=V \tag{1.27}$$

使用类似的方法，可以由式 (1.24) 获得考虑到相对论性的情况下介质粒子的运动方程：

$$\frac{\mathrm{d}P}{\mathrm{d}\theta}=-R,\quad \frac{\mathrm{d}R}{\mathrm{d}\theta}=V\equiv\frac{P}{\sqrt{1+P^2}} \tag{1.28}$$

我们注意到，使用欧拉变量描述的电子动力学方程式 (1.24) 和式 (1.25) 与使用拉格朗日变量描述的电子动力学方程式 (1.27) 和式 (1.28) 有着本质上的不同：新的方程是常微分方程。式中的未知函数（脉冲速度和位移）仅与时间有关，而描述单个粒子的拉格朗日变量 ρ^L 以参数形式出现，也就是说，与其相关的可能只有初始数据。上述事实强调指出，在这种模型中说的是互相之间不发生作用的粒子：由于初始条件的不同，这些粒子的动力学各具特点，并且轨道有可能相交。

1.3 初始条件

我们来研究由于短激光脉冲的传播，等离子体中电子偏离平衡位置的情况。根据短脉冲激光在等离子体中传播的动力学模型 [153]（也可参见文献 [10]），考虑到高频激光场 $a(x,t), x \in R^q, q = 1,2,3$ 复振幅（所谓的包络线）的缓慢变化，式 (1.6) 应当修正如下：

$$\frac{\partial \boldsymbol{p}_{\mathrm{e}}}{\partial t} + (\boldsymbol{v}_{\mathrm{e}}\nabla)\boldsymbol{p}_{\mathrm{e}} = e\left(\boldsymbol{E} + \frac{1}{c}[\boldsymbol{v}_{\mathrm{e}} \times \boldsymbol{B}]\right) - \frac{m_{\mathrm{e}}c^2}{4\gamma}\nabla|a|^2$$

当脉冲速度很大而持续时间短时，等离子体对脉冲造成的影响可以忽略不计。在这种情况下可以使用给定脉冲的近似值，也就是说，不去求解振幅包络线方程，而是直接使用强度的时空分布函数。一般来说，这一分布函数是按照高斯定律变化的 [29,73]，即

$$a(\rho,\theta) = a_*\exp\left\{-\frac{\rho^2}{\rho_*^2} - \frac{(\theta_{\min}-\theta)^2}{l_*^2}\right\} \tag{1.29}$$

式中：a_*, ρ_*, l_* 分别为脉冲的振幅、宽度和长度（已知参数）；ρ 为距脉冲中心的距离。

如果 $\theta_{\min}$ 取足够大的值，如 $\theta_{\min} = 4.5l_*$，那么由式 (1.29) 可得，在初始时刻 $\theta = 0$ 脉冲的影响几乎不存在。之后随着 θ 的增加，作用强度先增加（到 $\theta = \theta_{\min}$，其中包含 $\theta_{\min}$），然后以相同的速度减小，并从 $\theta = 2\theta_{\min}$ 时刻起，脉冲的影响又变得微乎其微，并且在横坐标方向上的强度分布每一时刻都具有高斯分布特征，在整个空间范围内降低得相当快。

这种情况下在方程右边要加上 $\mathrm{const}\cdot\nabla|a|^2$ 形式的一项。特别是，这项可以使 P1NE 方程组的第一个方程得到如下修正：

$$\frac{\partial V}{\partial \theta} + E + V\frac{\partial V}{\partial \rho} = \alpha\rho\exp^2\left\{-\frac{\rho^2}{\rho_*^2} - \frac{(\theta_{\min}-\theta)^2}{l_*^2}\right\}$$

式中：$\alpha = (a_*/\rho_*)^2$。

由此不难得出结论：上述形式方程的右边会产生特解，并且对坐标原点附近空间变量呈线性关系，而在离开坐标原点一定距离后呈指数衰减。激光脉冲激发的正是这种振荡，它顺着等离子体束团运动。因此，受电场 $\boldsymbol{E}^0 = \mathrm{const}\cdot\nabla|a|^2$（具有激光脉冲强度函数的梯度形式）初始扰动而产生的等离子体振荡是接下来主要的关注对象。在文献 [45] 和文献 [123] 中所进行的数值实验表明，等离子体尾波的翻转过程和空间强度高斯分布的激光脉冲激发的电子振动过程在性质上和数量上都非常一致。

为了保证问题是确定性的，这里规定，两个一维平面电子振动方程组 P1RE 和 P1NE（相对论性方程式 (1.24) 和非相对论性方程式 (1.25)）具有相同形式的初始条件：

$$V^0(\rho)=\beta\,\rho\exp^2\left\{-\frac{\rho^2}{\rho_*^2}\right\},\quad E^0(\rho)=\alpha\,\rho\exp^2\left\{-\frac{\rho^2}{\rho_*^2}\right\} \tag{1.30}$$

式中：α,β 为某些常量。为了简化问题，我们通常认为从静止状态开始振动，即 $\beta=0$。

用欧拉变量的表达式 (1.30) 可以获得描述拉格朗日变量粒子动力学的独立方程式 (1.27) 和式 (1.28) 积分的初始条件。为此，我们运用具有拉格朗日坐标 ρ^L 的粒子轨道方程：

$$\rho(\rho^L,\theta)=\rho^L+R(\rho^L,\theta)$$

式中：R 为相对于平衡位置的位移。在初始时刻 $\theta=0$ 粒子处在点 $\rho(\rho^L,0)=\rho^L+R(\rho^L,0)$ 上，并且根据式 (1.30)，在这一点存在电场 $E(\rho(\rho^L,0))$。可以发现，这个电场是由于粒子位移产生的。考虑到在平面振动情况下粒子的位移函数和电场函一致，有

$$\rho^L=\rho(\rho^L,0)-E(\rho(\rho^L,0))$$

换句话说，我们确定欧拉坐标 ρ，观察其中的 $E^0(\rho)$ 和 $V^0(\rho)$。当 $\theta=0$ 时拉格朗日坐标为 $\rho^L=\rho-E^0(\rho)$ 的粒子位于这点上。因此，对这个粒子，由式 (1.30) 可以得到初始条件：

$$R(\rho^L,0)=E^0(\rho),\quad V(\rho^L,0)=V^0(\rho)$$

在相对论性方程的情况下，获得拉格朗日变量初始条件的过程类似。

由上可得，等离子体振荡问题在物理上较为合理的定义首先是柯西问题。换句话说，一般只有无界空间区域设定的初始条件才能单值描述原始方程式 (1.5) ~ 式 (1.12) 的解。

在总结提出最简单的电子振动问题的同时，我们对其中的物理过程进行描述。在某一等离子体占据的区域中，一部分电子通过某种方式（激光脉冲、电子束等）偏离（描述中性等离子体特征的）平衡位置。相对于平衡位置产生位移的电子会形成初始电场，而在初始时刻，通常认为这些电子本身是静止不动的。所产生的电场迫使电子向平衡位置运动，但运动是有加速度的。因此，电子在经过平衡位置后，就会像钟摆一样，开始朝相反方向运动。这就是在静止离子场中电子等离子体的振荡过程。原则上讲，如果没有阻止其运动的因素，这一过程可以持续无限长时间。但是，在一段时间间隔后可能会出现翻转，也就是由光滑函数可以形

成描述电场的间断函数。在对介质用欧拉描述的翻转进行建模时，会看到电子密度的奇点，而在对介质用拉格朗日描述的翻转进行建模时，则会看到最初占据不同空间位置电子轨道相交。

1.4 边界条件

由 1.3 节的结果可以得出，只是在研究欧拉变量问题的情况才能够产生对边界条件的需求，对于拉格朗日变量的情况不需要。因此，我们会根据需要来探讨微分方程边界条件的设置。

除此之外，对在无限空间区域中形成的问题进行数值求解时，通常需要用到人工边界条件，也就是对于所求函数在有限计算范围边界上设定的一些关系。人工边界条件的设置在很大程度上依靠初始问题解的性质，首先要使所设置的边界条件对区域内部的解影响最小，最理想的情况是不产生任何影响。在文献 [60] 中有对设置边界条件的方法和思想最完整的介绍，也有这方面详细的图书目录。然而在该文献中却没能选出适合我们所研究的等离子体振荡的案例，因此有关设置相应人工边界条件的问题将在下面作详细研究，来填补这一空白。这里仅研究最简单的一种边界条件：全阻尼振动条件，并且指的是建立下文中的式 (1.24) 和式 (1.30)。

为了方便起见，我们把变量 ρ 的计算范围表示为 $|\rho| \leqslant d$，并在 $\rho = \pm d$ 情况下讨论边界条件的设置。在 d 为任意的情况下设置 0 边界条件为

$$V(\pm d, \theta) = 0, \quad E(\pm d, \theta) = 0, \quad \forall \theta \geqslant 0 \tag{1.31}$$

从形式上看这种方法式不正确。原因在于式 (1.30) 中的初始函数 $E^0(\rho)$ 在整个坐标轴 OX 上均不为零，并且设置式 (1.31) 形式的边界条件立刻就形成断续式电场。这就意味着，在 $\rho = \pm d$ 的情况下由式 (1.23) 可以得出电子密度存在奇点，也就是迅速地翻转振荡的结论。

在数值分析中，也就是在计算误差条件下构建近似解时，上述形式上的障碍可以通过以下方式克服。下面来研究 $[0, h]$ 区间，式中 h 为小参数（后面为计算网络的步长），三次多项式 $P_3(s)$ 具有以下性质：

$$P_3(0) = 1, \quad P_3'(0) = 0, \quad P_3(h) = 0, \quad P_3'(h) = 0$$

其显示为

$$P_3(s) = \left(\frac{s}{h} - 1\right)^2 \left(\frac{2}{h}s + 1\right)$$

在 $[0, h]$ 区间内多项式为非负值，其导数到处非正值。

由于在寻求问题的光滑经典解时可能仅受其导数连续性的限制，那么，可以代替函数 $E^0(\rho)$ 作为初始条件研究 $\Psi(\rho) = E^0(\rho)\psi(\rho)$（式中在 $|\rho| \leqslant d-h$ 条件下 $\psi(\rho)$ 恒等于 1，在 $[d-h, d]$ 区间上确定为 $\psi(\rho) = P_3(\rho-d+h)$，而在 $[-d, -d+h]$ 区间上是对称的，也就是函数 $\psi(\rho)$ 本身及其在点 $\rho = -d$ 的导数为 0）形式的函数是有意义的。运用 $E^0(\rho)$ 和 $P(s)$ 的单调性，不难进行估值：

$$\max_{|\rho|\leqslant d} |\Psi(\rho) - E^0(\rho)| = |E^0(d)|$$

$$\max_{|\rho|\leqslant d} |\Psi'(\rho) - (E^0)'(\rho)| \approx \frac{3}{2h}|E^0(d)|$$

现在在 $|\rho| \leqslant d$ 区间上划分步长为 h 的均匀网格，在网格的所有内部节点上 $\rho_k = kh$，在 $|\rho_k| < d$ 时，$\Psi(\rho_k)$ 的值将与 $E^0(\rho_k)$ 一致，而在边界节点上，即 $\rho = \pm d$ 处，根据式 (1.31) 其值为 0。不难发现，无论选择任何参数 h，都存在某个值 d，使得不论是函数 $E^0(\rho)$ 和 $\Psi(\rho)$ 本身还是其导数，在区间 $[-d, d]$ 上的差别均可以任意小。特别是，d 的选择能够确保使所做的估值在数量级上与计算误差（即舍入误差）一致即可。

实际上要满足上述限定条件并不难。比如假设 $d = 4.5\rho_*$，可得 $\exp^2\{-d^2/\rho_*^2\} \approx 2.5768 \times 10^{-18}$。这意味着，在双精度计算中，初始函数 E^0 的跳跃值可以与计算机的准确度相比，即可以与通常的舍入误差相比。换句话说，在对振荡进行数值模拟时，其翻转的“开始”效应在遥远边界处完全不会被发现，这完全符合“人工边界”概念。鉴于初始条件式 (1.30) 的形式，上述讨论也完全适用于函数 $V^0(\rho)$。应当指出的是，辅助多项式 $P_3(s)$ 仅是理论论证所需要的，因为在设置初始条件时它在区间 $[0, h]$ 上的值在计算中并不使用。

1.5　文献评述及说明

等离子体是强非线性介质，在这种介质中即使微粒全都有相对很小的初始位移也会激发相当大振幅的振荡和波动。在没有耗散的情况下，不断发展的强非线性振荡和波动会发生翻转，也就是描述电子密度的函数产生奇点。

对于一维平面非线性等离子体波，是否发生翻转的判定标准在文献 [15] 中有所论述，该书还确定了等离子体波能够存在的电场振幅的极限值，并且在接近这个极限值时等离子体波中电子密度趋于无穷大。

另一非常重要的是文献 [131]，文献指出，振荡的翻转也可以在振幅低于极限值时发生，不过是在激发振荡一段时间后。该文献还证明了在振幅减小的情况下翻转时间会急速增加，因为它与振幅的立方成反比 [46, 131, 149]。这种振荡正是研究的重中之重。

在文献 [131] 中通过电子轨道的相交来定性地解释翻转。在文献 [59] 中已查明，产生密度的奇点，也就是振荡的翻转，是由于电子轨道相交的结果。

在描述准线性方程组解的性质术语中，把我们感兴趣的等离子体振荡翻转效应定义为 “梯度突变”[81]，指的是在解本身有界的情况下形成无界导数（梯度）。应当指出的是，在这种情况下，产生梯度突变实质上就意味着所研究的数学模型适用性的极限。换句话说，如果由平滑的初始值，如连续可微的初始值，形成式 (1.5) $\sim$ 式 (1.12) 的间断解，就意味着所求函数已经丧失了其物理意义。正是出于这个原因，英文文献中对于翻转效应使用了术语 “breaking”，其中蕴含着 “断裂”“破坏” 等语意。在观察到这个效应后，就不会对进一步分析振荡感兴趣。

应当注意的是，上述情况与气体动力学建模有原则性差别，在气体动力学中间断解在物理上很自然。其结果是，黎曼问题（存在部分间断初值的柯西问题）的精确解或近似解是对相应问题的大部分现代数值算法的基础 [69]。在与等离子体振荡相关的问题中，黎曼问题的提出没有任何物理意义，因为电场的初始间断函数已经意味着在间断点电荷无限集中。

如果两个不同粒子占据同一时空位置，那么进一步跟踪其运动就需要引入比经典电动力学更为复杂的模型，因为电荷的无限集中要求特殊解释。不同的等离子体模型及其研究方法在文献 [53，115，139] 中以及本章之前提到的书中都有详细说明。

作者在相当久以前就第一次了解了等离子体模型（磁流体动力学）[98]，两本专著（文献 [36] 和文献 [99]）是后来对流体动力学方程建立数学模型的技术进行充分研究并对其进行论证的成果。

在与苏联科学院普通物理研究所的同事们共同工作背景下 [18−19，28] 进一步了解了等离子体的建模。在这个课题上刊登的成果包括物理方面的论文《X 射线激光复合理论》[116] 和数学方面的论文《多电荷等离子体动力学及气体动力学方程的联立解法》[27]。这些成果的一部分后来收录在文献 [29] 中。

命题 1.2.1 形式的命题原理上并不是新的；相反，它们的显式和隐式却相当常用。例如，麦克斯韦电动力学方程之一是

$$\mathrm{div}\boldsymbol{B} = 0$$

然而，一般来说，在对等离子体动力学建模时并不使用其显式，因为 “作用的” 方程是式 (1.12)。

在通常假设描述电场和磁场函数光滑的情况下，由该方程可得：如果在初始时刻有 $\mathrm{div}\boldsymbol{B} = 0$，那么磁场在任意时刻都为管量场。换句话说，在研究磁流体力学方程相当光滑的解时，应当注意其初始值的结构，这一点往往能够帮助我们简化所研究的模型。

例如，由命题 1.2.1 可得，在初始条件式 (1.14) 情况下，要使式 (1.5) ~ 式 (1.12) 有相当光滑的解，需要

$$\boldsymbol{B}(x,t)+\frac{c}{e}\mathrm{curl}\boldsymbol{p}_{\mathrm{e}}^{0}(x,t)=0 \tag{1.32}$$

成立。对于定态非相对论性方程来说，这个关系式已众所周知（如参见文献 [37–38]），且常常与等离子体的无涡流运动相关。对于非定态相对论性方程来说，式 (1.32) 似乎首先出现在文献 [3] 中，并称之为“广义涡流守恒定律”。在这种情况下所列出的命题只追求实用目的：在一定程度上简化原始方程，以便进一步对由某一函数梯度形式的初始条件引发的等离子体振荡进行渐进分析、解析研究和数值分析。

另一种证明命题 1.2.1 的方法与等离子体中的磁场“可冻结性”推导类似，该方法在文献 [104] 中有论述。

在之前所列的对命题 1.2.1 的证明中使用了格朗沃尔不等式的微分形式。这里根据文献 [64] 对该不等式进行表述。

假设 y 是在 $[0,T]$ 区间上绝对连续的函数，p 和 q 为在 $[0,T]$ 区间上可叠加的函数，并且假设在 $[0,T]$ 区间上几乎处处满足不等式：

$$y'(t)\leqslant p(t)y(t)+q(t)$$

则

$$y(t)\leqslant \mathrm{e}^{p_1(t)}\left(y(0)+\int_0^t q(\tau)\mathrm{e}^{-p_1(\tau)}\mathrm{d}\tau\right),\ \forall t\in[0,T]$$

式中：$p_1(t)=\displaystyle\int_0^t p(\tau)\mathrm{d}\tau$。

应当指出，所求函数在坐标原点邻域的线性变化使得描述等离子体振荡的问题成为重要的研究对象，可以方便地称为“**轴对称解**”。这种解（后面会专门研究）有其独立的物理意义且常作为文献的研究对象（参见文献 [100，107，120，143]）。

前面所描述的建立人工边界条件的方法（即借助第一类齐次边界条件“切割”无限空间）是实际上非常方便且常用的一种方法。然而这种方法的主要缺点是过分增大计算区域。我们要探求的翻转效应通常出现在坐标原点 ρ 的邻域，距离小于 $0.1\rho_*$，因此超过 90%的计算都是由于不知道适合的边界条件而做出的某种付出。接下来会单独阐述另外一些模拟翻转时建立人工边界条件的方法。文献 [60] 最全面地介绍了建立这种边界条件的思想和方法，以及有关这一课题研究的详细书目。

在提出问题时，物理过程的对称性原理常常是很有用的，它在对原始式 (1.5) ~ 式 (1.12) 表述初始条件和边界条件时起着重要作用。例如，如果 P1NE 方程组

的初始条件是奇函数，并且它的解很重要，对于坐标原点在其整个区间具有奇数性，那么为了计算，哪怕是使用笛卡儿坐标系的最简单情况，也能缩小一半计算区域。当然，这完全适用于解决方案的齐偶性。如果采用柱坐标系（或者球坐标系），那么振动的对称性就是表述在计算区域对称轴上。

第 2 章　平面一维
非相对论性电子振动

本章探讨由 P1NE 方程组描述的平面一维非相对论性电子振动。主要目的是确定这种振动能够无限长时间存在的条件。也会单独说明 P1NE 方程组的“轴对称解”，以及在此基础上建立的一些特殊形式的解。

2.1　欧拉变量和拉格朗日变量问题的提出

先来研究 P1NE 方程组一个最简单的初始–边值问题，它描述自由平面一维非相对论性电子振动。我们回顾一下。

需要在半带形 $\{(\rho,\theta): -d<\rho<d, \theta>0\}$ 中求解

$$\frac{\partial V}{\partial \theta}+E+V\frac{\partial V}{\partial \rho}=0, \quad \frac{\partial E}{\partial \theta}-V+V\frac{\partial E}{\partial \rho}=0 \tag{2.1}$$

满足初始条件

$$V(\rho,0)=V_0(\rho), \quad E(\rho,0)=E_0(\rho), \quad \rho\in[-d,d] \tag{2.2}$$

和边界条件

$$V(-d,\theta)=V(d,\theta)=E(-d,\theta)=E(d,\theta)=0, \quad \forall\theta\geqslant 0 \tag{2.3}$$

在这种问题中研究**等离子体层**的振荡，因为边界条件式 (2.3) 会阻碍任何扰动移动到 $[-d,d]$ 区间以外。

具体指的是，初始函数形式为

$$V_0(\rho)=\beta\rho\mathrm{exp}^2\left\{-\frac{\rho^2}{\rho_*^2}\right\}, \quad E_0(\rho)=\alpha\rho\,\mathrm{exp}^2\left\{-\frac{\rho^2}{\rho_*^2}\right\}$$

式中：α,β 为**某些常量**，是在 $d=4.5\rho_*$ 情况下与“切割”所研究区域相关的一些条件。在一般情况下，我们讨论相当光滑的解（至少是连续可微的）以及能够与边界条件光滑衔接的相应的初始条件。

应当指出的是，标记初始条件的标志“0”在本章中为了方便，在函数的下面标注。

准线性方程式 (2.1) 是本章的基本方程组，因此，除了使用欧拉变量外，使用拉格朗日变量的形式也很有用：

$$\frac{\mathrm{d}V(\rho^L,\theta)}{\mathrm{d}\theta}=-E(\rho^L,\theta),\quad \frac{\mathrm{d}E(\rho^L,\theta)}{\mathrm{d}\theta}=V(\rho^L,\theta)$$

式中：$\dfrac{d}{d\theta}=\dfrac{\partial}{\partial\theta}+\dfrac{V\partial}{\partial\rho}$ 为对时间的全导数。

先回顾一下，决定具有拉格朗日变量 ρ^L 的粒子位移的 R：

$$\rho(\rho^L,\theta)=\rho^L+R(\rho^L,\theta) \tag{2.4}$$

满足方程

$$\frac{\mathrm{d}R(\rho^L,\theta)}{\mathrm{d}\theta}=V(\rho^L,\theta)$$

由此可得，$R\left(\rho^L,\theta\right)$ 和 $E\left(\rho^L,\theta\right)$ 的值一致，其精确度能达到由没有位移时电场等于零这一条件计算出的常数。换句话说，在平面一维振荡情况下关系式 $R\left(\rho^L,\theta\right)\equiv E\left(\rho,\theta\right)$ 成立，而用拉格朗日变量表示的基本方程组式 (2.1) 的形式为

$$\frac{\mathrm{d}V}{\mathrm{d}\theta}=-R,\quad \frac{\mathrm{d}R}{\mathrm{d}\theta}=V \tag{2.5}$$

要注意的是，式 (2.4) 对于通过初始分布函数 $E_0\left(\rho\right)$ 确定粒子的拉格朗日坐标 ρ^L 是非常有用的，在这种情况下：

$$\rho^L=\rho(\rho^L,0)-E_0(\rho(\rho^L,0)) \tag{2.6}$$

综上所述，通过拉格朗日坐标 ρ^L 标记的所有粒子的轨道都可以通过对式 (2.5) 进行独立积分来确定。为此需要两个初始条件：$R\left(\rho^L,0\right)$ 和 $V\left(\rho^L,0\right)$。要确定 $R\left(\rho^L,0\right)$，就要事先给出粒子在初始时刻的位置 ρ，那么，在这点的位移通过电场给出 $R\left(\rho^L,0\right)=E_0\left(\rho\right)$。而粒子的拉格朗日坐标可以通过式 (2.6) 确定。类似地可以通过 $V_0\left(\rho\right)$ 确定 $V\left(\rho^L,0\right)$。已知拉格朗日坐标 ρ^L 和位移函数 $R\left(\rho^L,\theta\right)$，就可以通过式 (2.4) 单值地描述粒子的轨道。

2.2 轴对称解

在文献 [100] 中对于圆柱几何体中描述激光等离子体相互作用且具有轴对称的非线性问题引入了轴对称解概念。这种解对空间坐标具有局部线性关系。当然，

在这种情况（平面的）下不建议使用轴对称。但是为了方便，我们还是会对式 (2.1) 的实数解使用这一名称：

$$V(\rho,\theta)=W(\theta)\rho,\quad E(\rho,\theta)=D(\theta)\rho$$

并研究其性质。

不难确定，与时间有关的乘子在这种情况下满足常微分方程组：

$$W'+D+W^2=0,\quad D'-W+WD=0 \tag{2.7}$$

对所得到的方程补充任意实数初始条件：

$$W(0)=\beta,\quad D(0)=\alpha \tag{2.8}$$

并查明式 (2.7) 和式 (2.8) 柯西问题存在且仅存在唯一解的条件。

可以发现，上述柯西问题并非简单问题，因为它既可能有 2π 周期的正规解（如在 α,β 很小的情况下），也可能有在有限时间范围内存在奇点的解（所谓的 blow-up 解）。并且，即使是多项式右侧的可用结果（参见文献 [137]），通常也不允许在生成不同类型解的初始数据集之间建立精确的边界。因此，对于所研究的问题，略有不同的观点是有益的。存在：

引理 2.2.1 式 (2.7) 和式 (2.8) 的柯西问题与下列微分代数问题等价：

$$W'=(1-2\alpha-\beta^2)x^2+(\alpha-1)x \tag{2.9}$$

$$W^2+1+(1-2\alpha-\beta^2)x^2+2(\alpha-1)x=0 \tag{2.10}$$

$$W(0)=\beta,\quad x(0)=1 \tag{2.11}$$

证明：从式 (2.7) 中消除函数 D，可得二阶方程的柯西问题：

$$W''+3W'W+W+W^3=0,\quad W(0)=\beta,\quad W'(0)=-(\alpha+\beta^2) \tag{2.12}$$

通过 $p\,(W)=W'_\theta$ 代换来降低方程的阶数：

$$p'_W p+3pW+W+W^3=0 \tag{2.13}$$

式中及下面导数的下角标都会清楚地表明进行微分的自变量。可以注意到，下列初始条件满足式 (2.13)（见式 (2.12)）：

$$p(\beta)=-(\alpha+\beta^2) \tag{2.14}$$

接下来通过自变量变换 $p(W) = u^{-1}(W) \neq 0$ 可得方程：

$$u'_W - 3u^2W - u^3(W + W^3) = 0$$

在这个方程中很容易做代换 $u(W) = \eta(\xi)$，式中 $\xi = \dfrac{3W^2}{2} + C_\xi$。结果如下：

$$\eta'_\xi = g(\xi)\eta^3 + \eta^2, \quad g(\xi) = \frac{2}{9}\xi + \frac{1}{3}\left(1 - \frac{2}{3}C_\xi\right)$$

为了得到这个方程的解析解，我们将自变量 $\xi = \xi(t)$ 参数化：

$$\xi'_t = -\frac{1}{t\eta(\xi)}, \quad t \neq 0$$

结果可得到

$$t^2\xi''_t + \frac{2}{9}\xi + \frac{1}{3}\left(1 - \frac{2}{3}C_\xi\right) = 0$$

其通解形式为

$$\xi(t) = C_1 t^{\frac{2}{3}} + C_2 t^{\frac{1}{3}} + C_\xi - \frac{3}{2}$$

由于 $\eta(\xi) = -[t\xi'_t(t)]^{-1}$, 由此可得

$$\eta(\xi) = -\left(\frac{2}{3}C_1 t^{\frac{2}{3}} + \frac{1}{3}C_2 t^{\frac{1}{3}}\right)^{-1}$$

考虑到 $p(W) = u^{-1}(W)$，式中 $u(W) = \eta(\xi)$, 再回到初始变量，有

$$p(W) = -\left(\frac{2}{3}C_1 t^{\frac{2}{3}} + \frac{1}{3}C_2 t^{\frac{1}{3}}\right), \quad W^2 + 1 = \frac{2}{3}\left(C_1 t^{\frac{2}{3}} + C_2 t^{\frac{1}{3}}\right)$$

为了推导第二个公式，这里使用关系式 $\xi = \dfrac{3W^2}{2} + C_\xi$，即

$$W^2 = \frac{2}{3}(\xi - C_\xi) = \frac{2}{3}\left(C_1 t^{\frac{2}{3}} + C_2 t^{\frac{1}{3}}\right) - 1$$

最后由式 (2.14) 求出常数 C_1 和 C_2，也就是，由协调参数值 $\theta = 0, t = 1$，并作形式代换 $t^{\frac{1}{3}} = x$，得到微分代数问题式 (2.9) ~ 式 (2.11)。

应当指出的是，上述证明过程就是连续运用众所周知的技术方法 [62]，并不复杂。在这种情况下，采用该证明过程的实际好处在于得到的等效问题不仅是封闭

式问题，而且这种形式更方便研究。当然应当明确的是，在这种情况下所研究提出问题的方式等效性指的是：函数 $W(\theta)$ 在两种提出问题方式中是相同的，而其余函数 $D(\theta)$ 和 $x(\theta)$ 则在每种提出问题方式中按 $W(\theta)$ 单值确定。借助于已得证命题可以确立：

定理 2.2.1 式 (2.7) 和式 (2.8) 的柯西问题有且仅有一个光滑周期解的充分必要条件为

$$1-2\alpha-\beta^2>0 \tag{2.15}$$

证明： 充分性：假设不等式 (2.15) 左边表达式的值严格为正，用 c^2 来表示。此时式 (2.10) 的几何形状为椭圆

$$\frac{W^2}{a^2}+\frac{y^2}{b^2}=1$$

其中

$$a^2=\frac{\alpha^2+\beta^2}{c^2},\quad b^2=\frac{a^2}{c^2},\quad y=x+\frac{\alpha-1}{c^2}$$

而式 (2.9) 的形式为

$$W'=c^2y^2-(\alpha-1)y$$

由式 (2.10) 几何形状的光滑性和紧致性，以及正规方程式 (2.7) 右边的光滑性可得，存在且唯一存在对于点 $\theta=0$ 向两侧无限延伸的光滑解 [13]，而庞加莱–本迪克松定理 [66] 可以确保其周期性。

必要性：假设不等式 (2.15) 不成立，那么可能存在两种情况。我们依次来研究。

假设开始 $1-2\alpha-\beta^2=0$，那么流形式 (2.10) 是抛物线 $W^2=2y$, 式中 $y=(1-\alpha)x-\dfrac{1}{2}$，对应的式 (2.9) 形式为

$$W'=-\left(y+\frac{1}{2}\right)\equiv-\frac{1}{2}(W^2+1)$$

在初始条件为 $W(0)=\beta$ 的情况下该方程的解很容易写出显式：

$$W_0(\theta)=\frac{\beta-\tan\left(\dfrac{\theta}{2}\right)}{1+\beta\tan\left(\dfrac{\theta}{2}\right)}$$

由此可得，它单调递减，并且对于某个 $\theta_*\in(0,2\pi)$ 情况下趋于无穷，在这种情况下要么在 $\beta\neq0$ 时分母等于 0，要么在 $\beta=0$ 时 $\theta_*=\pi$。在结束研究这种情况时我们要指出的是，等式 $\alpha=\dfrac{1-\beta^2}{2}$ 和 $\alpha=1$ 是不相容的。

现在假设不等式 (2.15) 左边表达式的值严格为负，我们引入符号（$-c^2$）。在这种情况下流形式 (2.10) 为双曲线

$$\frac{y^2}{b^2} - \frac{W^2}{a^2} = 1$$

式中：$y = x - \dfrac{\alpha - 1}{c^2}$，而 a^2 和 b^2 与上面的形式相同。

式 (2.9) 的形式为

$$W' = -c^2y^2 - (\alpha - 1)y$$

我们来证明，在任意初始条件 $W(0) = \beta$ 的情况下，该方程的解比 $W_0(\theta)$ 递减得快。根据比较定理，在任意 W 值情况下在所研究的双曲线上确定下列不等式成立即可：

$$-c^2y^2 - (\alpha - 1)y < -\frac{1}{2}(W^2 + 1) \tag{2.16}$$

而在 $y = \pm b(1 + W^2/a^2)^{\frac{1}{2}}$ 情况下不等式 (2.16) 等价于不等式：

$$\frac{W^2}{2} + \frac{\left(\alpha - \dfrac{1}{2}\right)^2 + \dfrac{\beta^2}{2} + \dfrac{1}{4}}{c^2} + (\alpha - 1)y > 0$$

因此，如果 $(\alpha - 1)\,y$ 项为非负值，那么显然不等式 (2.16) 成立。反之，将 $(\alpha - 1)\,y$ 项移到右边并将两边同时平方，经过基本变换之后可得

$$\left(\frac{W^2}{2} + \frac{1}{2}\right)^2 > 0$$

这也能确保在任何 W 值情况下，式 (2.16) 的强函数估值正确。最后，由不满足条件式 (2.15)，可以得出，在有限的时间范围内解的无限性具有 blow-up 性质。

我们从两个观点来讨论所得到的结果：从物理上对函数解释并求式 (2.7) 和式 (2.8) 问题的近似（数值）解。

对于所研究的柯西问题，我们研究其最简单的无限解 $W_0(\theta)$，它满足方程 $W' = -\dfrac{W^2 + 1}{2}$。由此可得公式 $D_0(\theta) = \dfrac{1 - W_0^2(\theta)}{2}$，相应地，也可得到电子密度的表达式 $N_0 = 1 - D_0 = \dfrac{W_0^2 + 1}{2}$。因此，从物理角度来看，$W \to -\infty, D \to -\infty$ 意味着 $N \to +\infty$，也就是，在满足 $1 - 2\alpha - \beta^2 \leqslant 0$ 条件情况下电子的密度无限增大。应当注意的是，在这种情况下，$\alpha_* = \dfrac{1}{2}$ 即 $N_* = \dfrac{1}{2}$ 是临界值。换句话说，

在某一子域电子的初始密度与无扰动的值（$N \equiv 1$）相比减少一半（或更多）就能够确保在 β 参数描述的任何初始速度分布情况下得出 blow-up 解。

从数值方法角度来看，应当指出的是，微分代数问题的提出 (式 (2.9) ~ 式 (2.11)) 与全微分问题的提出 (式 (2.7) 和式 (2.8)) 相比没有明显优势。相反，具有光滑周期解的柯西问题 (式 (2.7) 和式 (2.8))，可能存在多种不同方法成功地进行数值积分（如文献 [16，22]），但只有在与流形椭圆度密切相关的解的初始数据稳定条件下，才能很好地论证近似解对精确解的收敛性。

我们来列出有用的解的表达式。

命题 2.2.1　在满足条件式 (2.15) 的情况下，可以通过公式

$$W(\theta) = a\sin\varphi(\theta), \quad D(\theta) = -(a^2 + af\cos\varphi(\theta)) \tag{2.17}$$

给出式 (2.7) 和式 (2.8) 柯西问题的 2π-周期解，式中

$$f = \sqrt{1+a^2}, \quad \varphi(\theta) = 2\text{arccot}\left[\frac{1}{a+f}\tan\left(C_0 - \frac{\theta}{2}\right)\right]$$

并且常数 C_0 和初始角 $\varphi_0 = \varphi(0)$ 按下列公式计算：

$$C_0 = \arctan\left[(a+f)\cot\left(\frac{\varphi_0}{2}\right)\right]$$

$$\sin\varphi_0 = \frac{\beta}{a}, \quad \cos\varphi_0 = -\frac{\alpha+\beta^2}{ac}$$

其余参数的意义与之前相同：

$$c = \sqrt{1-2\alpha-\beta^2}, \quad a = \frac{\sqrt{\alpha^2+\beta^2}}{c}, \quad b = \frac{a}{c}$$

证明：在满足条件式 (2.15) 的情况下，我们运用流形式 (2.10) 的椭圆度，假设

$$W = a\sin\varphi, \quad y = b\cos\varphi$$

那么由式 (2.9) 可得函数 $\varphi(\theta)$ 的方程：

$$\varphi'_\theta = a\cos\varphi + f, \quad f = \frac{b(1-\alpha)}{a} \tag{2.18}$$

由于 $f > a$，则式 (2.8) 解的形式为（文献 [62]）

$$\arctan\left(\sqrt{\frac{f+a}{f-a}}\cot\frac{\varphi}{2}\right) + \frac{\theta}{2}\sqrt{f^2-a^2} = C_0$$

经过简单的计算可得关系式：

$$f^2 - a^2 = 1, \quad \beta = a\sin\varphi_0, \quad -\frac{\alpha+\beta^2}{c^2} = b\cos\varphi_0$$

由此，在确定 φ_0 值后便可得到 C_0 的表达式。注意，由式 (2.7) 可得 $D = -(W' + W^2)$；这又可以得出 $D(\theta)$ 的显性公式。

运用拉格朗日变量可以推导出其他轴对称解的公式：

$$W(\theta) = \frac{s\cos(\theta+\theta_0)}{1+s\sin(\theta+\theta_0)}, \quad D(\theta) = \frac{s\sin(\theta+\theta_0)}{1+s\sin(\theta+\theta_0)} \tag{2.19}$$

其中

$$s = \sqrt{\frac{\alpha^2+\beta^2}{1-\alpha}}, \quad \cos\theta_0 = \frac{\beta}{\sqrt{\alpha^2+\beta^2}}, \quad \sin\theta_0 = \frac{\alpha}{\sqrt{\alpha^2+\beta^2}}$$

它们与式 (2.17) 的恒等性不明显，但不难检验。

我们来按步骤推导新公式。

(1) 对于通过拉格朗日变量 ρ^L 描述的粒子，下列方程成立

$$\frac{\mathrm{d}V(\rho^L,\theta)}{\mathrm{d}\theta} = -R(\rho^L,\theta), \quad \frac{\mathrm{d}R(\rho^L,\theta)}{\mathrm{d}\theta} = V(\rho^L,\theta)$$

由此可得

$$R(\rho^L,\theta) = A\sin(\theta+\theta_0), \quad V(\rho^L,\theta) = A\cos(\theta+\theta_0) \tag{2.20}$$

其中

$$A = A(\rho^L), \quad \theta_0 = \theta_0(\rho^L)$$

这里 $|A|$ 和 θ_0 的意义分别为振动的振幅和初始相位。

(2) 要提醒注意的是，对欧拉变量方程

$$\frac{\partial V}{\partial\theta} + E + V\frac{\partial V}{\partial\rho} = 0, \quad \frac{\partial E}{\partial\theta} - V + V\frac{\partial E}{\partial\rho} = 0$$

求轴对称解

$$V(\rho,\theta) = W(\theta)\rho, \quad E(\rho,\theta) = D(\theta)\rho$$

式中初始条件给出实数值：

$$W(0) = \beta, \quad D(0) = \alpha, \quad \alpha^2+\beta^2 \neq 0$$

(3) 确定在初始时刻即 $\theta = 0$ 时拉格朗日变量 ρ^L 与其欧拉变量值 ρ 之间的关系。对于粒子轨道公式记录为

$$\rho(\rho^L, \theta) = \rho^L + R(\rho^L, \theta)$$

并运用等式 $R(\rho^L, \theta) = E(\rho, \theta)$。由此，在初始时刻可得

$$\rho \equiv \rho(\rho^L, 0) = \rho^L + E_0(\rho(\rho^L, 0)), \quad E_0(\rho) = \alpha\rho$$

这可以给出

$$\rho^L = \rho - E_0(\rho) = \rho(1-\alpha)$$

或

$$\rho = \frac{\rho^L}{1-\alpha}$$

我们发现，在形成该初始电场的情况下条件 $1-\alpha > 0$ 可以确保粒子的排列顺序保持不变。

(4) 确定振幅。由式 (2.20) 得

$$A^2(\rho^L) = R^2(\rho^L, \theta) + V^2(\rho^L, \theta)$$

仅与 ρ^L 有关，那么在 $\theta = 0$ 的情况下，可以确定

$$\begin{aligned} A^2(\rho^L) &= E_0^2(\rho(\rho^L, 0)) + V_0^2(\rho(\rho^L, 0)) \\ &= E_0^2\left(\frac{\rho^L}{1-\alpha}\right) + V_0^2\left(\frac{\rho^L}{1-\alpha}\right) = (\rho^L)^2\frac{\alpha^2+\beta^2}{(1-\alpha)^2} \end{aligned}$$

由此可得

$$A(\rho^L) = \rho^L\frac{\sqrt{\alpha^2+\beta^2}}{1-\alpha} \equiv \rho^L s$$

(5) 确定振动的初始相位 $\theta_0 = \theta_0(\rho^L)$。在初始时刻有

$$R(\rho^L, 0) = A(\rho^L)\sin\theta_0$$

则

$$R(\rho^L, 0) = E(\rho, 0) = E_0(\rho) = \alpha\rho = \alpha\frac{\rho^L}{1-\alpha}$$

由此可得

$$\sin\theta_0 = \alpha\frac{\rho^L}{1-\alpha}A^{-1}(\rho^L) = \frac{\alpha}{\sqrt{\alpha^2+\beta^2}}$$

类似地，由公式 $V(\rho^L,0) = A(\rho^L)\cos\theta_0$ 可得

$$\cos\theta_0 = \frac{\beta}{\sqrt{\alpha^2+\beta^2}}$$

(6) 对于 $D(\theta)$ 和 $W(\theta)$ 最终的公式，由关系式

$$R(\rho^L,\theta) = E(\rho,\theta) \equiv D(\theta)\rho(\rho^L,\theta)$$

可得

$$D(\theta) = \frac{R(\rho^L,\theta)}{\rho(\rho^L,\theta)} = \frac{\rho^L s\ \sin(\theta+\theta_0)}{\rho(\rho^L,\theta)}$$

通过便利的形式表示分母：

$$\rho(\rho^L,\theta) = \rho^L + R(\rho^L,\theta) = \rho^L(1+s\ \sin(\theta+\theta_0))$$

得到最终的公式为

$$D(\theta) = \frac{s\ \sin(\theta+\theta_0)}{1+s\ \sin(\theta+\theta_0)}$$

对于 $W(\theta)$ 与 $D(\theta)$ 公式的差别是根据式 (2.20)，将其分子中的 $\sin(\theta+\theta_0)$ 替换成了 $\cos(\theta+\theta_0)$。

$D(\theta)$ 与 $W(\theta)$ 公式的适定性也与式 (2.15) 有关，且不难证明。下面来研究两个公式的分母 $1+s\ \sin(\theta+\theta_0)$。由其显式可得，振动的正则性条件与不等式 $|s|<1$ 一致，即

$$-1 < \sqrt{\frac{\alpha^2+\beta^2}{1-\alpha}} < 1$$

此外，由保持粒子次序不变 $\rho^L\rho>0$ 和公式 $\rho^L = \rho(1-\alpha)$ 可得：

$$1-\alpha>0$$

从而有

$$\sqrt{\alpha^2+\beta^2} < 1-\alpha$$

或

$$1-2\alpha-\beta^2>0$$

在研究式 (2.19) 结束时应当指出，它们满足关系式 (2.7) 和式 (2.8)，因此，根据已得证的存在且唯一的定理，像式 (2.17) 一样，也代表所求的轴对称解。

要注意的是，条件式 (2.15) 不随时间发生变化，也就是说，对于任何 θ，由式 (2.19) 都能得出不等式 $1-2D(\theta)-W^2(\theta)>0$。

为方便起见，可以通过 p 表示 $s\sin(\theta+\theta_0)$，那么

$$1-2D(\theta)-W^2(\theta)=1-\frac{2p}{1+p}-\frac{s^2(1-\sin^2(\theta+\theta_0))}{(1+p)^2}=$$

$$=1-\frac{2p}{1+p}-\frac{s^2-p^2}{(1+p)^2}=\frac{1-s^2}{(1+p)^2}=\frac{1-2\alpha-\beta^2}{(1-\alpha)^2}>0$$

类似地，通过式 (2.17) 不难验证条件式 (2.15) 不随时间发生变化。

2.3 “三角形”解

2.2 节的结果能够使我们通过解析式建立基本方程式 (2.1) 初值–边值问题的分段线性（“三角形”的）解：

$$\frac{\partial V}{\partial\theta}+E+V\frac{\partial V}{\partial\rho}=0,\quad \frac{\partial E}{\partial\theta}-V+V\frac{\partial E}{\partial\rho}=0$$

假设初始函数式 (2.2) 形式为三角形：

$$V_0(\rho)=\begin{cases}\beta_1(\rho+d), & -d\leqslant\rho\leqslant\rho_V^0\\ \beta_2(\rho-d), & \rho_V^0\leqslant\rho\leqslant d\end{cases}$$

$$E_0(\rho)=\begin{cases}\alpha_1(\rho+d), & -d\leqslant\rho\leqslant\rho_E^0\\ \alpha_2(\rho-d), & \rho_E^0\leqslant\rho\leqslant d\end{cases}\tag{2.21}$$

具有两个固定顶点 $(\pm d,0)$，第三个顶点 ρ 的投影分别为 ρ_V^0,ρ_E^0。一般情况下 ρ_V^0,ρ_E^0 的值在 $(-d,d)$ 区间内，由于在这些点的连续性，因此，三角形的参数具有以下关系：

$$\beta_1(\rho_V^0+d)=\beta_2(\rho_V^0-d),\quad \alpha_1(\rho_E^0+d)=\alpha_2(\rho_E^0-d)$$

可能有一种情况是，初始函数 E_0 或 V_0 中的一个恒等于零，那我们会认为 ρ_V^0 和 ρ_E^0 重合。

2.3.1 简单解

我们把最简单情况（ρ_V^0 ρ_E^0 相等）的轴对称解“黏合”起来。并且通过 $\rho_I^0 = \rho_V^0 = \rho_E^0$ 来表示导数唯一的拐点，通过以下方式确定“三角”解：

$$V(\rho,\theta) = \begin{cases} W_1(\theta)(\rho+d), & -d \leqslant \rho \leqslant \rho_I(\theta) \\ W_2(\theta)(\rho-d), & \rho_I(\theta) \leqslant \rho \leqslant d \end{cases}$$
$$E(\rho,\theta) = \begin{cases} D_1(\theta)(\rho+d), & -d \leqslant \rho \leqslant \rho_I(\theta) \\ D_2(\theta)(\rho-d), & \rho_I(\theta) \leqslant \rho \leqslant d \end{cases} \tag{2.22}$$

式中：$W_i(\theta)$ 和 $D_i(\theta)$ $(i=1,2)$ 为基本方程式 (2.1) 的轴对称解，其相应初始数据 β_i 和 $\alpha_i(i=1,2)$ 满足条件式 (2.15)，而函数 $\rho_I(\theta)$ 通过函数 $V(\rho,\theta)$ 和 $E(\rho,\theta)$ 的导数在拐点处的连续性条件给出。

下面利用拉格朗日坐标下的基本方程组写出 $\rho_I(\theta)$ 的显函数形式。首先根据式 (2.6) 确定粒子的拉格朗日坐标，它在 $\theta=0$ 时位于点 ρ_I^0：

$$\rho_I^L = \rho_I^0 - E_0(\rho_I^0)$$

接下来由式 (2.5) 可得

$$R(\rho_I^L,\theta) = A(\rho_I^L)\sin(\theta+\theta_I^L)$$
$$V(\rho_I^L,\theta) = A(\rho_I^L)\cos(\theta+\theta_I^L)$$

其中

$$A(\rho_I^L) = \sqrt{V_0^2(\rho_I^0)+E_0^2(\rho_I^0)}$$
$$\cos\theta_I^L = \frac{V_0(\rho_I^0)}{A(\rho_I^L)}$$
$$\sin\theta_I^L = \frac{E_0(\rho_I^0)}{A(\rho_I^L)}$$

这可以给出所求的解析关系式

$$\rho_I(\theta) = \rho_I^L + R(\rho_I^L,\theta) \tag{2.23}$$

不难证明，解（式 (2.22)）在动拐点（式 (2.23)）两侧都满足基本方程式 (2.1)，而在拐点处是连续的。这意味着，上述公式描述的是局部空间（$[-d,d]$ 区间内）的 2π-周期解，该解在任意时刻的形式都呈两个三角形，每个周期为 π 的三角形都退化成线段。

2.3.2 复合型解

本小节研究 ρ_V^0 和 ρ_E^0 值可能不一致的更一般情况。为此，将区间 $[-d,d]$ 分为三个非空且不相交的部分（否则“三角形”解就成了简单解），并对每一部分由初始函数式 (2.2) 确定其轴对称解的参数 $(\alpha_i,\beta_i)\,(i=1,2,3)$。例如，在 $\rho_V^0<\rho_E^0$ 情况下，有 $(\alpha_1,\beta_1),(\alpha_1,\beta_2),(\alpha_2,\beta_2)$。在这种情况下（存在三个轴对称解的 $W_i(\theta)$ 和 $D_i(\theta)$）为了将解黏合，根据连续性条件，对导数拐点的方程必须有

$$\rho_E(\theta)=\rho_E^L+R(\rho_E^L,\theta),\quad \rho_V(\theta)=\rho_V^L+R(\rho_V^L,\theta)$$

每个方程的推导过程与式 (2.23) 类似。

不过应当指出，一般情况下复合型 2π-周期解有可能不存在，有两种原因：第一，可能有某组参数 (α_i,β_i) 不符合条件式 (2.15)；第二，拉格朗日粒子的初始顺序可能改变，也就是它们的轨道有可能相交。不要忘记，在拉格朗日描述情况下粒子轨道相交至少会导致流体动力学模型不适用 [131]，并且在使用欧拉变量坐标时，这种情况在电子密度趋于无穷大时出现 [59]。下面来证明，满足轴对称解存在的充分必要条件式 (2.15)，就可以同时避免上述两种令人不愉快的情况。

假设三组 (α_i,β_i) 中任何一组都满足条件式 (2.15)，那么即可讨论粒子轨道相交的可能性。把式 (2.5) 记录为下列形式

$$\frac{\mathrm{d}^2R(\rho^L,\theta)}{\mathrm{d}\theta^2}+R(\rho^L,\theta)=0 \tag{2.24}$$

其通解为

$$R(\rho^L,\theta)=R_1(\rho^L)\sin\theta+R_2(\rho^L)\cos\theta \tag{2.25}$$

并且，根据初始函数 $E_0(\rho)$ 的形式，粒子的拉格朗日坐标 ρ^L 与笛卡儿坐标 ρ 在初始时刻的关系为

$$\rho^L=\begin{cases}\rho(1-\alpha_1)-\alpha_1 d, & -d\leqslant\rho\leqslant\rho_E^0\\ \rho(1-\alpha_2)+\alpha_2 d, & \rho_E^0\leqslant\rho\leqslant d\end{cases} \tag{2.26}$$

由于我们已经确定 $\alpha_i<\dfrac{1}{2}$（因为条件式 (2.15) 成立），那么上述函数单值可逆：

$$\rho=\begin{cases}\dfrac{\rho^L+\alpha_1 d}{1-\alpha_1}, & -d\leqslant\rho^L\leqslant\rho_E^L\\ \dfrac{\rho^L-\alpha_2 d}{1-\alpha_2}, & \rho_E^L\leqslant\rho\leqslant d\end{cases} \tag{2.27}$$

接下来研究对于两个距离无限近的粒子（坐标分别为 ρ^L 和 $\rho^I+\Delta\rho^L$）与式 (2.4) 的关系式。假设两个粒子的欧拉坐标在某一时刻 θ 相同。那么，在 $R\left(\rho^L,\theta\right)$ 可微的条件下，可得

$$\frac{\partial R(\rho^L,\theta)}{\partial\rho^L}=-1$$

相反，要使粒子轨道不相交，满足下列条件即可:

$$\left|\frac{\partial R(\rho^L,\theta)}{\partial\rho^L}\right|<1$$

而这个条件可以由限制粒子总能量得出，即

$$T(\rho^L,\theta)\equiv\left(\frac{\partial R(\rho^L,\theta)}{\partial\rho^L}\right)^2+\left(\frac{\partial V(\rho^L,\theta)}{\partial\rho^L}\right)^2<1 \tag{2.28}$$

不难发现，实际上 $T\left(\rho^L,\theta\right)$ 值与时间无关，因为函数 $\dfrac{\partial R\left(\rho^L,\theta\right)}{\partial\rho^L}$ 与 $R\left(\rho^L,\theta\right)$ 同时满足式 (2.24)。根据式 (2.5) 可得，类似的命题对于 $\dfrac{\partial V\left(\rho^L,\theta\right)}{\partial\rho L}$ 和 $V\left(\rho^L,\theta\right)$ 函数也成立。因此，要验证条件式 (2.28)，只要分析 $T\left(\rho^L,0\right)$ 值即可。运用初始函数式 (2.21) 的解析式以及式 (2.27) 的关系式 $\rho=\rho\left(\rho^L\right)$ 来计算

$$T(\rho^L,0)=\left(\frac{\partial E_0}{\partial_\rho}\frac{\partial\rho}{\partial\rho^L}\right)^2+\left(\frac{\partial V_0}{\partial_\rho}\frac{\partial\rho}{\partial\rho^L}\right)^2=\frac{\alpha_i^2}{(1-\alpha_i)^2}+\frac{\beta_i^2}{(1-\alpha_i)^2}$$

式中：一组参数 (α_i,β_i) 可以通过拉格朗日坐标 ρ^L 单值确定。结果可以确定，不等式 $T\left(\rho^L,0\right)<1$ 等价于条件 $1-2\alpha_i-\beta_i^2>0$，这为我们的讨论画上了句号。因此可以得出，如果在初始函数式 (2.21) 同时为线性的每一段上满足条件式 (2.15)，那么皆可以确保存在 2π–周期的复合型“三角形”解。

根据对于复合型“三角形”解所得到的表达式可以得出结论：可能的最大振幅 $A_{\max}$ 严格小于所研究等离子层的半宽 d，即 $A_{\max}=d-\varepsilon$，其中 ε 为大于 0 任意小的值。并且在简单“三角形”解上 $A_{\max}$ 可以通过式 (2.21) 中下列定义的初始参数达到：

$$\rho_I^L=0,\quad \alpha_1=\alpha_2=0,\quad \beta_1=-\beta_2=\pm\left(1-\frac{\varepsilon}{d}\right)$$

2.4 数值分析法

不难发现，对复合型“三角形”解的分析仅具有局域性，因此，当初始函数 $E_0\left(\rho\right)$ 和 $V_0\left(\rho\right)$ 呈连续折线形，由有限数量直线段组成，且满足边界条件式 (2.3)

时，完全可以将“三角形”解轻松地推广到“多边形”情况。我们在区间 $[-d, d]$ 上定义任意多个网格：

$$-d = \rho_0 < \rho_1 < \cdots < \rho_M = d$$

并且在网格上有一组标准“覆盖”的函数 (文献 [22])：

$$\varphi_i(\rho) = \begin{cases} \dfrac{\rho - \rho_{i-1}}{\rho_i - \rho_{i-1}}, & \rho_{i-1} \leqslant \rho \leqslant \rho_i \\ \dfrac{\rho_{i+1} - \rho}{\rho_{i+1} - \rho_i}, & \rho_i \leqslant \rho \leqslant \rho_{i+1} \\ 0, & \text{其他}\rho \end{cases}$$

式中：$i = 1, 2, \cdots, M-1$。

假设初始函数的形式为

$$E_0(\rho) = \sum_{i=1}^{M-1} E_i \varphi_i(\rho), \quad V_0(\rho) = \sum_{i=1}^{M-1} V_i \varphi_i(\rho) \tag{2.29}$$

式中：数值 E_i 和 V_i 在区间 $[\rho_{i-1}, \rho_i]$ 上，$i = 1, 2, \cdots, M$ 的局部梯度相关，关系为

$$\alpha_i = \frac{E_i - E_{i-1}}{\rho_i - \rho_{i-1}}, \quad \beta_i = \frac{V_i - V_{i-1}}{\rho_i - \rho_{i-1}} \tag{2.30}$$

接下来假设在 i 为任何值情况下，一组参数 (α_i, β_i) 都满足不等式 $1 - 2\alpha_i - \beta_i^2 > 0$，那么，相应的带有函数 $D_i(\theta)$ 和 $W_i(\theta)$，且在拐点处具有连续性黏合的轴对称解是正则“多边形”解。应当指出的是，在这种情况下拐点数量并不会随着时间而增加。

我们从形式上列出建立所探讨形式的解的顺序。

(1) 根据初始函数（式 (2.29)）确定几组起始参数（式 (2.30)），用来根据式 (2.17) 计算轴对称解。结果可以得到解析解 $D_i(\theta)$ 和 $W_i(\theta)(i = 1, 2, \cdots, M)$。

(2) 按照式 (2.29) 中的初始函数 $E_0(\rho)$，根据式 (2.6) 可以计算出拐点的拉格朗日坐标 ρ_i^L。在将下角标 I 形式替换为 i 的情况下，其欧拉坐标随时间变化的动力学可以通过关系式 (2.23) 描述。由此可得解析关系 $\rho_i(\theta)(i = 1, 2, \cdots, M-1)$。

(3) 在区间 $[\rho_{i-1}, \rho_i]\,(i = 1, 2, \cdots, M)$ 上用解析法求解初始条件为式 (2.29) 的基本方程组式 (2.1) 的最后公式形式为

$$E(\rho, \theta) = E_{i-1}(\theta) \frac{\rho_i - \rho}{\rho_i - \rho_{i-1}} + E_i(\theta) \frac{\rho - \rho_{i-1}}{\rho_i - \rho_{i-1}}$$

$$V(\rho, \theta) = V_{i-1}(\theta) \frac{\rho_i - \rho}{\rho_i - \rho_{i-1}} + V_i(\theta) \frac{\rho - \rho_{i-1}}{\rho_i - \rho_{i-1}}$$

其中，取决于时间的系数与轴对称解之间的关系为

$$E_i(\theta) = E_{i-1}(\theta) + D_i(\theta)(\rho_i - \rho_{i-1})$$

$$V_i(\theta) = V_{i-1}(\theta) + W_i(\theta)(\rho_i - \rho_{i-1})$$

提请注意的是，所建立的解满足边界条件式 (2.3)，因此，下列关系式成立，即

$$E_0(\theta) = E_M(\theta) = V_0(\theta) = V_M(\theta) \equiv 0$$

所给出的这种结构也可以用拉格朗日变量替换描述。其实质是对初始时刻位于拐点 ρ_i^L 处的粒子的运动方程式 (2.5) 进行积分，随后所求函数 $E(\rho,\theta)$ 和 $V(\rho,\theta)$ 在这些粒子欧拉坐标之间线性延伸。

(1) 按照式 (2.29) 中的初始函数 $E_0(\rho)$，根据式 (2.6) 计算出拐点的拉格朗日坐标 ρ_i^L。在初始时刻拐点处有一些粒子，将其记录下来。因为在平面情况下 $R(\rho^L,\theta) = E(\rho,\theta)$，对于任意时刻，对于函数式 (2.29) 的上述粒子，可以得出对运动方程式 (2.5) 积分的初始条件。

(2) 在把下角标 I 形式替换为 i 的情况下，所记录粒子的欧拉坐标随时间变化的动力学可以通过关系式 (2.23) 描述。因此，在任意时刻不论是对点 $\rho_i(\theta)(i = 1,2,\cdots,M-1)$，还是对 $E(\rho,\theta)$ 和 $V(\rho,\theta)$ 在这些点都存在解析关系（见式 (2.20)）。

(3) 现在在每个子区间 $[\rho_i(\theta),\rho_{i+1}(\theta)](i = 0,1,\cdots,M-1)$ 上（这里极值与初始区间 $[-d,d]$ 的边界重合），通过线性插值可以在任意时刻 θ，对每一子区间的任意 ρ 值得到 $E(\rho,\theta)$ 和 $V(\rho,\theta)$。

上述内容意味着，通过初始函数拐点相关粒子的位移，以及与这些粒子欧拉坐标相关变化的网格中的速度值和电场值，完全可以确定所求的解。

应当注意的是，在初始函数 $V_0(\rho)$ 和 $E_0(\rho)$ 足够光滑的情况下所提出的建立精确“多边形”解的解析方法实际上是求解欧拉坐标基本方程组解的一种近似数值分析方法。确实，在这种情况下，作为“多边形”初始条件自然地要么取初始条件的分段线性插值，要么取**具有分段线性基的有限维空间**的最佳近似值。但要指出的是，从计算效率的角度来看，这种方法可能不如对拉格朗日变量的直接积分，因为在 ρ^L 不同的情况下式 (2.4) 和式 (2.5) 互不相关所以才允许通过并行的数值方法实现。在我们所研究的情况中，所增加的计算工作量可以通过获得所求函数空间关系的补充信息而得到补偿。不过首先需要把轴对称解的运用看作是一定程度拓宽解析法的研究工具。特别是“计算算法的闭包”思想（文献 [52]）（给定情况下的数值分析方法）会产生以下猜想：

猜想：假设初始函数 $V_0(\rho)$ 和 $E_0(\rho)$ 在区间 $[-d,d]$ 上连续可微。那么式 (2.1) ~ 式 (2.3) 问题存在且唯一存在 $V(\rho,\theta), E(\rho,\theta)$ 对 ρ 和 θ 变量连续可微的 2π–周

期（$\forall\theta > 0$）解的充分必要条件是在每一点 $\rho \in (-d, d)$ 满足不等式：

$$1 - 2E_0'(\rho) - (V_0'(\rho))^2 > 0$$

要补充指出的是，“多边形”解对于欧拉变量式 (2.1) ~ 式 (2.3) 问题的近似算法是一种很好的测试。在这种情况下相应的数值分析方法实质上是“选出弱间断点”的方法，所以作为对这种方法的一种自然补充，最好是有更加便于计算的“直通计算”格式（此处运用了文献 [69] 中的术语）。目前，对于我们所研究的问题，还不知道是否存在得到充分论证的这种“直通计算”格式，但是其重要性（尤其是在推广到有大量自变量情况的层面上）是毋庸置疑的。

2.5　文献评述及说明

本章研究了已知准线性双曲线方程组的所谓轴对称解，即某一辅助常微分方程组的解。特别是获得了全时间段内存在（2π-周期）解的充要条件，并在满足条件情况下写出了上述解的显式解析公式。在轴对称解的基础上建立了具有三角形初始函数的原始方程组的精确解。之后将“三角形”解推广到初始函数由有限个数量直线段组成的不间断折线形式的情况。最后，在这种“多边形”解的基础上提出了求解欧拉变量准线性方程组的数值分析方法。本章的结果是在文献 [101–102] 中得到的。

在文献 [13] 中证明了微分方程定性理论的最简单定理，该定理产生了在无限时间间隔内提出微分方程解的行为问题有意义的条件。我们来对其进行表述。

假设 M 是光滑的（等级为 $C^r, r \geqslant 2$）流形，$\boldsymbol{v}: M \to TM$ 是向量场。假设向量 $\boldsymbol{v}(\boldsymbol{x})$ 与零向量 $T_{\boldsymbol{x}}M$ 的差别仅在于 M 的紧致部分 K。那么，存在单参数微分同胚群 $g^t: M \to M$，对这个群来说，向量场 $\boldsymbol{v}$ 是相速度场：

$$\frac{\mathrm{d}}{\mathrm{d}t} g^t \boldsymbol{x} = \boldsymbol{v}(g^t \boldsymbol{x})$$

该定理的推论是下列命题。

微分方程的任意解

$$\dot{\boldsymbol{x}} = \boldsymbol{v}(\boldsymbol{x}), \boldsymbol{x} \in M$$

都可以向前或向后无限延伸。并且在时刻 t，$g^t \boldsymbol{x}$ 解的值与 t 和初始条件 $\boldsymbol{x}$ 平滑相关。

不能抛弃定理中的紧致性条件，因为在 $M = \mathbb{R}, \dot{x} = x^2$ 情况下的解不能无限延伸。

文献 [65–66] 的庞加莱–本迪克森理论是研究低维微分方程组的重要工具。这里依照文献 [66] 简要回顾一下它的基本内容。

假设 $f=(f_1,f_2)$ 是定义在 (x_1,x_2) 实平面的有限开放子集 D 上的连续实向量函数。我们来研究二维自治系统：

$$x_1'=f_1(x_1,x_2),\quad x_2'=f_2(x_1,x_2)$$

假设对于每个点 $(\xi,\eta)\in D$ 和每个实数 t_0 存在唯一向量解 $(\varphi_1(t),\varphi_2(t))$ 在 t_0 时刻经过该点。D 中两个函数 f_1 和 f_2 趋于一点，此点称为奇异点，D 中的非奇异点称为正则点。

假设 C^+（或者 C^-）是所讨论系统的半轨，它是在所有 $t\geqslant t_0$（或 $t\leqslant t_0$）中对于某一 t_0 所确定的解。换句话说，C^+（或者 C^-）是集合 D 的所有坐标为 $(\varphi_1(t),\varphi_2(t))$，且 $t_0\leqslant t<+\infty$（或 $-\infty<t\leqslant t_0$）的点 $P(t)$ 的集合。若存在实数序列 $\{t_n\},n=1,2,\cdots$，式中在 $n\to\infty$ 时，$t_n\to+\infty$ （或 $t_n\to-\infty$），使得在 $n\to\infty$ 时 $P(t_n)\to Q$，则 (x_1,x_2) 平面上的点 Q 称为 C^+（或对 C^-）的极限点。半轨 C^+（或者 C^-）上的所有极限点的集合通过 $L(C^+)$（或者 $L(C^-)$）来表示，且这些集合称为极限集合。

庞加莱–本迪克森基本理论的内容如下：

假设 C^+ 为集合 D 的封闭子集 K 中包含的正半轨。若集合 $L(C^+)$ 仅由正则点组成，则要么半轨 $C^+(=L(C^+))$ 是周期轨；要么集合 $L(C^+)$ 是周期轨。

在文献 [142] 中阐述了对二阶自治微分方程组爆破（“blow–up”）解的稳固观点。文献 [17] 阐述了非自治二阶系统。在文献 [137] 中研究了右边为多项式形式的微分方程组的解在有限的时间内爆破的充分必要条件。应当指出的是，在以“blow–up” 为主题的文献中，对描述振动过程的系统显然没有给予足够重视。

经过作者的不完全统计对平面非相对论性大振幅等离子振动的分析，首次在重要文献 [131] 中涉及。后来，文献 [129] 用一章的篇幅专门对其进行阐述，再后来就出现了一系列在某种程度上基于 P1NE 方程组特解的著作，包括文献 [106，161，163–165]。文献 [141，169] 中考虑到等离子体中的耗散和阻力将这些方程作了推广。

应当注意的是，轴对称解的运用丝毫不会与研究双曲方程组的基本方法——特征线法——相矛盾，所提出的方法是对传统研究模式的一种有效补充。此外需要再次重申，使用欧拉变量“直通计算”格式对可能弱间断的解极其重要。从数学角度来看，这种计算格式特别重要，尤其是对存在几个空间变量的情况。应当着重指出的是，等离子振荡的计算方法早已广为人知（如文献 [39]），但是这些方法要么是仅使用拉格朗日变量（这样很难搬移到更多维数），要么是基于离散等离子体模型和/或相应的特征方程。

式 (2.1) 简单的“三角形”解已经在文献中提及（文献 [106]），确实是对于个别情况，对于初始速度函数 $V_0(\rho)$ 恒等于零，且初始函数 $E_0(\rho)$ 的导数符号为 $\alpha_1 < 0, \alpha_2 > 0$。上述对初始速度分布的限制会使所有拉格朗日变量粒子的振动初始相位一致，从而大大地简化了公式。例如，欧拉坐标拐点的运动方程形式为

$$\rho_I(\theta) = \rho_I^0 - (\rho_I^0 + d)(1 - \cos\theta)\alpha_1$$

如果使用式 (2.19) 在 $\beta = 0$ 时的特殊情况，那么解 $E(\rho, \theta)$ 本身很容易通过式 (2.22) 中与时间相关的乘子表示：

$$D_i(\theta) = \frac{\alpha_i \cos\theta}{1 - \alpha_i(1 - \cos\theta)}, \quad i = 1, 2$$

还可以发现，在文献 [106] 列出了对初始函数 $V_0(\rho) \equiv 0$ 所求得的解存在的条件。这个条件形式为 $\alpha_2 < 1/2$，是极限精确条件式 (2.15) 的一种特例。

拉格朗日粒子运动的周期性条件（即保持粒子顺序）

$$\frac{\partial R(\rho^L, \theta)}{\partial \rho^L} > -1$$

在文献中已经见到过 [131]，该文献指出，不等式 $T(\rho^L, \theta) < 1$ 是保持运动周期性的充分条件。但在所引证文献中并未研究限制总能量与函数 $E_0(\rho)$ 和 $V_0(\rho)$ 空间梯度之间的联系。

在文献 [106] 中列出了 $M = 3$ 时“多边形”解的特殊情况：

$$\rho_1 = -\rho_2 = -d/2, \quad \alpha_1 = -\alpha_2 = \alpha_3 = \Delta, \quad \beta_1 = \beta_2 = \beta_3 = 0$$

通过分析可以得出条件 $|\Delta| < 1/2$，这与充分必要条件式 (2.15) 很好地吻合了。

第3章　平面一维相对论性电子振动

本章研究的是由 P1RE 方程组描述的平面一维相对论性电子振动。首先，要明确发生翻转的前提条件：主频偏移和违反不变性；然后以“跨越”格式为基础，使用拉格朗日变量构建基础数值算法，并借助该算法通过数值模拟确定振动的发展–结束过程。接下来，为了研究更为复杂的问题（面向未来!)，本章基于欧拉变量和分解物理过程的思想构建近似方法。最后，利用描述相对论性振动发展过程的渐进公式针对振幅和网格参数推导出不同精度等级的边界条件。

3.1　通过欧拉变量及拉格朗日变量提出问题

本节研究 P1RE 方程中观察到翻转效应的最简单公式。描述自由平面一维相对论性电子振动的方程由基本方程式 (1.5) ~ 式 (1.12) 得到，即

$$\frac{\partial P}{\partial \theta}+E+V\frac{\partial P}{\partial \rho}=0,\quad \frac{\partial E}{\partial \theta}-V+V\frac{\partial E}{\partial \rho}=0,\quad V=\frac{P}{\sqrt{1+P^2}} \tag{3.1}$$

考虑到相对论效应的方程 P1RE 与第 2 章中研究的非相对论方程 P1NE 的区别仅在于速度 V 和电子脉冲 P 的代数关系。不过所求变量之间的代数关系不会改变初始条件和边界条件的结构，它仅由微分方程的性质决定。因此，方程式 (3.1) 的必要初始条件和边界条件可以类比非相对论性的情况确定。

假设，初始条件为

$$P(\rho,0)=P_0(\rho),\quad E(\rho,0)=E_0(\rho) \tag{3.2}$$

选择形式为

$$P_0(\rho)=\beta\rho\exp^2\left\{-\frac{\rho^2}{\rho_*^2}\right\},\quad E_0(\rho)=\alpha\rho\exp^2\left\{-\frac{\rho^2}{\rho_*^2}\right\} \tag{3.3}$$

式中：α 和 β 为常量，一般 $\beta=0$。

准线性方程式 (3.1) 是本章中研究的基本方程组，因此除了用欧拉变量写出，用拉格朗日变量表示的形式也会有用：

$$\frac{\mathrm{d}P\left(\rho^{L},\theta\right)}{\mathrm{d}\theta}=-E\left(\rho^{L},\theta\right),\quad \frac{\mathrm{d}E\left(\rho^{L},\theta\right)}{\mathrm{d}\theta}=V\left(\rho^{L},\theta\right),\quad V=\frac{P\left(\rho^{L},\theta\right)}{\sqrt{1+P^{2}\left(\rho^{L},\theta\right)}}$$

式中：$\mathrm{d}/\mathrm{d}\theta=\partial/\partial\theta+V\partial/\partial\rho$ 是对时间的全导数。

提醒一下，决定拉格朗日坐标为 ρ^L 的粒子位移的函数 $R(\rho^L,\theta)$ 有

$$\rho(\rho^L,\theta)=\rho^L+R(\rho^L,\theta) \tag{3.4}$$

满足

$$\frac{\mathrm{d}R\left(\rho^{L},\theta\right)}{\mathrm{d}\theta}=V\left(\rho^{L},\theta\right)$$

由此可得，$R(\rho^L,\theta)$ 和 $E(\rho^L,\theta)$ 的值一致，精度可达到在没有位移情况下由电场等于零条件计算出的常数。换句话说，在平面一维振荡情况下，下列关系式成立：

$$R(\rho^L,\theta)\equiv E(\rho,\theta) \tag{3.5}$$

而用拉格朗日变量表示的基本方程式 (3.1) 的形式为

$$\frac{\mathrm{d}P}{\mathrm{d}\theta}=-R,\quad \frac{\mathrm{d}R}{\mathrm{d}\theta}=\frac{P}{\sqrt{1+P^2}}\equiv V \tag{3.6}$$

要指出的是，关系式 (3.4) 对根据初始分布函数 $E_0(\rho)$ 计算粒子的拉格朗日坐标 ρ^L 非常有用，即

$$\rho^L=\rho(\rho^L,0)-E_0(\rho(\rho^L,0)) \tag{3.7}$$

综上所述，与拉格朗日坐标 ρ^L 相同的所有粒子的轨道都可以通过对常微分方程式 (3.6) 的独立积分来确定。为此需要两个初始条件：$R\left(\rho^L,0\right)$ 和 $P(\rho^L,0)$。由式 (3.3) 可得 $P\left(\rho^L,0\right)=0$。为了确定 $R\left(\rho^L,0\right)$，应该首先设定粒子在初始时刻的位置 ρ，那么在这一点的位移可以根据式 (3.3) 通过电场 $R(\rho^L,0)=E_0(\rho)$ 给出。而粒子的拉格朗日坐标可通过式 (3.7) 确定。已知拉格朗日坐标 ρ^L 和位移函数 $R(\rho^L,\theta)$ 就可以通过式 (3.4) 单值地描述粒子的轨道。

3.2 翻转的理论前提

本节研究等离子体振荡的两个重要方面：

(1) 在弱非线性逼近中的渐进分析表明，振荡的频移与其振幅是平方关系（这可以确保相邻粒子轨道相交，见 1.1 节）；

(2) 在相对论情况下，相对自变量和因变量的线性替换，破坏电子密度不变性可以非常方便、直观地观察翻转。

3.2.1 二阶频移

如果假设振幅足够小，也就是在初始条件式 (3.3) 下电场满足 $a_* \ll \rho_*$，那么，式 (3.1) 就会变成弱非线性方程，且运用扰动理论方法，可以建立其近似解 [25,154]。在这里我们简要推导相应的解析式。

考虑到脉冲与速度的相对论性关系的近似表达式为

$$P \approx V\left(1+\frac{V^2}{2}\right)$$

消掉式 (3.6) 中的位移 R，可得以下有关速度 V 的方程：

$$\left(\frac{\mathrm{d}^2}{\mathrm{d}\theta^2}+1\right)V+\frac{1}{2}\frac{\mathrm{d}^2}{\mathrm{d}\theta^2}V^3=0 \tag{3.8}$$

对其补充式 (3.3) 的初始条件：

$$V(\rho,0)=0,\quad \frac{\mathrm{d}V}{\mathrm{d}\theta}(\rho,0)=A(\rho) \tag{3.9}$$

这里假设振幅 $A(\rho)$ 很小，那么式 (3.8) 和式 (3.9) 的渐进解很重要，该渐进解对变量 θ 是均匀有限的，与精确解相差三阶无穷小，即 $O(A^3(\rho))$。在这种情况下，可以认为

$$A(\rho)\approx -E_0(\rho)=-\alpha\rho\exp\left\{-2\frac{\rho^2}{\rho_*^2}\right\},\quad \alpha=\left(\frac{a_*}{\rho_*}\right)^2 \tag{3.10}$$

由于变量 ρ 在问题式 (3.8) 和式 (3.9) 中是参数，那么可以很方便地先研究带有一个自变量 θ 的模型问题：

$$U''+U+\frac{1}{2}(U^3)''=0,\quad U(0)=0,\quad U'(0)=\varepsilon\ll 1 \tag{3.11}$$

替换式 (3.11) 中的 U（按小参数幂展开）：

$$U(\theta)=\varepsilon U_1(\theta)+\varepsilon^2U_2(\theta)+\varepsilon^3U_3(\theta)+\dots$$

可得出 $U_i(\theta)(i=1,2,3)$ 是下列辅助问题的解：

$$\begin{aligned} &U_1''+U_1=0, && U_1(0)=0, U_1'(0)=1\\ &U_2''+U_2=0, U_2(0)=0, && U_2'(0)=0\\ &U_3''+U_3+\frac{1}{2}(U_1^3)''=0, && U_3(0)=0, U_3'(0)=0 \end{aligned} \tag{3.12}$$

不难得到直接展开式：

$$U\left(\theta\right)=\varepsilon\sin\theta+\varepsilon^{3}\left(-\frac{27}{64}\sin\theta+\frac{9}{64}\sin3\theta-\frac{3}{16}\theta\sin\theta\right)+o\left(\varepsilon^{3}\right)$$

要指出的是，所求得的渐进解不适用于较长的时间间隔，因为 $U_3(\theta)$ 中包含 $\theta\sin\theta$ 形式递增的分量。

根据文献 [25]，不难避免式 (3.12) 产生无限特解的第三个方程中的共振项。只要将 U_1 中的函数 $\sin\theta$ 替换为 $\sin(1+\varepsilon^2\omega_2)\theta$ 即可，即振动的主频（等于 1）加上二阶小参数值 ε。这里考虑到 ω_2 与 ε 不相关。

在 $U_1=\sin(1+\varepsilon^2\omega_2)\theta$ 情况下有 $U_1''+U_1=-2\varepsilon^2\omega_2U_1+O(\varepsilon^4)$。右边会产生附加项约为 ε^3，因为 $U_1(\theta)$ 有乘子 ε。正是这个原因，式 (3.12) 中最后一个方程的形式为

$$U_3''+U_3-2\omega_2U_1+\frac{1}{2}(U_1^3)''=0$$

由此，考虑到等式

$$\cos^3y=\frac{3}{4}\cos y+\frac{1}{4}\cos3y,\quad y=\frac{\pi}{2}-(1+\varepsilon^2\omega_2)\theta$$

在 U_1 情况下乘子为 0，可得主频的修正值为

$$\omega_2=-\frac{3}{16}\tag{3.13}$$

因此，所求辅助问题式 (3.11) 的有限解形式为

$$U\left(\theta\right)=\varepsilon\sin\omega\theta+\varepsilon^{3}\left[-\frac{27}{64}\sin\omega\theta+\frac{9}{64}\sin3\omega\theta\right]+o\left(\varepsilon^{3}\right),\quad\omega=1-\frac{3\varepsilon^2}{16}$$

回到问题式 (3.8) 和式 (3.9)，可以得出振动频率与初始振幅空间分布 $A(\rho)$ 的关系：

$$V(\rho,\theta)=A(\rho)\sin\left(1-\frac{3A^2(\rho)}{16}\right)\theta+O(A^3\left(\rho\right))$$

在这种情况下三阶无穷小项已经不随时间递增。

将所得到的结果应用于式 (3.6) 和式 (3.7)。其中可以得出，精度达到三阶无穷小项的粒子轨道形式为

$$\rho=\rho_0-A_0\cos\left(1-\frac{3A_0^2}{16}\right)\theta,\quad A_0=A(\rho_0)\tag{3.14}$$

式中：ρ_0 为粒子在不产生电场的平衡位置上的拉格朗日坐标。由于初始振幅 $A\left(\rho\right)$ 不是常量，那么根据 1.1 节的研究，某些相邻粒子的轨道迟早应当相交。

3.2.2 违反不变性

我们先来研究式 (3.1)，并忽略相对论效应（P1NE 方程）：

$$\frac{\partial V}{\partial \theta}+E+V\frac{\partial V}{\partial \rho}=0,\quad \frac{\partial E}{\partial \theta}-V+V\frac{\partial E}{\partial \rho}=0 \tag{3.15}$$

在这种情况下对电子密度 N 的表达式是不变的，即

$$N=1-\frac{\partial E}{\partial \rho}$$

式 (3.15) 解的形式记录为

$$V=\sigma U,\quad E=\sigma G$$

式中：σ 为实参数。

在这种情况下如果将自变量作替换 $\rho=\sigma x$，那么不难证明，新的函数 U 和 G 依然满足式 (3.15)，但其变量已经是 θ 和 x。此外，如果在式 (3.3) 的初始条件下对坐标 ρ 相同的变换，将 a_* 和 ρ_* 分别替换为 σa_* 和 $\sigma\rho_*$，则会有等式 $E_0(\rho)=\sigma G(x,0)\equiv G_0(x)$ 成立。

上述情况表明不变性的特殊性：一方面，自变量 ρ 和参数 a_*、ρ_* 同时成比例地变化会引起函数 V 和 E 发生类似的变化；另一方面，所指出的变化 $\rho=\sigma x$ 和 $E=\sigma G$ 不会使通过变量 θ 和 x 表示的电子密度 N 值发生改变，这可以由式 (1.23) 得出。特别是由此可以得出，在速度和电场振幅任意小（或任意大）的情况下，可以通过选择问题的参数 a_* 和 ρ_* 达到所确定振幅的密度值。

应当指出的是，上述性质与始终存在的平面非相对论性振动直接相关[102]，也就是与主频移不依赖振幅相关。并且，在本章中研究的基本方程式 (3.1) 并不具有上述不变性，原因是描述相对论效应的关系式 $V=P/\sqrt{1+P^2}$ 的存在。

总结 3.2 节的研究成果，我们来简要表述作为本章研究平面相对论性振动基础的主要方法理念。首先确定问题的某些参数 a_*、ρ_*、$d=4.5\rho$（计算区域边界），使辅助参数值 $\sigma=1$ 与这一组参数一致。可以不失一般性地假设，由于存在频移，电子密度有限函数 $N(\rho,\theta)$ 对于上述一组参数仅在某一区间 $0<\theta<\theta_{wb}(\sigma)$ 存在。为了增强相对论效应的影响，也就是缩减振动翻转时间 θ_{wb}，需要进行同时变化：

$$a_*\to\sigma a_*,\quad \rho_*\to\sigma\rho_*,\quad d\to\sigma d,\quad \sigma>1$$

而值 $\sigma<1$ 意味着振荡速度减小，即相对论效应削弱。为了直观，应当在初始变量为 ρ，即不考虑 σ 的情况下观察电子密度函数。因为在 σ 参数值不同的情况下曲线接近，这可以印证相对论的影响很弱。换句话说，要研究相对论性翻转，只要观察电子密度与描述（尽管是间接地）振动速度参数的依赖关系即可。

3.3　拉格朗日变量法

本节主要研究初始条件为式 (3.3) 和式 (3.7) 时，式 (3.6) 的数值积分。为了能够充分阐述，本节列出计算方法的公式，采用该方法的主要目的是模拟振荡翻转过程。考虑到对于直线 $\rho = 0$ 解的对称性（齐性），我们来描述 $[0, d]$ 区间上的算法。

假设在初始阶段即 $\theta = 0$ 时 k 号粒子可以通过对半径 $\rho_0(k)$ 的初始位置和初始位移 $R(k, 0)$ 来描述，式中 $1 \leqslant k \leqslant M$，$M$ 为粒子总数。一方面，所有粒子的初始位置会形成式 (3.3) 形式的电场；另一方面，根据式 (3.5)，在初始时刻粒子的偏差会在坐标为 $\rho_k = \rho_0(k) + R(k, 0)$ 的点处产生电场。比较式 (3.3) 和式 (3.5)，可以确定所求得 $\rho_0(k)$ 和 $R(k, 0)$ 的值。为此我们给定初始空间网格 $\rho_k = kh$，式中 h 为表示相邻粒子临近程度的径向变量离散化参数。在网格节点上根据式 (3.3) 可计算出电场 $E_0(\rho_k)$ 的值。这个电场是因粒子位移形成的，也就是根据式 (3.5) 我们可以得到确定初始位置 $\rho_0(k)$ 的方程：

$$\rho_k = \rho_0(k) + R(k, 0) \equiv \rho_0(k) + E_0(\rho k)$$

这样就得到了计算每个粒子轨道的初始值 $\rho_0(k)$ 和 $R(k, 0)$，由式 (3.3) 应该对其补充在初始时刻粒子不动的条件，即 $P(k, 0) = 0$。

前文指出式 (3.6) 是常微分方程。因此，可以通过通常的方法对其进行数值积分 [20]。例如，按照运动方程的传统二阶精度格式（即所谓的“跨越”格式）[139]，假设 τ 为时间离散参数，即 $\theta_j = j\tau, j \geqslant 0$，那么，计算公式具有下列形式：

$$\begin{aligned}
&\frac{P\left(k, \theta_{j+\frac{1}{2}}\right) - P\left(k, \theta_{j-\frac{1}{2}}\right)}{\tau} = -R\left(k, \theta_j\right) \\
&\frac{R(k, \theta_{j+1}) - R\left(k, \theta_j\right)}{\tau} = \frac{P\left(k, \theta_{j+\frac{1}{2}}\right)}{\sqrt{1 + P^2\left(k, \theta_{j+\frac{1}{2}}\right)}}
\end{aligned} \tag{3.16}$$

并且在任意时刻 θ_j，都可以按照上面已得出的公式

$$\rho_k = \rho_0(k) + R(k, \theta_j), \quad 1 \leqslant k \leqslant M \tag{3.17}$$

来计算变化的欧拉网格，根据式 (3.5) 确定其网格节点的电场值 $E(\rho_k, \theta_j) = R(k, \theta_j)$。这一方法目的是通过实例描述电子密度：计算中在子区间中点采用了二阶精度数值微分公式：

$$N\left(\frac{\rho_{k+1} + \rho_k}{2}, \theta_j\right) = 1 - \frac{E\left(\rho_{k+1}, \theta_j\right) - E\left(\rho_k, \theta_j\right)}{\rho_{k+1} - \rho_k} \tag{3.18}$$

在这种情况下可以很方便地假设，任意时刻在直线 $\rho = 0$ 上都分布着 $k = 0$ 号粒子，它始终没有位移，也就是说，它的轨道与 $\rho = 0$ 轴完全重合，并且在这一轨道上的电场总是等于零。对于区间边界 $\rho = d$ 及 $k = M$ 号粒子也运用了类似的条件。

3.4 振动过程

为了问题的确定性，我们取式 (3.3) 中的参数值 $a_* = 2.07, \rho_* = 3.0$，辅助参数值 $\sigma = 1$，来研究与之相应的图 3.1。在这张图上虚线描绘的是在初始时刻电子密度 N 的空间分布，也就是由式 (1.23) 和式 (3.3) 得出的结果。在坐标原点正电荷过剩会导致电子向区间中心方向运动，过半个振动周期会产生另一种密度函数分布，如图 3.1 所示（实线）。可以发现，区间中心的电子浓度可能多次超过平衡（背景）值（等于 1）。当振幅大约是背景值的 1 倍时，所确定的参数会导致强度不大的振动。如果非线性等离子体振荡一直保持其空间形态，那么，图 3.1 上所列出的电子密度分布每隔半个周期会有规律地相互交替，在区间中心产生振幅恒定、严格周期性的极值序列。

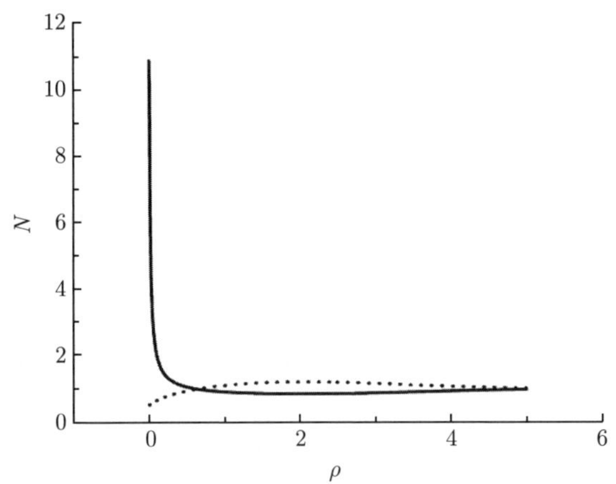

图 3.1　在正则振动情况下每半个周期变化电子密度的空间分布：坐标原点的极大值（实线），原点处的极小值（虚线）

但是，根据 3.2.1 节的结果，在振荡过程中可以观察到两个趋势。第一个是轴外振荡的相位要稍稍超前于对称轴（$\rho = 0$）上的密度振动，并且这种相移从一周期到另一周期会有所增加。第二个趋势更直观，随着时间的推移，会逐渐形成轴外绝对密度极大值，且大小与轴上的密度值相当。图 3.2 是对其证明的很好例证，图上虚线表示在坐标原点电子密度随时间的变化，而实线表示整个区间极大值变化的动态过程。开始振动具有周期性，也就是每过半个周期整个区间的密度极大值和极小值相互替换，且位于坐标原点处。在第七个周期极值（中央极值）后在 $\theta \approx 42.2$ 时刻，出现一个新的结构：轴外电子密度极大值，同时在坐标原点附近依然存在周期性振动。而这个轴外极大值会在 $\theta \approx 48.8$ 时刻增长为原来的大约两倍，并在下一个周期 $\theta \approx 55.1$ 时刻，在其位置上产生电子密度的奇点。

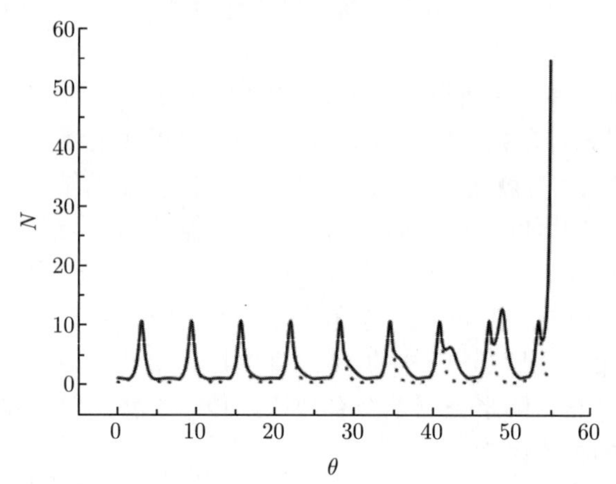

图 3.2 在 $\sigma = 1$ 情况下电子密度的动态过程：区间极大值（实线）和坐标原点的极大值（虚线）

图 3.3 和图 3.4 更直观地展示了轴外电子密度的极大值。在图 3.3 上描述的是在 $\theta \approx 48.8$ 时刻电子密度的空间分布，此时它已经完全形成，且绝对值与周期性（轴上）极大值相当。图 3.3 上的密度曲线是由图 3.4 上描述的速度 V 和电场 E 分布函数得到的。可以注意到，在密度极大值附近速度函数冲向导数跃变，而电场函数具有阶梯性。正是 V 和 E 的这种特性确保在 $\theta \approx 55.1$ 时刻发生振荡翻转。需要指出的是，翻转具有“梯度突变”特点，即在这种情况下函数 V 和 E 本身仍是有限的。

现在来确定所指出的 ρ_* 值，并在参数 a_* 变化情况下描述上述过程变化的性质。先假设 a_* 单调递减，那么等离子体振荡的变化过程时间会拉长，渐近于 3.2.1 节研究的弱非线性模型的结果。在这里应当指出是，根据文献 [46] 的结果，在 a_* 足够小的情况下，振荡的翻转时间满足渐进公式 $\theta_{\rm br} = C\left(\dfrac{\rho_*}{a_*}\right)^6/\rho_*^2$，式中 C 为常数。也就是说，在 $a_*/\rho_* = \text{const}$ 时翻转时间对于 ρ_* 平方递减。

现在假设参数 a_* 单调递增，那么，情况刚好相反，等离子体振荡的变化过程会随着时间的推移而收缩，非线性特征更加显著。这首先会反映在轴上周期性极大值的绝对值上：它们开始超过背景值几十倍，甚至更多。例如，在 $a_* = 2.12$

时有 $N_{\text{axis}} \approx 300$。振动翻转时间和相应的径向坐标会减小。并且可以观察到下一个画面的如下性质：如果在一个周期内发生振动翻转，那么在 a_* 增加的情况下其径向坐标单调递减。在“跨越”翻转时间时，在前一个周期径向坐标会跃变增加，然后在一个周期内平滑下降，并且其所有周期的极小值趋于 0，即趋于对称轴。在参数 a_* 增长的过程中（ρ_* 为确定值情况下）并不总能观察到电子密度轴外极值的形成和增长。轴外翻转常常发生得极为迅速，以至于轴外极值的存在甚至不能达到一个周期的时间。还应当指出的是，在 a_* 增加的情况下，形成第一个电子密度轴上极值的时间也会减少。至少在计算中一次也没有在出现第一个轴上极值之前观察到翻转。在流体动力学模型中 $\left(\dfrac{a_*}{\rho_*}\right)^2 = \dfrac{1}{2}$ 是临界值，在其邻域翻转实际上具有轴上的特征：电子的初始分布情况是，所有电子都一致急速朝向轴运动，由轴反射回来，然后电子轨道很快相交。这样，在临界值附近振动的持续时间会非常接近半个周期。文献 [100，102] 在探讨所研究问题轴对称解时得出了这一事实。

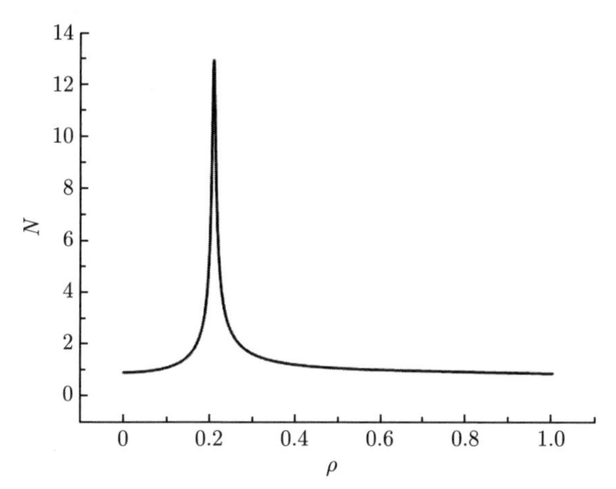

图 3.3 在形成第二个轴外极大值时刻电子密度的空间分布

下面讨论 3.2.2 节中描述的电子振动的相对论性翻转。在 ρ_* 参数（也就是特征尺度以及振动速度）增加的情况下保持 a_*/ρ_* 比值不变。为了能够定量描述，我们使用参数 σ：随着 σ 的增长（$\rho_* \to \sigma\rho_*$），相应地相对论因子会增强。在 σ 减少的情况下，平面振动会逐渐变成非相对论性振动，文献 [102] 研究了这种情况。

下面研究图 3.5，它对应参数 ρ_* 增加为原来 1.5 倍的情况。将其与图 3.2 进行对比，不难发现在保持区间中心振幅不变的情况下，导致发生翻转的过程大约加快了 1 倍，例如，与轴上极值相当的轴外极值在 $\theta \approx 23.7$ 情况下形成，这就导

致在 $\theta \approx 29.5$ 时刻发生翻转。这一趋势在之后继续保持。在图 3.6 上描述的是参数 $\sigma = 2$ 情况的电子密度图像，也就是 ρ_* 后来增加的情况。这里翻转时间相比于前一种情况缩减了约一半。因此，与 ρ_* 增加相关的相对论因素的影响会导致在区域中心振幅不变的情况下翻转时间缩短。在这种情况下翻转时间的极限值自然就是半个振荡周期，因为对称轴外发生轨道相交的时间不能早于电子密度达到第一个周期性极大值的时间。

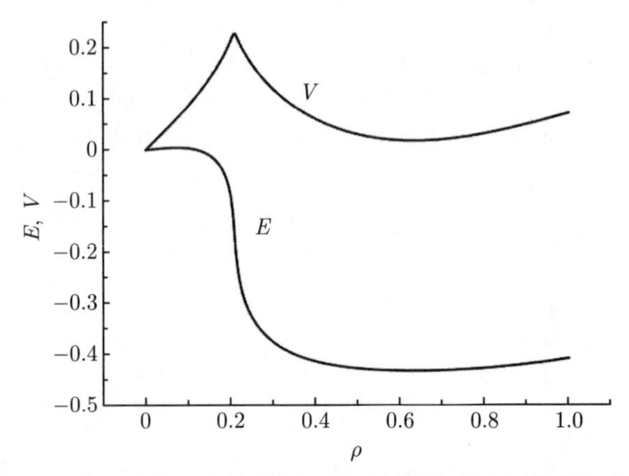

图 3.4　在形成第二个轴外极大值时刻速度和电场的空间分布

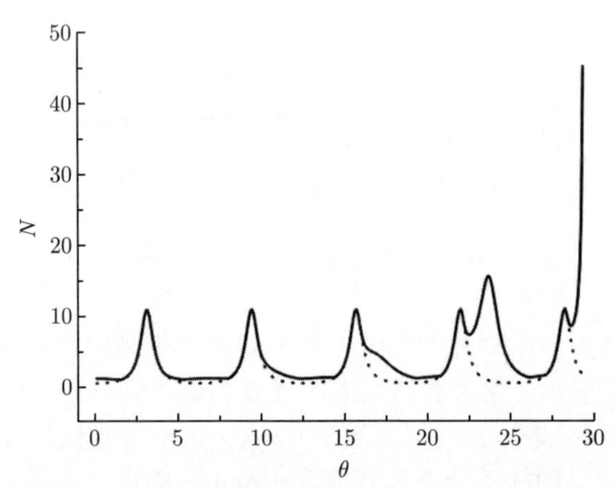

图 3.5　在 $\sigma = 1.5$ 情况下电子密度随时间的变化曲线：整个区间的极大值（实线）和坐标原点的极大值（虚线）

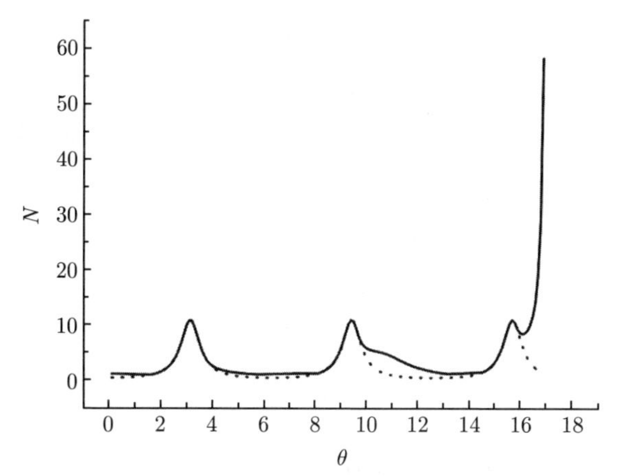

图 3.6 在 $\sigma=2$ 情况下电子密度随时间变化的曲线：整个区间的极大值（实线）和坐标原点的极大值（虚线）

3.5 欧拉变量法

将式 (3.1) 变换为方便的形式：

$$\frac{\partial P}{\partial \theta}+E+\frac{\partial \gamma}{\partial \rho}=0, \quad \gamma=\sqrt{1+P^2}, \quad V=\frac{P}{\gamma}, \quad \frac{\partial E}{\partial \theta}-V+V\frac{\partial E}{\partial \rho}=0 \tag{3.19}$$

在式 (3.19) 中给出了两个物理过程的相互作用：空间固定点上的非线性振动和该振动的时空位移。因此，像在文献 [79] 中那样，我们对位移方程运用拉克斯–温德洛夫（三角网）格式，根据物理过程建立拆分格式 [7]。

这里用下列方程描述非线性振动过程：

$$\frac{\partial \tilde{P}}{\partial \theta}+\tilde{E}=0, \quad \tilde{V}=\frac{\tilde{P}}{\sqrt{1+\tilde{P}^2}}, \quad \frac{\partial \tilde{E}}{\partial \theta}-\tilde{V}=0 \tag{3.20}$$

用下列方程描述其时空位置：

$$\frac{\partial \bar{P}}{\partial \theta}+\frac{\partial \bar{\gamma}}{\partial \rho}=0, \quad \bar{\gamma}=\sqrt{1+\bar{P}^2}, \quad \bar{V}=\frac{\bar{P}}{\bar{\gamma}}, \quad \frac{\partial \bar{E}}{\partial \theta}+\bar{V}\frac{\partial \bar{E}}{\partial \rho}=0 \tag{3.21}$$

我们把普通的时间跨越格式（“蛙跃格式”，英语为 “leapfrog”[139]）作为两个方程组离散化的基础。假设 τ 为时间的步长，那么，$E, \tilde{E}, \bar{E}, N$ 变量属于 “整” 时刻 $\theta_j=j\tau(j\geqslant 0$，为整数)，$P, \tilde{P}, \bar{P}$ 变量以及与脉冲 P 相关的量 γ, V 属于 “半” 时刻 $\theta_{j\pm 1/2}$。我们用上角标表示选择函数值的相应时刻。使用具有恒定步长 h 的网格对空间离散化，使得 $\rho_m=mh, 0\leqslant m\leqslant M, Mh=d$。

下面写出逼近方程组式 (3.20) 和式 (3.21) 的差分方程。对于式 (3.20) 可得

$$\frac{\tilde{P}_m^{j+\frac{1}{2}}-\tilde{P}_m^{j-\frac{1}{2}}}{\tau}+\tilde{E}_m^j=0,\quad \tilde{V}_m^{j+\frac{1}{2}}=\frac{\tilde{P}_m^{j+\frac{1}{2}}}{\sqrt{1+(\tilde{P}_m^{j+\frac{1}{2}})^2}},$$
$$\frac{\tilde{E}_m^{j+1}-\tilde{E}_m^j}{\tau}-\tilde{V}_m^{j+\frac{1}{2}}=0, \tag{3.22}$$

$$\tilde{P}_m^{j-\frac{1}{2}}=P_m^{j-\frac{1}{2}},\quad \tilde{E}_m^j=E_m^j,\quad 1\leqslant m\leqslant M-1$$

在写出式 (3.21) 的逼近方程之前要提醒的是，对于下列模型（非线性位移型）方程

$$\frac{\partial u}{\partial t}+\frac{\partial G\,(u)}{\partial x}=0,\quad G(u)=\frac{u^2}{2}$$

的“三角网”格式时间离散化的形式为

$$\frac{u^{j+1}-u^j}{\tau}+\frac{\partial G^j}{\partial x}=\frac{\tau}{2}\frac{\partial}{\partial x}\left(A^j\frac{\partial G^j}{\partial x}\right)$$

式中：$A=\dfrac{\partial G}{\partial u}$；上角标表示函数所属的相应时刻。如果作为模型方程取线性位移方程：

$$\frac{\partial u}{\partial t}+v\frac{\partial u}{\partial x}=0$$

那么，类似“三角网”格式的时间离散化，其相应形式为

$$\frac{u^{j+1}-u^j}{\tau}+\left(v^j+\frac{\tau}{2}\frac{\partial v}{\partial t}\right)\frac{\partial u}{\partial x}=\frac{\tau v^j}{2}\frac{\partial}{\partial x}\left(v^j\frac{\partial u}{\partial x}\right)$$

在光滑解上也具有逼近值 $O(\tau^2)$。

根据所列出模型格式建立方便实现的离散模拟式 (3.21) 的形式如下：

$$\frac{\overline{P}_m^{j+\frac{1}{2}}-\overline{P}_m^{j-\frac{1}{2}}}{\tau}+\overline{\gamma}_{\ddot{X},m}^{j-\frac{1}{2}}=\frac{\tau}{2}\left(\overline{V}_{s,m}^{j-\frac{1}{2}}\overline{\gamma}_{X,m}^{j-\frac{1}{2}}\right)_{\overline{X},m},$$

$$\overline{\gamma}_m^{j+\frac{1}{2}}=\sqrt{1+\left(\overline{P}_m^{j+\frac{1}{2}}\right)^2},\quad \overline{V}_m^{j+\frac{1}{2}}=\frac{\overline{P}_m^{j+\frac{1}{2}}}{\overline{\gamma}_m^{j+\frac{1}{2}}},$$

$$\frac{\overline{E}_m^{j+1}-\overline{E}_m^j}{\tau}+\left(\overline{V}_m^{j+\frac{1}{2}}+\frac{\tau}{2}\frac{\overline{V}_m^{j+\frac{1}{2}}-\overline{V}_m^{j-\frac{1}{2}}}{\tau}\right)\overline{E}_{\ddot{X},m}^j$$

$$= \frac{\tau}{2}\overline{V}_m^{j+\frac{1}{2}}\left(\overline{V}_{s,m}^{j+\frac{1}{2}}\overline{E}_{X,m}^{j}\right)_{\overline{X},m}, \tag{3.23}$$

$$\overline{P}_m^{j-\frac{1}{2}} = \ddot{P}_m^{j+\frac{1}{2}},\quad E_m^j = \tilde{E}_m^{j+1},\quad 1 \leqslant m \leqslant M-1,$$

$$\overline{P}_0^{j+\frac{1}{2}} = \overline{P}_M^{j+\frac{1}{2}} = \overline{E}_0^{j+1} = \overline{E}_M^{j+1} = 0$$

在式 (3.23) 中运用了的符号标记：$F_{\ddot{X},m} = (F_{m+1} - F_{m-1})/(2h)$ 为中心差分，$F_{X,m} = (F_{m+1} - F_m)/h$ 和 $F_{\overline{X},m} = (F_m - F_{m-1})/h$ 分别为向前差分和向后差分，$F_{s,m} = (F_{m+1} + F_m)/2$。

根据式 (3.23) 的格式进行计算之后，应当重新确定在下一个时间层上的所求函数：

$$P_m^{j+\frac{1}{2}} = \overline{P}_m^{j+\frac{1}{2}}, E_m^{j+1} = \overline{E}_m^{j+1}, 0 \leqslant m \leqslant M$$

并根据下列公式计算（在必要的情况下）电子密度值：

$$N_m^{j+1} = \begin{cases} 1 - \dfrac{E_{m+1}^{j+1} - E_{m-1}^{j+1}}{2h}, & 1 \leqslant m \leqslant M-1 \\ 1 - \dfrac{E_1^{j+1}}{h}, & m = 0 \\ 1, & m = M \end{cases} \tag{3.24}$$

第 j 个时间步长的计算结束，可以转入下一个步长的计算。应当指出的是，式 (3.3) 的初始数据对应于 $j=0$，因此，对于 P 来说它们应该是第 $-1/2$ 层，而对于 E 来说是第 0 层。

下面对式 (3.22) 和式 (3.23) 的拆分格式进行说明。对于每个辅助问题，在解的光滑度足够的情况下，近似值约为 $O(\tau^2 + h^2)$，也存在通过频谱特征 [7,20] 得到的稳定性条件，形式为 $\tau = O(h)$。这种无损失逼近的弱稳定性条件，可以大大节省计算资源。此外，式 (3.22) 和式 (3.23) 格式为显式，这使得在推广到多维的情况时产生并行化的潜在可能。

要指出的是，如果仅分析平面相对论性振动的翻转效应，使用一种基于拉格朗日变量的算法就够了。此外，在这种情况下所计算出的粒子轨道实际上在每一时刻都会产生不均匀的欧拉网格，这个网格最适合用来描述（构建）电子密度函数。从这个意义上讲，基于欧拉变量的格式很有用，首先是对于检验拉格朗日计算。然而，存在许多与平面电子振动相关的更为复杂的问题。例如，考虑到电离效应和重组效应、离子体的黏度、阻力和耗散性等（文献 [141，143，161，169]）。这一清单中还应补充考虑到离子运动的问题。对于此类问题，构建基于拉格朗日变量的算法会变得很困难，尽管欧拉方法能够很自然且简便地推广到这些情况。因此可以说，使用欧拉变量的格式更重要的是面向未来，而不是面向现在。

3.6 人工边界条件

由 3.2.2 节的结果可得，在距点 $\rho = 0$ 的某一距离上，当振幅 $E_0(\rho)$ 变得足够小（约 ε）时，式 (3.1) 和式 (3.3) 柯西问题解的精度达到 $O(\varepsilon^3)$，就可以通过下列近似公式描述：

$$V_a(\rho,\theta) = -E_0(\rho)\sin[\omega(\rho)\theta)] = P_a(\rho,\theta)$$

$$E_a(\rho,\theta) = E_0(\rho)\cos[\omega(\rho)\theta)] \tag{3.25}$$

$$\omega(\rho) = 1 - \frac{3}{16}[E_0(\rho)]^2$$

把这些公式作为构建人工边界条件的基础，目的是限制计算区间的大小。主要的任务是最大限度地缩减区间大小，并不影响振动的翻转效应。为了方便，我们把变量 ρ 的计算区间表示为 $|\rho| \leqslant d$，在 $\rho = \pm d$ 的情况下探讨边界条件的设置。就 3.2.1 节所进行的渐进分析使用的术语，人工边界条件对于参数 ε（振幅）有不同的阶次。

3.6.1 全阻尼振动

在某个 d 情况下我们给出零边界条件：

$$P(\pm d,\theta) = 0, \quad E(\pm d,\theta) = 0 \tag{3.26}$$

从形式上看这种方法是不正确的。因为式 (3.3) 中的初始函数 $E_0(\rho)$ 在整个 OX 轴上均不为零，并且设置好式 (3.26) 形式的边界条件立即可以形成非连续电场。这就意味着，在 $\rho = \pm d$ 的情况下根据式 (1.23)，存在电子密度奇点，即振动的瞬时翻转。

但上述情况只是发生在微分分析的情况。在数值分析（在计算误差条件下建立近似解）时上述形式上的障碍可以通过以下方式清除。在区间 $|\rho| \leqslant d$ 中引入步长 h 足够小的均匀网格，然后在网格的节点 $|\rho_k| < d$ 上确定初始函数的值 $E_0(\rho_k)$，而在边界节点上即 $\rho = \pm d$ 处，根据式 (3.26) 设置零边界条件。之后我们运用这样选出的值作为插值来构建一个足够光滑的函数。特别是，使用自然三次样条插值就完全可以达到这一目的。对 $O(h^4)$ 阶插值函数的近似性估值 [22,89] 导致了一个自然限制：$|E_0(\pm d)|$ 应当比插值误差低一阶。而理想情况与计算误差（舍入误差）一致。那么计算样条函数的稳定性完全可以消除初始条件中的差别。

正如前面所说，满足上述限制并不难：只要取 d 足够大即可。例如，假设 $d = 4.5\rho_*$，可得 $\exp^2\{-d^2/\rho_*^2\} \approx 2.5768 \cdot 10^{-18}$。这意味着，在双精度计算时初始函数 E 在点 $\rho = d$ 的跳跃值与机器计算精度即普通舍入误差差不多。换句话说，在数值模拟振动时其翻转效应在那么远的边界上根本无法发现，这完全符合“人工边界”的概念[60]。

上述构建人工边界条件的方法，即通过第一类齐次边界条件“切割”无限区域，在实践中是非常方便的，因此也是最常用的方法。用它可以得到具有一阶精度 $O(\varepsilon)$ 的边界条件。在文献 [46，79，94] 中对通过欧拉变量（使用人工边界）求得的数值解与通过拉格朗日变量（不使用人工边界）求得的解进行对比可以得出结论，“全阻尼”振动完全可以在翻转效应的数值建模中使用。不过这种方法的主要缺点是计算区间太大。所求的翻转效应通常发生在坐标 ρ 的原点附近 $0.1\rho_*$ 范围内，因此，超过 90%的计算都是由于不知道合适的边界条件而进行的一种“付出”。

3.6.2 原始方程的线性化

很明显，由渐进公式 (3.25) 可得，在 $|\rho|$ 增加的情况下所求的所有函数都具有相同指数的衰减。这意味着，从某个 $|\rho| = d$ 开始，原始方程式 (3.1) 中的二次项可以忽略，因为它们相对于线性项来说很小。换句话说，在 $\rho = \pm d, \theta > 0$ 情况下设置下列形式的边界条件是合理的：

$$\frac{\partial P}{\partial \theta} + E = 0, \quad \frac{\partial E}{\partial \theta} - V = 0, \quad V = P \tag{3.27}$$

并且初始函数 $E_0(\rho)$ 不需要做任何改变。这种方法可以产生二阶精度边界条件 $O(\varepsilon^2)$。

在使用文献 [94] 中例证（$a_* = 2.07, \rho_* = 3$）的情况下对边界条件式 (3.27) 进行了一系列的计算实验，目的是确定合适的参数值 d。与往常一样，基本计算是对欧拉变量方程式 (3.1) 进行的，而检验计算（要求任意精度）是对拉格朗日变量方程式 (3.6) 进行的。

所进行的计算表明，取 $d = 2.0\rho_*$ 就完全可以对振动翻转效应进行很好的模拟。这就意味着，在要求计算精度相同的情况下相比于“全阻尼”振动来说，计算量减少了一半多。边界条件式 (3.27) 的另一个方便之处在于边界条件的实现就是简化区间内部点上所使用的差分方程（直接去掉二次项）。

3.6.3 原始方程的弱非线性计算

在弱非线性近似中对方程式 (3.1) 的分析可得渐进公式 (3.25)。由于振动频率与振幅之间的依赖关系这些公式在各个时间上均适用。这意味着，如果在显式函数中考虑到振动频率的变化，那么就可以接受在离坐标原点更小距离上变化的边界条件。下面详细解释一下此问题。

研究拉格朗日坐标为 $\xi = d$ 的粒子（或坐标对称 $\xi = -d$ 的粒子，因为对这两种情况的讨论是一样的）。粒子的振幅 $E_0(d)$ 可以通过式 (3.10) 确定。因此，其振动频率可以根据公式 $\omega(d) = 1 - \dfrac{3}{16}\left[E_0\left(d\right)\right]^2$ 计算。根据公式 (3.25)，该粒子在任意时刻都会通过其位移在点 $\rho = d$ 附近产生电场。渐进公式与原始方程式 (3.1) 或拉格朗日坐标类似方程式 (3.6) 的精确解对于振幅的差别是三阶无穷小，即用渐进展开式术语表示为 $O(\varepsilon^3)$。在这种情况下粒子在一个周期内距平衡位置偏差等于零。因此，为了构建具有三阶精度的人工边界条件，可以使用显式公式 (3.25)。但是采用能够产生式 (3.25) 形式解的微分方程更方便，首先是对于数值解。特别是在 $\rho = \pm d, \theta > 0$ 的情况下建议运用下列形式的边界条件：

$$\frac{\partial P}{\partial \theta} + \omega\left(\pm d\right) E = 0, \quad \frac{\partial E}{\partial \theta} - \omega(\pm d) V = 0, \quad V = P \tag{3.28}$$

可以发现，在这种情况下初始函数 $E_0(\rho)$，也像前面情况一样，不需要做任何变化。

在使用文献 [94] 中参数（$a_* = 2.07, \rho_* = 3$）的情况下对边界条件式 (3.28) 进行了一系列的计算实验，目的是确定合适的参数值 d。所进行的计算表明，取 $d = 1.3\rho_*$ 完全可以对振动翻转效应进行很好的模拟。这意味着，在要求计算精度相同的情况下相比于运用“全阻尼”振动，计算量减少到原来的 1/3。通过在所运用的差分模式中去掉二次项，并引入振荡频率的修正因子，边界条件式 (3.28) 也很容易实现。

3.6.4 边界上的简化近似

还有一种构建人工边界条件的方法是“恶化”（或者简化）逼近原始方程。下面进行详细解释。

现在对方程式 (3.1) 取时间跨越格式，对空间导数取中心差分逼近。在网格 $\theta_j = j\tau, \rho_k = kh$ 上，有

$$\frac{P_k^{j+\frac{1}{2}} - P_k^{j-\frac{1}{2}}}{\tau} + E_k^j + \frac{P_{k+1}^{j-\frac{1}{2}} - P_{k-1}^{j-\frac{1}{2}}}{2h} = 0$$

$$\frac{E_k^{j+1} - E_k^j}{\tau} - V_k^{j+\frac{1}{2}} + V_k^{j+\frac{1}{2}} \frac{E_{k+1}^j - E_{k-1}^j}{2h} = 0$$

这些差分方程具有近似值 $O(h^2)$，但是不能用在边界节点上。例如，节点 $\rho_M = d$，因为在 ρ_{M+1} 上所使用的函数不确定。

我们通过单侧差分替换节点 $\rho_M = d$ 处的空间导数的近似：

$$
\begin{aligned}
&\frac{P_M^{j+\frac{1}{2}} - P_M^{j-\frac{1}{2}}}{\tau} + E_M^j + \frac{P_M^{j-\frac{1}{2}} - P_{M-1}^{j-\frac{1}{2}}}{h} = 0 \\
&\frac{E_M^{j+1} - E_M^j}{\tau} - V_M^{j+\frac{1}{2}} + V_M^{j+\frac{1}{2}} \frac{E_M^j - E_{M-1}^j}{h} = 0
\end{aligned}
\tag{3.29}
$$

结果逼近的阶数“恶化”到 $O(h)$，但是公式开始适合计算了，对于节点 $\rho_{-M} = -d$ 也可以采用类似的做法。

现在从渐进分析的角度来研究在边界上所建立的逼近（新的人工边界条件）(式 (3.29))。像 3.6.2 节一样，只是删除 $V\dfrac{\partial E}{\partial \rho}$ 形式的项，就可以对振幅产生二阶精度条件，即 $O(\varepsilon^2)$。在这种情况下这些项并不全部删除：只是给一个因子加入了 $O(\varepsilon h)$ 阶误差。由于第二个因子阶数为 $O(\varepsilon)$，所以使用这种方法的结果是为原始方程带入误差的同时，具有渐进性 $O(\varepsilon^2 h)$。当然，条件式 (3.29) 比式 (3.28) 的渐进性差，但是丝毫不低于条件式 (3.27)。

在使用文献 [94] 中参数（$a_* = 2.07, \rho_* = 3$）的情况下对边界条件式 (3.29) 进行了一系列的计算实验，目的是确定合适的参数值 d。所进行的计算表明，取 $1.5\rho_* \leqslant d \leqslant 1.8\rho_*$ 就完全可以对振动翻转效应进行很好的模拟。这就意味着，计算与现有理论的（即渐近的）估值完全一致。

当然还要指出，在 ρ_* 情况下所有公式中 d 的参数都是由数值实验近似确定的，误差约为 10%。

在结束本章时，我们针对所提出的人工边界条件提出建议。所探讨的边界条件在实际应用中价值不同，因此，需要考虑具体问题特点合理选择其组合。

一阶边界条件非常简单、可靠，因此可以作为初始实验的基础。但是它们需要附加的计算量，而这一点在大量计算中都应当尽量避免。

具有三阶精度的边界条件非常经济，但是对于有二维及以上空间变量的问题几乎不用。这是因为多维问题由于问题的复杂性，使用解析法求拉格朗日粒子振动频率的概率很小 [124]。

上述表明，首先建议使用的是二阶精度边界条件式 (3.27)。式 (3.29) 形式的条件是对其一个很好的补充。这两种形式的条件很容易实现，并且不难将其推广到多维空间问题。通过减小计算区间也可以大大减少意义不大的计算。此外，边界条件式 (3.27) 和式 (3.29) 在两边都是非映射的，也就是说它们不会在传递系数（函数 $V(\rho,\theta)$）的符号改变时阻碍扰动的传递。接下来本书还会展示人工边界条件对等离子体中二维相对论性电子振动数值模拟的应用，并且会用到条件式 (3.26)、式 (3.27) 和式 (3.29)。

3.7　文献评述及说明

本章对从整体上理解本书的结论非常重要。本章以最简单的问题为例，描述了渐进法和数值法在模拟等离子体电子振动翻转效应中的应用。

首先阐明发生翻转的前提：主振动频率的偏移和违反不变性的性质。这里在使用拉格朗日变量时在弱非线性近似中确定了振动频移与初始振幅的平方关系。

在此情况下，文献 [131] 首次表述了等离子体振动发生翻转的评判标准，其依据是：两个初始距离为 ρ（等于偏移振幅两倍，$\Delta\rho_0 = 2A_0$）的粒子，当相位差等于 π 时其轨道会相交。文献 [46] 已经明确，翻转的条件是两个最近的粒子的轨道相交，而不是距离很远（等于偏移振幅）的粒子轨道相交。但是，在任意振幅（无论多小）情况下，由于相邻粒子振动频率的不同而发生振动翻转的结论在任何情况都是意义重大的。

在相对论性振动情况下频移与振幅具有依赖关系的事实已经众所周知。特别是在文献 [149] 中振动的翻转与频率和振幅的依赖关系之间产生了联系。本书中新的重要结果是证明了翻转发生在对称轴之外，即 $\rho \neq 0$ 的情况下。这一事实的论证根据是相对论性方程和非相对论性方程的轴对称解相同。另一个新的事实是，非相对论性方程具有某种很有用的不变性，而相对论性方程则没有。这使得在对称轴附近确定电子密度振幅（足够大）的情况下，观察翻转过程非常方便。

可以通过独立常微分方程来描述拉格朗日变量粒子的动态过程。粒子的轨道方程是时间的光滑函数，因此，对数值积分算法的选择相当宽泛 [22]。考虑到经济性并按照传统选择了“跨越”格式。在文献 [139] 中列出了对格式的详细分析，包括对频率的修正。

使用欧拉变量方程式 (3.1) 的情况复杂得多。这些方程形式上是非守恒的，因此，使用传统算法 [69] 非常复杂。特别是，正如上面已经提到的，大部分方法都是基于黎曼问题（有间断初值的柯西问题）的精确解或近似解 [69]。在等离子体振动情况中黎曼问题本身丧失了物理意义：间断的电场函数是翻转效应的标志，此时不得不终止运用经典电动力学模型。

还应当注意方程中存在源项。当然，经典的拉克斯–温德罗夫格式和麦考马克格式可以改进并推广到这种情况 [151]。但是这种格式不太适用于计算梯度突变，因为二阶精度要求首先对光滑解进行模拟。

考虑到上述情况，对于欧拉变量方程建立了专门的差分格式。它主要针对解决未来使用拉格朗日变量可能性不大的振动问题。例如，这种问题有考虑粒子动力学问题或多维空间电子振动问题。在所建立的分裂格式框架内，完全定量地再现了所有基于拉格朗日变量算法获得的结果。在使用欧拉变量情况下为了缩小计算区间，还构建了不同阶数精度的人工边界条件。

构建人工边界条件很大程度上要依靠原始方程解的性质，并且首要目的是使给出的边界条件对区间内部的解的影响最小，而理想情况是不产生任何影响。文献 [60] 提供了关于设立边界条件最全面的论述以及详细的相关参考书目。但是，对于所探讨的这种等离子体振动情况，在这本书中没能找选出合适的案例（模拟），因此，本书有关构建相应的人工边界条件的材料旨在填补这一空白。

本章阐述的结果是在文献 [94，104] 中得到的。

这里再次提醒，3.3 节中描述的拉格朗日变量算法是所有可用于计算相对论性振动翻转的方法中最简单的一种。为了提高计算实验结果的可靠性，通常会通过其他模型（欧拉变量模型）以及使用对常微分方程组进行积分的其他方法（在同一粒子的拉格朗日变量模型框架下使用经典的具有四阶精度的龙格–库塔法 [22]）进行验证计算。上述所有计算都可以在欧拉模型框架内完全再现，但是，这需要将空间和时间的步长减小到原来的约 1/8 到 1/16。而通过四阶龙格–库塔法对运动方程式 (3.6) 进行积分，需要增加大约 3 倍计算量，但是其准确性并未显著提高，因为积分时间的“工作”步长相当小（约 10^{-3}），而计算出的轨道是足够光滑的函数。上述情况能够确定，从性价比的角度来看，式 (3.16) 是最佳算法。还可以发现，式 (3.18) 对于直观表示电子密度函数在某种意义上也是最好的。因为由式 (3.17) 可以得到描述粒子在任意时刻相互位置的最佳非均匀欧拉网格。正是对这种描述的研究构成拉格朗日变量振动翻转的本质。因此，要考虑到光滑度降低，甚至在理论上很难想象出更精确的方法把电子密度表示为粒子之间距离的函数。当然，要指出的是，式 (3.18) 的计算结果不是时间积分算法的标志，目的只是用于实例说明。

本章讨论的问题会导致梯度突变。如果使用准线性双曲方程组理论的术语描述即称为翻转效应。应当注意的是，对这类效应预报的传统方法对种情况基本不用。所以在文献 [103，121] 中为了分析梯度突变的产生，专门提出两步法。

第一步，初始函数的空间梯度形成特定常微分方程组的初始条件。这就要研究更简单的柯西问题，为此应该确定垂直渐近线（“blowup” 性质）的存在条件。由于辅助解能够确定原始问题的局部梯度，那么满足该条件就会产生梯度突变，也就是损失光滑解的连续性。这一步在原理上不同于其他已知的研究准线性双曲系统的方法，例如，连续系统 [81]、优化系统 [81]、非线性容积法 [80] 等。应当注意的只是与文献 [145] 中的思想有一定程度相似，尽管文献 [121] 中的分析在技术上更简单。第一步研究的是常微分方程组的柯西辅助问题性质，它实质上与研究欧拉变量原始方程有关。

第二步用来更准确地分析拉格朗日等效问题。这是在以下假设条件下进行的：根据第一步结果初始数据不会导致快速的梯度突变，即不会导致第一个周期中已出现的振动翻转。这一步实质上是在弱非线性逼近中建立对原始方程组均适合的渐进解。这里，对描述一些粒子轨道的方程推导出了振动频率与初始振幅的关系。并在此基础上可以得出粒子轨道相交的结论，在必要的情况下，还能估算出该事件随振动持续时间变化的渐进性。

第 4 章　柱面一维相对论性和非相对论性电子振动

本章研究柱面一维相对论性和非相对论性电子振动。主要关注更简单的模型。不论是否考虑相对论，柱面电子振动都会以翻转结束。为了满足数值模拟的需要，除了基于拉格朗日变量的方法，还构建了基于欧拉变量的拆分算法。借助于这两种方法描述并分析了柱面振动的发展情况，即翻转。另外还简要阐述了球面振动的相关材料。

4.1　欧拉变量及拉格朗日变量问题的提出

由等离子体模型基础方程式 (1.5)∼ 式 (1.12) 可以得出其解具有轴（柱面）对称性的方程组。

我们通常用 r, φ, z 表示柱坐标系中的自变量，并假设：① 由于离子的质量是电子的很多倍，所以认为离子是不动的；② 解只由向量函数 $\boldsymbol{p}_e, \boldsymbol{v}_e, \boldsymbol{E}$ 的 r 分量决定；③ 上述函数与变量 φ 和 z 之间不存在依赖关系，即 $\partial/\partial\varphi = \partial/\partial z = 0$。那么，由式 (1.5)∼ 式 (1.12) 可以得出非平凡方程：

$$\begin{cases} \dfrac{\partial n}{\partial t} + \dfrac{1}{r}\dfrac{\partial}{\partial r}(r\,n\,v_r) = 0, \quad \dfrac{\partial p_r}{\partial t} + v_r\dfrac{\partial p_r}{\partial r} = eE_r \\ \gamma = \sqrt{1 + \dfrac{p_r^2}{m^2c^2}}, \quad v_r = \dfrac{p_r}{m\gamma}, \quad \dfrac{\partial E_r}{\partial t} = -4\pi e n v_r \end{cases} \tag{4.1}$$

在这种情况下，表示变量与等离子体中电子成分联系的下角标 e 意义不大，因此可以忽略。

我们引入下列无量纲量：

$$\rho = k_p x, \quad \theta = \omega_p t, \quad V = \frac{v_r}{c}, \quad P = \frac{p_r}{mc}, \quad E = -\frac{eE_r}{mc\omega_p}, \quad N = \frac{n}{n_0}$$

式中：$\omega_p = (4\pi e^2 n_0/m)^{1/2}$ 为等离子体频率；n_0 为非扰动的电子密度值；$k_p =$

ω_p/c。使用新的变量，方程式 (4.1) 的形式为

$$\frac{\partial N}{\partial \theta}+\frac{1}{\rho}\frac{\partial}{\partial \rho}(\rho NV)=0,\quad \frac{\partial P}{\partial \theta}+E+V\frac{\partial P}{\partial \rho}=0,$$
$$\gamma=\sqrt{1+P^2},\quad V=\frac{P}{\gamma},\quad \frac{\partial E}{\partial \theta}=NV \tag{4.2}$$

由式 (4.2) 的第一个方程和最后一个方程，可得

$$\frac{\partial}{\partial \theta}\left[N+\frac{1}{\rho}\frac{\partial}{\partial \rho}(\rho E)\right]=0$$

无论是在没有等离子体振动（$N\equiv 1, E\equiv 0$），还是存在等离子体振动的情况下，这个关系都成立。所以，对于电子密度有更简单的表达式：

$$N=1-\frac{1}{\rho}\frac{\partial}{\partial \rho}(\rho E) \tag{4.3}$$

现在，消掉方程式 (4.2) 中的密度 N 和系数 γ，便可得到描述理想冷等离子体中电子的自由柱面一维相对论性振动方程：

$$\frac{\partial P}{\partial \theta}+E+V\frac{\partial P}{\partial \rho}=0,\quad \frac{\partial E}{\partial \theta}-V+\frac{V}{\rho}\frac{\partial}{\partial \rho}(\rho E)=0,\quad V=\frac{P}{\sqrt{1+P^2}} \tag{4.4}$$

我们用缩写 C1RE（Cylindrical 1-dimension Relativistic Electron Oscillations）来表示该方程组。

考虑到柱坐标系的特点（$\rho\geqslant 0$），我们来研究 C1RE 方程组在半区间 $\{(\rho,\theta): 0<\rho<d, \theta>0\}$ 上的解。根据前面章节得到的结果，引入参数 d 来限制空间范围。给式 (4.4) 补充局部空间的初始条件

$$P(\rho,0)=P_0(\rho),\quad E(\rho,0)=E_0(\rho),\quad \rho\in[0,d] \tag{4.5}$$

和与之相应的边界条件

$$P(0,\theta)=P(d,\theta)=E(0,\theta)=E(d,\theta)=0,\quad \forall\theta\geqslant 0 \tag{4.6}$$

由此，根据电子速度 V 和脉冲 P 的代数关系式，可得

$$V(0,\theta)=V(d,\theta)=0,\quad \forall\theta\geqslant 0$$

该等式不允许所求函数的扰动通过 $[0,d]$ 区间边界传递。

与之前一样，我们把下列函数作为式 (4.5) 的初始条件

$$P_0(\rho)=0,\quad E_0(\rho)=\begin{cases}\left(\dfrac{a_*}{\rho_*}\right)^2\rho\exp^2\left\{-\dfrac{\rho^2}{\rho_*^2}\right\}, & 0\leqslant\rho<d\\ 0, & \rho=d\end{cases}\tag{4.7}$$

正如前面所指出的，这种能引起振动的电场扰动是空间强度呈高斯分布的锐聚焦短强激光脉冲穿过等离子体的特征。由于函数 $E_0(\rho)$ 呈指数衰减，所以只要取 $d=4.5\rho_*$ 即可保证边界条件式 (4.6) 具有足够高精度。

需要更简单的方程组来比较是否存在相对论效应。这里补充假设：电子的速度本质上是非相对论的，即

$$P\approx V,\quad \frac{\partial P}{\partial\rho}\approx\frac{\partial V}{\partial\rho},\quad \frac{\partial P}{\partial\theta}\approx\frac{\partial V}{\partial\theta}$$

在这种情况下可以得出描述电子在理想冷等离子体中做自由柱面一维非相对论性振动的方程：

$$\frac{\partial V}{\partial\theta}+E+V\frac{\partial V}{\partial\rho}=0,\quad \frac{\partial E}{\partial\theta}-V+\frac{V}{\rho}\frac{\partial}{\partial\rho}(\rho E)=0\tag{4.8}$$

该方程可用 C1NE（Cylindrical 1-dimension Nonrelativistic Electron Oscillations）表示。

与相对论情况类似，我们认为需要在半区间 $\{(\rho,\theta):0<\rho<d,\theta>0\}$ 上求得使式 (4.8) 满足局部空间的解，其初始条件为

$$V(\rho,0)=V_0(\rho),\quad E(\rho,0)=E_0(\rho),\quad \rho\in[0,d]\tag{4.9}$$

边界条件为

$$V(0,\theta)=V(d,\theta)=E(0,\theta)=E(d,\theta)=0,\quad \forall\theta\geqslant0\tag{4.10}$$

注意，$V_0(\rho)=0$，在式 (4.5) 和式 (4.9) 中函数 $E_0(\rho)$ 相同。

准线性方程（C1NE）式 (4.8) 对构建本章中讨论的数值算法非常重要，因此，除了写出欧拉变量的形式，写出拉格朗日变量的形式也很有用：

$$\frac{\mathrm{d}V\left(\rho^L,\theta\right)}{\mathrm{d}\theta}=-E\left(\rho^L,\theta\right),\quad \frac{\mathrm{d}E\left(\rho^L,\theta\right)}{\mathrm{d}\theta}+\frac{E\left(\rho^L,\theta\right)V\left(\rho^L,\theta\right)}{\rho}=V(\rho^L,\theta)\tag{4.11}$$

式中：$\mathrm{d}/\mathrm{d}\theta=\partial/\partial\theta+V\partial/\partial\rho$ 是时间的全导数。

要提醒注意的是，函数 $R(\rho^L,\theta)$ 决定拉格朗日坐标 ρ^L 粒子的位移，所以

$$\rho\left(\rho^L,\theta\right)=\rho^L+R\left(\rho^L,\theta\right) \tag{4.12}$$

满足方程

$$\frac{\mathrm{d}R\left(\rho^L,\theta\right)}{\mathrm{d}\theta}=V\left(\rho^L,\theta\right) \tag{4.13}$$

根据式 (4.13) 通过位移 R 表示速度 V，可以写出式 (4.11) 的第二个方程，即

$$\left(\rho^L+R\right)\frac{\mathrm{d}E}{\mathrm{d}\theta}+E\frac{\mathrm{d}R}{\mathrm{d}\theta}=\left(\rho^L+R\right)\frac{\mathrm{d}R}{\mathrm{d}\theta} \tag{4.14}$$

式 (4.14) 的首次积分为

$$(\rho^L+R)E=\frac{1}{2}\left(\rho^L+R\right)^2+C$$

式中：常量 C 可以由粒子无位移时电场等于零条件来确定。那么，根据该关系式可以得到电场的表达式

$$E\left(\rho^L,\theta\right)=\frac{1}{2}\frac{\left(\rho^L+R\left(\rho^L,\theta\right)\right)^2-\left(\rho^L\right)^2}{\rho^L+R\left(\rho^L,\theta\right)} \tag{4.15}$$

而拉格朗日变量基本方程组式 (4.8) 的形式为

$$\frac{\mathrm{d}V}{\mathrm{d}\theta}=-E,\quad \frac{\mathrm{d}R}{\mathrm{d}\theta}=V \tag{4.16}$$

我们发现，关系式 (4.12) 对于根据所给出的分布函数 $E_0(\rho)$ 来确定粒子的拉格朗日坐标 ρ^L 和初始条件 $R\left(\rho^L,0\right)$ 非常有用。在这种情况下算法如下：对于显式方程 [见 $\theta=0$ 时的关系式 (4.15)]

$$\frac{1}{2}\frac{\rho^2-\left(\rho^L\right)^2}{\rho}=E_0(\rho)$$

的某个 ρ 求出数值：

$$\rho^L=\sqrt{\rho^2-2\rho E_0(\rho)} \tag{4.17}$$

然后通过式 (4.12) 求出在点 ρ^L 处的初始位移

$$R(\rho^L,0)=\rho-\rho^L \tag{4.18}$$

综上所述，所有拉格朗日坐标为 ρ^L 粒子的轨道，都可以通过对常微分方程式 (4.15) 和式 (4.16) 进行独立积分来确定。为此，需要两个初始条件：$R\left(\rho^L,0\right)$ 和 $V\left(\rho^L,0\right)$。由式 (4.7) 和式 (4.9) 可得 $V\left(\rho^L,0\right)-0$。要确定 $R\left(\rho^L,0\right)$，需要先给定粒子在初始时刻的位置 ρ，那么，拉格朗日坐标可以通过式 (4.17) 确定，而初始位移可以通过式 (4.18) 计算。已知拉格朗日坐标 ρ^L 和位移函数 $R\left(\rho^L,\theta\right)$，就可以按式 (4.12) 单值地描述粒子的轨道。

在本节的最后应当指出，对于相对论性方程（C1RE）式 (4.4)，其拉格朗日变量的模拟形式为

$$\frac{\mathrm{d}P\left(\rho^L,\theta\right)}{\mathrm{d}\theta}=-E\left(\rho^L,\theta\right),\quad \frac{\mathrm{d}R\left(\rho^L,\theta\right)}{\mathrm{d}\theta}=\frac{P\left(\rho^L,\theta\right)}{\sqrt{1+P^2\left(\rho^L,\theta\right)}}\equiv V(\rho^L,\theta) \tag{4.19}$$

在这种情况下电场表达式 (4.15) 以及设定初始条件ρ^L、$R\left(\rho^L,0\right)$ 和 $P(\rho^L,0)=V(\rho^L,0)=0$ 的方式不变。

4.2 解析性研究

4.2.1 轴对称解

在文献 [100] 中（也可以参见 2.2 节），对于能够描述激光–等离子体相互作用并具有轴对称性的非线性问题，引入了轴对称解概念。这种解的空间坐标具有局部线性关系。

本章中轴对称解用来分析所研究的模拟振动算法的质量。首先像文献 [102] 中那样来确定它的一些有用性质。C1NE 方程式 (4.8) 的轴对称解是下列形式的实数解：

$$V\left(\rho,\theta\right)=W\left(\theta\right)\rho,\quad E\left(\rho,\theta\right)=D\left(\theta\right)\rho$$

不难证明，与时间相关的因子在这种情况下满足常微分方程组

$$W'+D+W^2=0,\quad D'-W+2WD=0 \tag{4.20}$$

我们对所得到的方程补充任意实数初始条件

$$W(0)=\beta,\quad D(0)=\alpha \tag{4.21}$$

并阐明式 (4.20) 和式 (4.21) 柯西问题有且仅有一个解的条件。

应当指出的是，上述柯西问题是不平凡的，因为它既可以有规律的周期解（如在小 α 和 β 的情况下），也可以在有限的时间范围内有奇解（所谓的 blow-up 解）。

并且，即使对于多项式右侧（文献 [137]），现有的结果在一般情况下也不能确定产生各种类型解的大量初始数据之间的明确界限。因此，对所研究的问题有不太相同的观点是有益的。

引理 4.2.1　式 (4.20) 和式 (4.21) 的柯西问题等价于下列微分代数问题：

$$W' + (\alpha + \beta^2)x + (\alpha - 1/2)x\ln x = 0 \tag{4.22}$$

$$2W^2 + 1 - (1 + 2\beta^2)x - 2(\alpha - 1/2)x\ln x = 0 \tag{4.23}$$

$$W(0) \equiv \beta, \quad x(0) = 1 \tag{4.24}$$

证明　从方程式 (4.20) 中消掉函数 D，可得二阶方程的柯西问题：

$$W'' + 4W'W + W + 2W^3 = 0, \quad W(0) = \beta, \quad W'(0) = -(\alpha + \beta^2) \tag{4.25}$$

通过 $p(W) = W'_\theta$ 代换来降低方程的阶数：

$$p'_W p + 4pW + W + 2W^3 = 0 \tag{4.26}$$

这里及后边导数的下角标都会清晰地标明进行微分的自变量。应当注意的是，式 (4.26) 相应的（见式 (4.25)）初始条件为

$$p(\beta) = -\left(\alpha + \beta^2\right) \tag{4.27}$$

通过自变量 $p(W) = u^{-1}(W) \neq 0$ 变换可得方程：

$$u'_W - 4u^2W - u^3\left(W + 2W^3\right) = 0$$

在上式中很容易做代换 $u(W) = \eta(\xi)$，式中 $\xi = 2W^2 + C_\xi$。结果有

$$\eta'_\xi = g(\xi)\eta^3 + \eta^2, \quad g(\xi) = \frac{1}{4}\xi + \frac{1}{4}(1 - C_\xi)$$

要得到该方程的解析解，必须引入参数化自变量 $\xi = \xi(t)$，使得

$$\xi'_t = -\frac{1}{t\eta(\xi)}, \quad t \neq 0$$

结果，可得

$$t^2\xi''_t + \frac{1}{4}\xi + \frac{1}{4}(1 - C_\xi) = 0$$

其通解的形式为

$$\xi(t) = C_1 t^{\frac{1}{2}} + C_2 t^{\frac{1}{2}}\ln t - (1 - C_\xi)$$

由此可得

$$\eta(\xi) = -\left(\frac{1}{2}C_1 t^{\frac{1}{2}} + \frac{1}{2}C_2 t^{\frac{1}{2}} \ln t + C_2 t^{\frac{1}{2}}\right)^{-1}$$

我们回到初始变量，有

$$p(W) = -\left(\frac{1}{2}C_1 t^{\frac{1}{2}} + \frac{1}{2}C_2 t^{\frac{1}{2}} \ln t + C_2 t^{\frac{1}{2}}\right)$$

$$2W^2 + 1 = C_1 t^{\frac{1}{2}} + C_2 t^{\frac{1}{2}} \ln t$$

得到这些关系式的变换情况完全类似于在证明引理 2.2.1 时的详细描述。

通过条件式 (4.27) 确定常数 C_1 和 C_2，也就是协调参数值 $\theta = 0, t = 1$，并作形式代换 $t^{\frac{1}{2}} = x$，可以得到微分代数问题式 (4.22)∼ 式 (4.24)。

应当注意的是，上述过程是很简单地连续运用了人们熟知的技术方法（如文献 [62]）。我们这里采用该方法的好处在于得到的等效问题不仅是封闭式的，而且对于研究来说也是更为方便的形式。应当明确的是，在这种情况下所研究问题的等效性指的是：两个问题中的函数 $W(\theta)$ 相同，其他函数 $D(\theta)$ 和 $x(\theta)$ 则在每个问题中根据 $W(\theta)$ 单值确定。根据已证命题，可得以下定理。

定理 4.2.1 式 (4.20) 和式 (4.21) 柯西问题有且仅有一个光滑周期解的充分必要条件为

$$\alpha < 1/2 \tag{4.28}$$

证明：充分性。假设不等式 (4.28) 成立。考虑多样性公式 (4.23)。运用变量线性代换

$$z = W\sqrt{2}, \quad x = y\exp(r/s)$$

式中：$r = 1 + 2\beta^2; s = 1 - 2\alpha > 0$，将其变换成以下形式

$$z^2 + 1 + Ay\ln y = 0 \tag{4.29}$$

其参数 $A = s\exp(r/s)$。不难证明，曲线式 (4.29) 在 $A > e$ 时是光滑闭合（致密）的，而在 $A = e$ 时曲线变成点 $z = 0, y = 1/e$（这里及以后的 e 均为自然对数的底）。在这种情况下等式 $A = e$ 对应于 $\beta = \alpha = 0$ 的情况，只产生式 (4.20) 和式 (4.21) 柯西问题的平凡解，因此是毫无意义的。当 β 取其他值，且 $\alpha < 1/2$ 时严格不等式 $A > e$ 成立，即

$$(1 - 2\alpha)\exp\frac{1 + \beta^2}{1 - 2\alpha} > e$$

这用反证法很容易证明。

现在，由式 (4.23) 的光滑性和致密性，以及一般形式方程式 (4.20) 右边的光滑性可得，有且仅有一个向点 $\theta=0$ 两边无限延伸的光滑解（文献 [13]），而庞加莱–本迪克松定理 [66] 可以确保其解的周期性。充分性得证。

必要性。假设不等式 (4.28) 不成立，那么可能有两种情况，下面分别来研究。

假设 $\alpha=1/2$,那么流形式(4.23)是抛物线 $W^2=2y$,式中 $y=\left[\left(1+2\beta^2\right)x-1\right]/4$,与其相应的式 (4.22) 形式为

$$W'=-\left(2y+\frac{1}{2}\right)\equiv -W^2-\frac{1}{2}$$

在初始条件为 $W(0)=\beta$ 情况下不难写出该方程解的显式：

$$W_0(\theta)=\frac{\dfrac{\beta}{\sqrt{2}}-\dfrac{1}{2}\tan\left(\dfrac{\theta}{\sqrt{2}}\right)}{\dfrac{1}{\sqrt{2}}+\beta\tan\left(\dfrac{\theta}{\sqrt{2}}\right)}$$

由此可得，其单调递减，并且在 $0<\theta_*<\sqrt{2}\pi$ 的情况下变为无界：要么当 $\beta\neq 0$ 时分母等于 0；要么当 $\beta=0$ 时 $\theta_*=\pi/\sqrt{2}$。

假设 $\alpha>1/2$，那么式 (4.22) 可以很方便写成

$$W'=-\left(\alpha+\beta^2\right)x-\left(\alpha-\frac{1}{2}\right)x\ln x$$

下面来证明，在任意初始条件 $W(0)=\beta$ 情况下这个方程的解都会比 $W_0(\theta)$ 衰减得快。根据比较定理，只要确定不等式

$$-\left(\alpha+\beta^2\right)x-\left(\alpha-\frac{1}{2}\right)x\ln x<-W^2-\frac{1}{2}$$

在所研究的式 (4.23) 上正确即可。假设与其相反的不等式成立，即

$$-\left(\alpha+\beta^2\right)x-\left(\alpha-\frac{1}{2}\right)x\ln x\geqslant -W^2-\frac{1}{2}\tag{4.30}$$

那么，可以通过式 (4.23) 来表示 $\left(\alpha-\dfrac{1}{2}\right)x\ln x$ 值并将其代入式 (4.30)。经过基本变换，可得 $(1/2-\alpha)x\geqslant 0$。现在，我们回想一下，$x>0$（参见引理证明）时的情况，由此可以得出需要的与 α 值假设的矛盾性，即在任何 W 值情况下优化估值的正确性。最终，由于不满足条件式 (4.28) 可以得出在有限的时间间隔内解是无界的，即 blow-up 性质。定理得证。

我们从两个角度来讨论所得到的结果：从物理学解释函数和求式 (4.20)、式 (4.21) 问题的近似（数值）解。

对所研究的柯西问题，下面分析最简单的无界解 $W_0(\theta)$，它满足

$$W' = -\frac{2W^2+1}{2}$$

由此可得，$D_0(\theta) \equiv 1/2$，以及电子密度表达式 $N_0 = 1 - 2D_0 \equiv 0$。因此，从物理学的角度来看，临界值 $\alpha = 1/2$ 是没有意义的，因为其意味着没有电子（其浓度等于 0）。换句话说，不存在振动对象。

从数值方法角度，应该注意的是，微分代数问题式 (4.22)~ 式 (4.24) 与全微分问题式 (4.20) 和式 (4.21) 相比没有明显优势。相反，有光滑周期解的柯西问题式 (4.20) 和式 (4.21) 有可能通过多种方法成功地进行数值积分（参见文献 [16，20]）。但只是在解（它与流形式 (4.23) 的光滑性和致密性相关）稳定的条件下，才能根据初始条件很好地论证近似解收敛于精确解。

4.2.2 扰动方法

如果假设振幅相当小，即在初始条件式 (4.7) 下对于电场有 $a_* \ll \rho_*$，那么 C1NE 方程式 (4.8) 就会变成弱非线性方程，可以运用扰动理论方法 [25,154] 构建方程的近似解（见 3.2.1 节）。在这里我们简单地推导相应的解析公式。

从方程式 (4.8) 中消掉电场 E，可得以下有关速度 V_p 的方程:

$$\left(\frac{\partial^2}{\partial\theta^2}+1\right)V_p+\frac{\partial}{\partial\theta}\left(V_p\frac{\partial V_p}{\partial\rho}\right)+V_p\frac{1}{\rho}\frac{\partial}{\partial\rho}\left(\rho\frac{\partial V_p}{\partial\theta}\right)+V_p\frac{1}{\rho}\frac{\partial}{\partial\rho}\left(\rho V_p\frac{\partial V_p}{\partial\rho}\right)=0 \quad (4.31)$$

这里及以后下角标 p 都会指示根据扰动理论得到的近似值。

下面求解方程式 (4.31)，并认为非线性项很小。以非线性幂展开式的形式带入电子速度，有

$$V_p = V_1 + V_2 + V_3 + \cdots$$

可得，满足初始条件

$$V_1|_{\theta=0} = 0, \quad \left.\frac{\partial V_1}{\partial\theta}\right|_{\theta=0} = A(\rho)$$

的一次近似值形式为

$$V_1 = A\sin\theta \quad (4.32)$$

式中：$A = A(\rho)$ 是电子速度的振幅，其与半径有关。

对于式 (4.31) 解渐进展开式的第二项和第三项依次可得方程：

$$\left(\frac{\partial^2}{\partial\theta^2}+1\right)V_2+\frac{\partial}{\partial\theta}\left(V_1\frac{\partial V_1}{\partial\rho}\right)+V_1\frac{1}{\rho}\frac{\partial}{\partial\rho}\left(\rho\frac{\partial V_1}{\partial\theta}\right)=0 \tag{4.33}$$

$$\begin{aligned}&\left(\frac{\partial^2}{\partial\theta^2}+1\right)V_3-2\omega_2V_1+\frac{\partial}{\partial\theta}\left(V_1\frac{\partial V_2}{\partial\rho}+V_2\frac{\partial V_1}{\partial\rho}\right)+V_1\frac{1}{\rho}\frac{\partial}{\partial\rho}\left(\rho\frac{\partial V_2}{\partial\theta}\right)\\&+V_2\frac{1}{\rho}\frac{\partial}{\partial\rho}\left(\rho\frac{\partial V_1}{\partial\theta}\right)+V_1\frac{1}{\rho}\frac{\partial}{\partial\rho}\left(\rho V_1\frac{\partial V_1}{\partial\rho}\right)=0\end{aligned} \tag{4.34}$$

我们注意到，考虑式 (4.32) 和式 (4.33) 的特解形式为

$$V_2=\frac{1}{2}\left(A\frac{\mathrm{d}A}{\mathrm{d}\rho}+\frac{A^2}{3\rho}\right)\sin 2\theta \tag{4.35}$$

现在要消除式 (4.34) 中的共振项，它会导致解随时间增长。
应该考虑到式 (4.32) 中的频率变化：

$$V_1=A\sin\omega\theta,\quad \omega=1+\omega_2 \tag{4.36}$$

式中：ω_2 为主频振幅的二次修正值。运用 V_1 和 V_2 的显式公式，在 $\sin\omega\theta$ 情况下认为式 (4.34) 中系数等于零，结果可得

$$\omega_2=\frac{A^2}{12\rho^2} \tag{4.37}$$

式 (4.37) 并不是新表达式，因为它已经在文献 [131] 中出现过。在这种情况下，更重要的是电子密度公式，它可以由表达式 (4.36) 和近似 $V_p\approx V_1$ 得出

$$N_p=1+\frac{1}{\rho}\frac{\mathrm{d}}{\mathrm{d}\rho}(\rho A)\cos\omega\theta-\theta\frac{\mathrm{d}\omega}{\mathrm{d}\rho}A\sin\omega\theta$$

该表达式意味着速度的渐进表达式只需保持第一项即可，尽管非线性频移式 (4.37) 可以通过小参数振幅展开式中三项的规律行为得出。

4.3 有限差分法

实质上，在 C1NE 方程式 (4.8) 中表示的是两个物理过程的互相作用：在空间固定点的非线性振动及其时空传递。因此，在对所提出的格式进行形式描述之前要提请注意两个基本的辅助结构。这里主要研究在时间上的离散化过程，目的是获得二阶近似值。

4.3.1 辅助结构

先对物理过程进行拆分。我们研究模型方程：

$$\frac{\partial u}{\partial t} = L_1(u) + L_2(u) \tag{4.38}$$

式中：$L_i(i = 1, 2)$ 是在一般情况下的非线性算子，可能（但不一定）与空间微分相关。我们对时间进行离散化：$t_j = j\tau$，其中 $j \geqslant 0, \tau$ 为变量的步长。为了简便，这里认为解仅与两个自变量 t 和 x 有关。可以很方便地运用符号表示：$u = u\left(t_j, x\right), \hat{u} = u(t_j + \tau, x)$。那么，在假设式 (4.38) 的解光滑情况下，有

$$\hat{u} = u + \tau\left[L_1\left(u\right) + L_2\left(u\right)\right] + O\left(\tau^2\right)$$

现在根据文献 [41，74]，通过依次求解两个辅助问题来替换区间 $[t_j, t_j + \tau]$ 上式 (4.38) 的解：

$$\frac{\partial v}{\partial t} = L_1(v), \quad v\left.\right|_{t=t_j} = u \tag{4.39}$$

和

$$\frac{\partial w}{\partial t} = L_2\left(w\right), \quad w\left.\right|_{t=t_j} = \hat{v} \tag{4.40}$$

可以发现，在所求解足够光滑且算子的多项式 $L_i(i = 1, 2)$（我们这种情况为二次的）呈非线性情况下，有 $\hat{w} = \hat{u} + O\left(\tau^2\right)$。

实际上

$$\begin{aligned}
\hat{v} &= v + \tau L_1(v) + O(\tau^2) = u + \tau L_1(u) + O(\tau^2), \\
\hat{w} &= w + \tau L_2(w) + O(\tau^2) = \hat{v} + \tau L_2(\hat{v}) + O(\tau^2) \\
&= u + \tau L_1(u) + \tau L_2(u + \tau L_1(u)) + O(\tau^2) \\
&= u + \tau[L_1(u) + L_2(u)] + O(\tau^2) = \hat{u} + O(\tau^2)
\end{aligned}$$

对于实际求解方程式 (4.39) 和式 (4.40)，接下来我们运用 $O(\tau^2 + h^2)$ 阶逼近，其中 h 为空间变量离散化步长。

下面介绍拉克斯–温德洛法格式（“三角网”）。我们来研究另一个模型方程（非线性传递型）：

$$\frac{\partial u}{\partial t} + \frac{\partial F\left(u\right)}{\partial x} = 0, \quad F\left(u\right) = \frac{u^2}{2}$$

引入符号 $A = \dfrac{\partial F}{\partial u}$。假设解足够光滑，有

$$u_{tt} = -F_{xt} = -F_{tx}, \quad F_t = F_u u_t = -F_u F_x \equiv AF_x$$

由此可得 $u_{tt}=(AF_x)_x$，相应地有

$$\hat{u}=u+\tau u_t+\frac{\tau^2}{2}u_{tt}+O\left(\tau^3\right)=u-\tau F_x+\frac{\tau^2}{2}\left(AF_x\right)_x+O\left(\tau^3\right)$$

在上面得到的结果中，下角标表示相应变量的偏微分。现在可以写出具有 $O(\tau^2)$ 阶逼近“三角网”格式的时间离散形式：

$$\frac{u^{j+1}-u^j}{\tau}+\frac{\partial F^j}{\partial x}=\frac{\tau}{2}\frac{\partial}{\partial x}\left(A^j\frac{\partial F^j}{\partial x}\right)$$

式中：上角标表示函数的所属时刻。

应当指出，如果作为模型方程取线性传递方程

$$\frac{\partial u}{\partial t}+v\frac{\partial u}{\partial x}=0$$

那么，像“三角网”格式一样，上式的时间离散形式为

$$\frac{u^{j+1}-u^j}{\tau}+\left(v^j+\frac{\tau}{2}\frac{\partial v}{\partial t}\right)\frac{\partial u}{\partial x}=\frac{\tau v^j}{2}\frac{\partial}{\partial x}\left(v^j\frac{\partial u}{\partial x}\right)$$

它也在光滑解上具有 $O(\tau^2)$ 阶逼近。

4.3.2　差分格式的建立

我们把式 (4.8) 变换为方便的形式。为此，我们将第二个方程中与频移有关的项分出，可得：

$$\frac{\partial V}{\partial\theta}+E+V\frac{\partial V}{\partial\rho}=0,\quad\frac{\partial E}{\partial\theta}-V+\frac{VE}{\rho}+V\frac{\partial E}{\partial\rho}=0$$

现在，使用以下方程描述非线性振动过程：

$$\frac{\partial\tilde{V}}{\partial\theta}+\tilde{E}=0,\quad\frac{\partial\tilde{E}}{\partial\theta}-\tilde{V}+\frac{\tilde{V}\tilde{E}}{\rho}=0\tag{4.41}$$

使用以下方程描述振动的时空传递：

$$\frac{\partial\overline{V}}{\partial\theta}+\overline{V}\frac{\partial\overline{V}}{\partial\rho}=0,\quad\frac{\partial\overline{E}}{\partial\theta}+\overline{V}\frac{\partial\overline{E}}{\partial\rho}=0\tag{4.42}$$

我们采用普通的跨越格式（参见 3.5 节）作为两个方程组在时间上离散化的基础。假设 τ 为时间步长，那么变量 $E,\tilde{E},\overline{E},N$ 属于“整时刻”$\theta_j=j\tau(j\geqslant0,$

为整数)，而变量 $V, \tilde{V}, \bar{V}$ 则属于“半时刻”$\theta_{j\pm\frac{1}{2}}$。我们用上角标表示所选函数值的相应时刻。运用具有固定步长的网格进行空间离散化，使得 $\rho_m = mh, 0 \leqslant m \leqslant M, Mh - d$。

这里再写出逼近方程式 (4.41) 和式 (4.42) 的差分方程。对于前者，有

$$
\begin{gathered}
\frac{\tilde{V}_m^{j+\frac{1}{2}} - \tilde{V}_m^{j-\frac{1}{2}}}{\tau} + \tilde{E}_m^j = 0, \\
\frac{\tilde{E}_m^{j+1} - \tilde{E}_m^j}{\tau} - \tilde{V}_m^{j+\frac{1}{2}} + \frac{\tilde{V}_m^{j+\frac{1}{2}}}{\rho_m} \frac{\tilde{E}_m^{j+1} + \tilde{E}_m^j}{2} = 0, \\
\tilde{V}_m^{j-\frac{1}{2}} = V_m^{j-\frac{1}{2}}, \quad \tilde{E}_m^j = E_m^j, \quad 1 \leqslant m \leqslant M - 1
\end{gathered}
\tag{4.43}
$$

式 (4.42) 的离散模拟形式为

$$
\begin{aligned}
&\frac{\overline{V}_m^{j+\frac{1}{2}} - \overline{V}_m^{j-\frac{1}{2}}}{\tau} + F_{\ddot{X},m}^{j-\frac{1}{2}} = \frac{\tau}{2} \left(\overline{V}_{s,m}^{j-\frac{1}{2}} F_{X,m}^{j-\frac{1}{2}} \right)_{\overline{X},m}, \\
&\frac{\overline{E}_m^{j+1} - \overline{E}_m^j}{\tau} + \left(\overline{V}_m^{j+\frac{1}{2}} + \frac{\tau}{2} \frac{\overline{V}_m^{j+\frac{1}{2}} - \overline{V}_m^{j-\frac{1}{2}}}{\tau} \right) \overline{E}_{\ddot{X},m}^j = \frac{\tau}{2} \overline{V}_m^{j+\frac{1}{2}} \left(\overline{V}_{s,m}^{j+\frac{1}{2}} \overline{E}_{X,m}^j \right)_{\overline{X},m}, \\
&\overline{V}_m^{j-\frac{1}{2}} = \tilde{V}_m^{j+\frac{1}{2}}, \quad \overline{E}_m^j = \tilde{E}_m^{j+1}, \quad 1 \leqslant m \leqslant M - 1 \\
&\overline{V}_0^{j+\frac{1}{2}} = \overline{V}_M^{j+\frac{1}{2}} = \overline{E}_0^{j+1} = \overline{E}_M^{j+1} = 0
\end{aligned}
\tag{4.44}
$$

式中：$F^{j-\frac{1}{2}} \equiv F\left(\overline{V}^{j-\frac{1}{2}}\right) = \frac{1}{2}\left(\overline{V}_m^{j-\frac{1}{2}}\right)^2$；$\frac{F_{m+1} - F_{m-1}}{2h}$ 为中心差分；$F_{X,m} = (F_{m+1} - F_m)/h$ 和 $F_{\overline{X},m} = (F_m - F_{m-1})/h$ 分别为向前差分和向后差分；$F_{s,m} = (F_{m+1} + F_m)/2$。

在根据差分格式 (4.44) 计算后，应当预先确定在下一个时间层的所求函数：

$$
V_m^{j+\frac{1}{2}} = \overline{V}_m^{j+\frac{1}{2}}, \quad E_m^{j+1} = \overline{E}_m^{j+1}, \quad 0 \leqslant m \leqslant M
$$

并根据下列公式计算（如果有必要）电子密度值：

$$
N_m^{j+1} = \begin{cases}
1 - \dfrac{1}{\rho_m} \dfrac{\rho_{m+1} E_{m+1}^{j+1} - \rho_{m-1} E_{m-1}^{j+1}}{2h}, & 1 \leqslant m \leqslant M - 1 \\[2ex]
1 - 2\dfrac{E_1^{j+1}}{h}, & m = 0 \\[2ex]
1, & m = M
\end{cases}
\tag{4.45}
$$

到这里第 j 个时间步长计算结束，可以转入下一个步长的计算。应当指出的是，初始数据式 (4.9) 对应 $j=0$，因此对于 V 来说，应该将其归为第 $-1/2$ 层，而对于 E 来说，应归为第 0 层。

下面说明所研究分裂格式 (4.43) 和式 (4.44) 的注意事项。对于每个辅助问题来说，在解足够光滑情况下，存在 $O(\tau^2+h^2)$ 阶逼近值，也存在通过频谱特性 [7,20] 得到的形如 $\tau=O(h)$ 的稳定性条件。这是下列事实的很好论据：所研究的格式相比于之前用于相同计算目的的格式更加方便 [45,123]。特别是，由于稳定性条件更弱，没有近似值损失，所以采用新格式可以达到更节省计算资源的目的。此外，式 (4.43) 和式 (4.44) 为显式格式，在推广到多维的情况时产生并行计算的可能。

4.3.3 振动过程场景

以欧拉变量形式提出问题式 (4.3)、式 (4.8)~ 式 (4.10) 能够从整体上定性描述轴对称等离子体振动的动态过程。为了问题的确定性，我们规定式 (4.7) 中的参数值为 $a_*=0.365, \rho_*=0.6$，以此来研究与之相应的图 4.1。图 4.1 清晰地展现出非线性等离子体振动随时间变化的过程及其径向结构。在振动的初始阶段电子密度最大值位于轴上，大约超出背景值一个数量级。然后，随着时间的推移，在振动过程中出现两个趋势，一个是轴外振动的相位稍稍落后于轴上振动，并且这种相移每个周期都在增加；第二个趋势更加直观，随着时间的推移，轴外电子密度的绝对极大值逐渐形成，其大小与轴上及极大值相当。

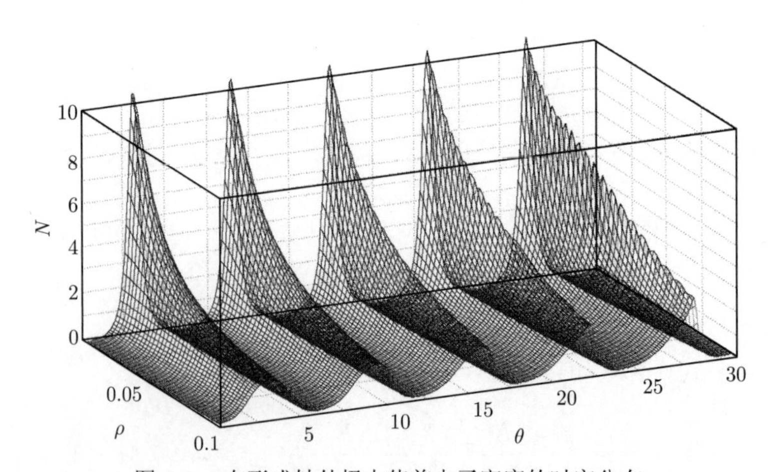

图 4.1 在形成轴外极大值前电子密度的时空分布

在图 4.2 上单独描述了带有两个极大值的画面。为了直观，改变了观察角度。电子密度在轴外出现最大值是振动的规律性发展结束及其振动破坏过程开始的信号。在轴外极值增长过程中其动态过程表现最明显：极值每个周期都增大，最终趋向于无穷大，即发生振动翻转。在上述参数情况下电子密度的轴外极大值形成于 $\theta_{\max}^{(1)} \approx 34$ 时，在下一个周期，在 $\theta_{\max}^{(1)} \approx 40$ 时大约增长为原来的两倍，最终在 $\theta_{br} \approx 46$ 时趋近于无穷大。由于式 (4.3) 成立，密度的奇点意味着形成电场的径向分量跳跃（间断）。可以发现，在这种情况下轴上电子密度极值表现很规律，也就是说，在翻转前其绝对极值及规律性几乎不变。

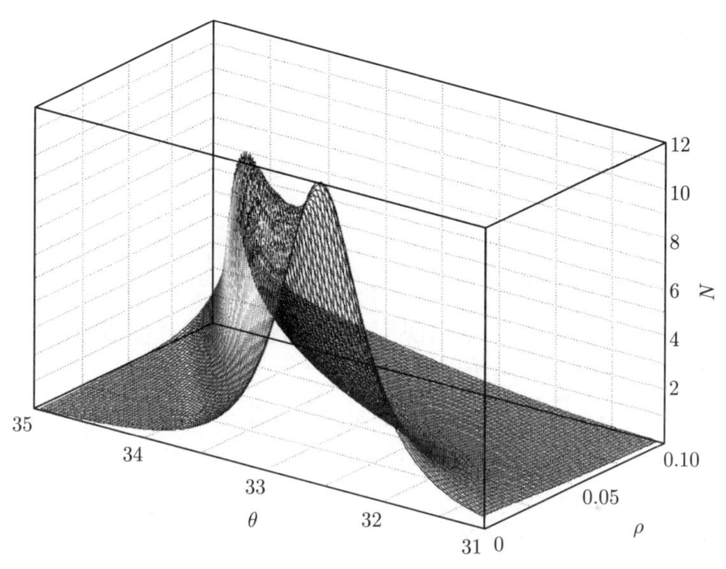

图 4.2 在形成轴外极大值时电子密度的时空分布

现在规定某个值 $\rho_* < 1$，来描述在参数 a_* 变化时上述过程的变化。首先假设 a_* 单调递减。那么等离子体振动变化过程会随时间而拉长，参见文献 [46,123] 中（还可以参见文献 [45]）详细研究的弱非线性模型结果。应当指出的是，在 $\rho_* \ll 1$ 且 a_* 足够小的情况下，渐进公式成立：振幅 $N_{\max} = C_1 \left(\dfrac{a_*}{\rho_*}\right)^2$，电子密度在轴外形成第一个最大值的时间 $\theta_{\max}^{(1)} = C_2 \left(\dfrac{\rho_*}{a_*}\right)^4$，振动翻转时间 $\theta_{br} = C_3 \left(\dfrac{\rho_*}{a_*}\right)^6$，式中 $C_i (i = 1, 2, 3)$ 为常数。在这种近似情况下还已知翻转点的径向坐为 $\rho_{br} = \rho_*/\sqrt{6}$。

现在假设参数 a_* 单调递增。那么相反，等离子体振动变化会随时间而压缩，非线性特征更加显著。这首先可以通过轴上周期性极大值的绝对值发现：其值开始超过背景值几十倍甚至更多。例如，在 $a_* = 0.391$ 情况下，有 $N_{\text{axis}} \approx 111$，而在 $a_* = 0.401$ 的情况下，有 $N_{\text{axis}} \approx 1244$。此时可以观察到这样性质的画面：振动翻转时间和相应的径向坐标会减小。如果在一个周期内发生振动翻转，那么在

a_* 增加的情况下其径向坐标单调递减。在翻转时间“跳跃”到上一个周期时，径向坐标跳跃式增加，然后在一个周期内平滑下降，在这种情况下其所有周期的最小值趋近于零，即趋近于轴。在参数 a_* 的增长过程中（在 ρ_* 值固定情况下）并不总能观察到电子密度轴外极值的形成和增长。轴外翻转发生得相当迅速，以至于轴外极值甚至不能存在一个周期的时间。还应当指出，在 a_* 增加的情况下，形成第一个轴上电子密度极值的时间也在减少。至少在计算中从未在出现第一个轴上极值之前观察到翻转。在流体动力学模型中的临界值是 $\left(\dfrac{a_*}{\rho_*}\right)^2=\dfrac{1}{2}$，在其附近翻转具有轴上特征：电子的初始分布使得所有电子一致急速向轴移动，然后从轴反射回来，随后电子轨迹很快相交。这样，在临界值附近振动的持续时间不会超过一个周期。这一事实可以从研究上述问题的文献 [100]（见 4.2.1 节）的轴对称解中得出。

要注意的是，还存在一种与上面研究情况有显著差别的电子振动发展过程。这种情况出现在初始时刻电场为负分布的情况下（即改变式 (4.7) 中的符号）。例如，在 $a_*=0.65$，且 $\rho_*=0.6$ 的情况下电子密度分布图像性质完全不同。在周期约为 2π 的轴上会出现不大的相同极大值 $N_{\text{axis}}\approx 3.3$（它首次出现在 $\theta=0$ 时）。而在轴外距离大概 $\rho=0.78$ 处，时间上大约偏移半个周期分布着一系列单调递增（直到无穷大）的轴外极大值（图 4.3）。当然，它们在空间和时间上的周期性都与轴上不同。轴外极大值逐渐相互接近并向轴移动，但这种移动非常平缓，不会导致奇异性。并且第一个轴外极大值大概是轴上极大值的 1.5 倍，但振动翻转却显著晚于第一种振动发展过程，即 $\theta_{br}\approx 114$。这里还有一个重要差别：翻转的径向坐标与轴距离相当远（这种情况 $\rho_{br}\approx 0.36$），这会大大降低问题的计算难度。注

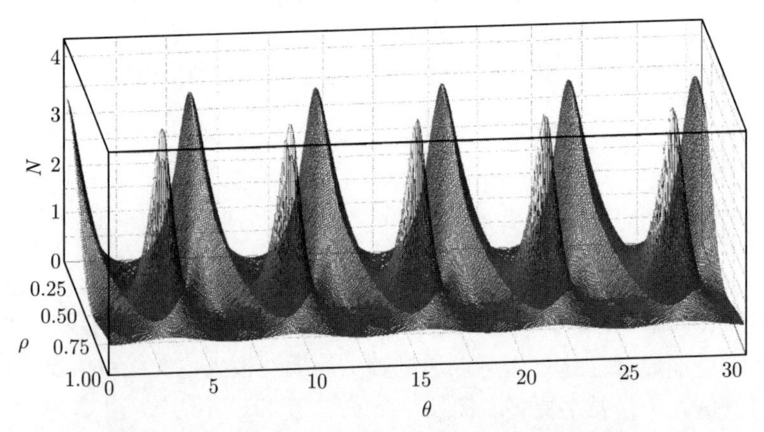

图 4.3 在电场方向相反情况下电子密度的时空分布

意，由于本章的主要目的是研究与激光脉冲激发的尾波动态过程相似的振动过程，所以本章研究的第一种情况最重要。

由以上对振动过程的描述不难理解，不使用专门构建的差分格式几乎不可能使用欧拉变量模拟翻转过程。上述的两种趋势都会等同地妨碍成功计算：不论是相位波前的弯曲，还是轴外最大值的无限增长。其结果是，所求函数的光滑度下降，使得需要同时大幅度减小时间和空间的离散化参数。这需要巨大的计算资源，但即便运用大量计算资源也不会成功，因为上述两个趋势会持续发展，直到出现翻转效应。由此可知，为什么使用传统的差分格式 [45,123] 对式 (4.3)、式 (4.8)~式 (4.10) 问题求数值解，即使在线性化程度中等的情况下在轴外极大值出现以后也不能研究电子密度结构。

4.4 粒 子 法

从流体动力学描述的角度来看，可以使用拉格朗日变量方程组式 (4.11) 替代欧拉变量方程组式 (4.8)：

$$\frac{\mathrm{d}}{\mathrm{d}\theta}V = -E, \quad \frac{\mathrm{d}}{\mathrm{d}\theta}E + V\frac{E}{\rho} = V, \quad \frac{\mathrm{d}}{\mathrm{d}\theta}R = V \tag{4.46}$$

式中：$\dfrac{\mathrm{d}}{\mathrm{d}\theta} = \dfrac{\partial}{\partial\theta} + V\dfrac{\partial}{\partial\rho}$ 是对时间的全导数；R 为位移，它决定初始位置径向坐标为 ρ^L 的粒子的轨道，即

$$\rho(\rho^L, \theta) = \rho^L + R(\rho^L, \theta)$$

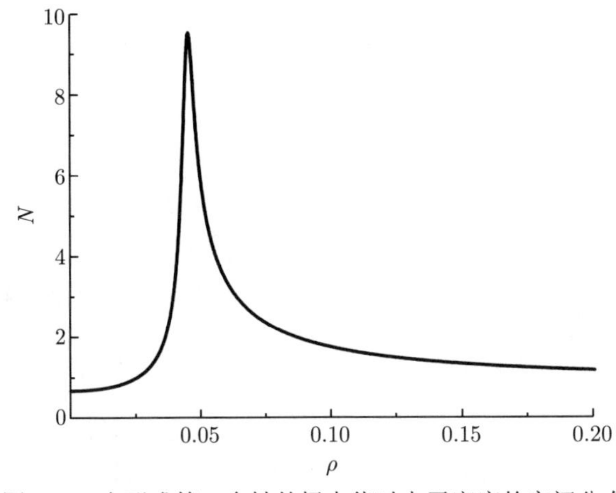

图 4.4 在形成第一个轴外极大值时电子密度的空间分布

由 4.1 节中的式 (4.11) 已经得到了电场和位移之间的显式关系：

$$E=\frac{1}{2}\frac{\left(\rho^{L}+R\right)^{2}-\left(\rho^{L}\right)^{2}}{\rho^{L}+R} \tag{4.47}$$

使用式 (4.47）能够得到确定粒子轨道的更简单方程，即

$$\frac{\mathrm{d}R}{\mathrm{d}\theta}=V,\quad \frac{\mathrm{d}V}{\mathrm{d}\theta}=-E \tag{4.48}$$

以及求解该方程的初始条件。注意式 (4.8) 和式 (4.48) 有着本质区别：后者不包含对径向坐标显式的偏导数，也就是说式 (4.48) 对于一些粒子来说是形式上独立的常微分方程组。当然，实际上这些方程的初始条件存在联系。此外，为了直观地描述过程，需要根据式 (4.3) 对电场函数式 (4.47) 的径向变量进行数值积分。但此时情况发生了根本变化：所求的粒子位移函数 $R(\rho^L,\theta)$ 是变量 θ 的光滑函数，并且与 ρ^L 的关系和与外部（初始）参数的关系相同。上述情况使得对式 (4.48) 的数值求解过程变得非常简单。

为了描述的完整性，我们列出算法公式。假设在初始时期即 $\theta=0$ 时 k 号粒子通过径向初始位置 $\rho_0(k)$ 和初始位移 $R(k,0)$ 来描述，式中 $1\leqslant k\leqslant M, M$ 为粒子总数。一方面，所有粒子的初始位置形成一个式 (4.7) 形式的电场；另一方面，根据式 (4.47)，在初始时刻粒子的位移会在坐标为 $\rho_k=\rho_0(k)+R(k,0)$ 的点处产生一个电场。比较式 (4.7) 和式 (4.47)，可以确定 $\rho_0\left(k\right)$ 和 $R(k,0)$ 的值。为此这里给出初始的空间网格 $\rho_k=kh$，式中 h 为描述相邻粒子接近程度的径向变量离散化参数。在网格节点处根据式 (4.7) 可以计算出电场 $E(\rho_k,0)$ 的值。这个电场是通过粒子位移形成的，也就是，根据式 (4.47) 可以得出确定初始位置 $\rho_0(k)$ 的方程：

$$E\left(\rho_k,0\right)=\frac{1}{2}\frac{\rho_k^2-\rho_0^2\left(k\right)}{\rho_k}$$

回想一下 $\rho_k=\rho_0(k)+R(k,0)$，根据已经得到的粒子初始位置可以求出粒子相对于初始位置的初始位移 $R(k,0)$。这样一来，就得到计算每个粒子轨道的初始数据，此外还应根据式 (4.7) 补充粒子在初始时刻静止不动的条件，即 $V(k,\,0)=0$。

需要注意的是，在对称轴附近电场 E 与半径之间几乎呈线性相关，即 $E\approx\alpha\rho,\alpha=\left(\dfrac{a_*}{\rho_*}\right)^2$。因此在给出粒子的初始位置情况下公式 $\rho_0(k)\approx\rho_k\sqrt{1-2\alpha}$ 成立，而由该公式可得，要保证流体动力学描述过程的准确性，α 的临界值为 1/2。

正如之前所说，式 (4.48) 是常微分方程。因此，可以用通常方式进行数值积分 [20]，例如，可以按照二阶精度运动方程的传统格式（文献 [139]）（即所谓的跨

越格式）进行积分。假设 τ 为时间的离散化参数，即 $\theta_j = j\tau(j \geqslant 0)$，那么计算公式的形式为

$$\frac{V\left(k,\theta_{j+\frac{1}{2}}\right)-V\left(k,\theta_{j-\frac{1}{2}}\right)}{\tau}=-\frac{1}{2}\frac{\left(\rho_0\left(k\right)+R\left(k,\theta_j\right)\right)^2-\rho_0^2\left(k\right)}{\rho_0\left(k\right)+R\left(k,\theta_j\right)}$$

$$\frac{R\left(k,\theta_{j+1}\right)-R\left(k,\theta_j\right)}{\tau}=V\left(k,\theta_{j+\frac{1}{2}}\right)$$

并且在任意时刻 θ_j，都可以按照上面推导的公式

$$\rho_k=\rho_0(k)+R(k,\theta_j),\quad 1\leqslant k\leqslant M$$

来计算变化的欧拉网格，并根据式 (4.47) 确定网格节点处的电场值 $E(\rho_k,\theta_j)$。这便于用图形来展示电子密度：在子区间中点采用二阶精度数值微分公式：

$$N\left(\frac{\rho_{k+1}+\rho_k}{2},\theta_j\right)=1-\left[\frac{E\left(\rho_{k+1},\theta_j\right)-E\left(\rho_k,\theta_j\right)}{\rho_{k+1}-\rho_k}+\frac{E\left(\rho_{k+1},\theta_j\right)+E\left(\rho_k,\theta_j\right)}{\rho_{k+1}+\rho_k}\right]$$

这里可以很方便地认为，在任意时刻，在轴上 $\rho=0$ 有 $k=0$ 号的粒子，它永远没有位移，也就是说它的轨道与轴重合，并且在这一轨道上的电场总是等于零。

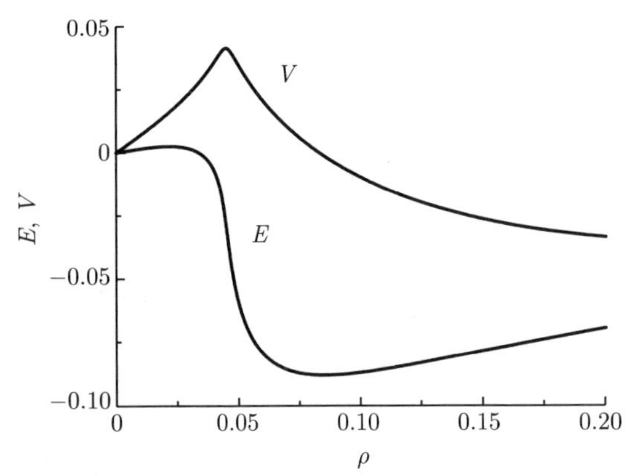

图 4.5 在形成第一个轴外极大值时刻速度和电场的空间分布

根据所表示的格式对粒子数 $M \leqslant 5000$ 时进行了计算，参数与使用欧拉变量计算时相同：

$$a_* = 0.365,\quad \rho_* = 0.6,\quad h = 1/1600,\quad \tau = 1/32000$$

在运用拉格朗日变量情况下进行的计算完全再现了之前对于轴上电子密度最大值所得到的结果。此外，第一次轴外电子密度极大值的数值和出现位置也与之前很一致。图 4.4 上表示的是在 $\theta_{\max}^{(1)} \approx 34$ 时形成第一次轴外极大值的电子密度分布。该极值与轴的距离为 $\rho_{\max}^{(1)} \approx 0.046$，数值为 $N_{\max}^{(1)} \approx 9.5$。还计算了电场和电子速度的空间结构。图 4.5 表示的是在出现第一个轴外密度极大值时的计算结果。上述基于拉格朗日变量的方法可以继续向前推进时间，来研究出现第一次轴外极大值之后的电子密度结构。数值计算表明，随着时间的推移，轴上电子密度极大值的数值并不会发生改变。与之不同的是，轴外密度极大值在 $\theta_{\max}^{(1)}$ 时出现以后，逐个周期快速增长。第二次轴外密度极值为 $N_{\max}^{(1)} \approx 23$，出现在 $\theta_{\max}^{(2)} \approx 40$ 时，与轴的距离为 $\rho_{\max}^{(2)} \approx 0.053$。最后，在下一个振动周期在 $\theta_{\max}^{(3)} \approx 46$ 时，与轴的距离为 $\rho_{\max}^{(3)} \approx 0.035$ 处密度趋于无穷大，即发生柱面等离子体振动翻转。正是轴外密度极大值的这种急剧增长，导致对偏导数方程组式 (4.8)（使用欧拉变量的方程组）进行数值积分变得十分困难。计算还表明，随着时间的推移，电场的径向切面会变得扭曲，而电子的速度会出现转折点。在等离子体振动翻转的过程中在 $\theta_{\max}^{(3)}$ 时电场发生跳跃，而电子速度的径向导数不连续 (图 4.6)。对上述参数进行的粒子轨道计算表明，在振动过程中相邻粒子之间的距离变化与其初始位置有关。某些相邻粒子的轨道会互相接近，并在一定时刻相交。在这种情况下粒子轨道相交的时刻与密度趋于无穷大的时刻相吻合。

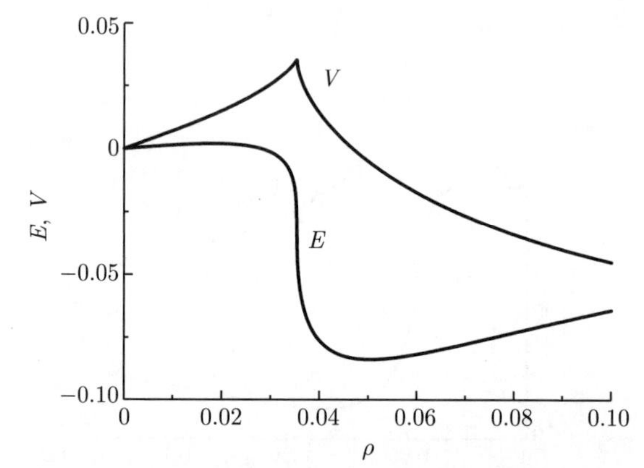

图 4.6　在等离子体振动翻转时刻速度和电场的空间分布

应当注意的是，使用欧拉变量的目的是满足边界条件式 (4.10)，所取的计算范围相当大 $0 \leqslant \rho \leqslant d \approx 4.5\rho_*$，而使用拉格朗日变量时与其不同，没有上述必要。在所研究的情况中，只要考虑将要进入翻转区域的粒子即可。这些粒子所占的空间范围相当小，不足 ρ_* 值的 10%，d 值的 2.5%。在此状况下就可以依靠同时减少计算量（粒子数减少）和提高计算精度（参数 h 减少），在计算等离子体振动翻转坐标时大大提高算法的效率。

4.5 轴对称解的计算

本节研究两个与柱面等离子体振动相关问题的轴对称解的求解过程。对其中每个问题列出对“完整”问题的描述，然后推导轴对称解方程，随后描述对其积分的数值方法。此外，还对计算得到的轴对称解和通过其他方法得到的“完整”问题的轴上解进行对比。

4.5.1 自由非相对论性振动

首先回顾“完整”问题的描述。在非相对论情况下自由柱面振动可通过以下 C1NE 方程组来描述：

$$\frac{\partial V}{\partial \theta}+E+V\frac{\partial V}{\partial \rho}=0,\quad \frac{\partial E}{\partial \theta}-V\left[1-\frac{1}{\rho}\frac{\partial}{\partial \rho}(\rho E)\right]=0 \tag{4.49}$$

在某个时刻（为了方便，假设 $\theta=0$）引发振动的初始数据形式为

$$V(\rho,0)=0,\quad E(\rho,0)=\left(\frac{a_*}{\rho_*}\right)^2\rho\exp^2\left\{-\frac{\rho^2}{\rho_*^2}\right\} \tag{4.50}$$

式中：$V=V(\rho,\theta)$ 和 $E=E(\rho,\theta)$ 分别决定电子的速度和电场，a_* 和 ρ_* 分别为问题的参数。

要指出的是，具有重要意义的电子密度函数由以下关系式决定：

$$N(\rho,\theta)=1-\frac{1}{\rho}\frac{\partial}{\partial \rho}(\rho E) \tag{4.51}$$

为了单值确定所求函数，需要补充边界条件。由于问题的轴对称性，在轴上（$\rho=0$），有

$$V(0,\theta)=E(0,\theta)=0 \tag{4.52}$$

此外，从物理上可以预见这种问题的所需电场式 (4.50) 会在径向快速衰减。因此，在 $\rho=d$ 值足够大情况下 $(-d^2/\rho_*^2)\ll 1$，下面等式成立，且精度令人满意：

$$V(d,\theta)=E(d,\theta)=0 \tag{4.53}$$

因此，最简单的柱面等离子体振动问题可以表述为在区间

$$\varOmega=\{(\rho,\theta):0\leqslant\rho\leqslant d,0\leqslant\theta\leqslant\theta_{\max}\}$$

上求满足式 (4.49)、初始数据式 (4.50)，以及边界条件式 (4.52) 和式 (4.53) 的函数 V 和 E。并且 $\theta_{\max}$ 值仅决定于研究兴趣。要注意问题的特点：最重要的是轴上（$\rho=0$ 时）的电子密度函数，但为此必须求解“完整”问题。

为了只计算轴对称解，我们表述为“截切”问题。考虑到边界条件式 (4.52) 的形式，我们在对称轴附近研究式 (4.49) 的线性空间解，即

$$V(\rho,\theta)=W(\theta)\,\rho,\quad E(\rho,\theta)=D(\theta)\,\rho$$

不难证明，在这种情况下式 (4.49) 的偏导数方程变为下面形式的常微分方程：

$$W'+D+W^2=0,\quad D'-W(1-2D)=0 \tag{4.54}$$

相应地，初始条件式 (4.50) 变为

$$W(0)=0,\quad D(0)=\left(\frac{a_*}{\rho_*}\right)^2 \tag{4.55}$$

此外，对于电子密度函数，轴上的表达式为

$$N(\rho=0,\theta)=1-2D(\theta)$$

所以，在这种情况下，求轴对称解的问题简化为对式 (4.54) 在时间段 $0\leqslant\theta\leqslant\theta_{\max}$ 上求积分，初始条件为式 (4.55)。

下面引用对数值格式和计算结果的描述。使用均匀网格 $\theta_k=k\tau,0\leqslant k\leqslant K,K\tau=\theta_{\max}$，我们来记录式 (4.54) 的离散模拟形式。用 $f_k=f(\theta_k)$ 来表示网格函数，对于 $k\geqslant 0$ 格式为

$$\frac{W_{k+1}-W_k}{\tau}+D_k+W_k^2=0,\quad \frac{D_{k+1}-D_k}{\tau}-W_{k+1}\left(1-2D_{k+1}\right)=0 \tag{4.56}$$

很自然可以确定差分初始条件：

$$W_0=0,\quad D_0=\left(\frac{a_*}{\rho_*}\right)^2$$

初始方程中包含非线性项，但是所选用的格式是非迭代格式：两个函数都通过显式公式计算。不难发现，对光滑解在非线性情况下该格式具有一阶精度，对线性化问题则具有二阶精度。当然，由于式 (4.54) 结构不复杂，还可以提出更高阶的方法 [22]，但是因计算简单且能够将格式简便地推广到求解“完整”问题，造成式 (4.56) 非常有吸引力。

下面研究式 (4.56) 特有的计算方法。与之对应的是图 4.7 和图 4.8 上电子密度 N 和任意速度 W 的图像，区间范围是 $0 \leqslant \theta \leqslant 50.3$，参数值为 $a_* = 0.365, \rho_* = 0.6$。为了比较，我们取在 4.3 节（还可参见文献 [45]）中上述参数情况下“完整”问题式 (4.49) 和式 (4.50) 的计算。为了节省篇幅，在这里我们不再详细描述那里所使用的差分格式，但为了形式上能够正确表述，需要补充缺少的值 $d = 2.7$。

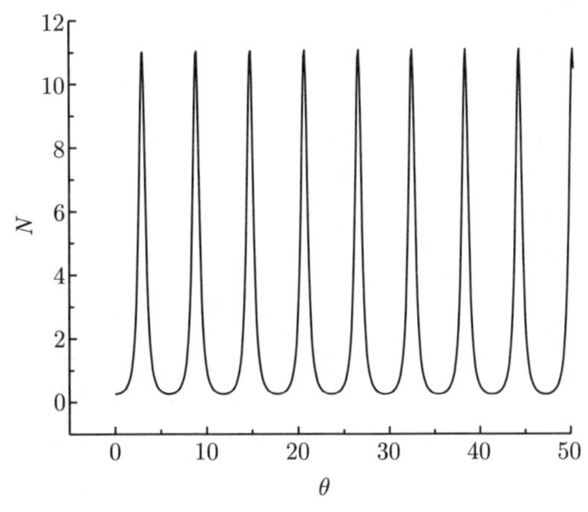

图 4.7 密度 $N = N(\rho = 0, \theta)$

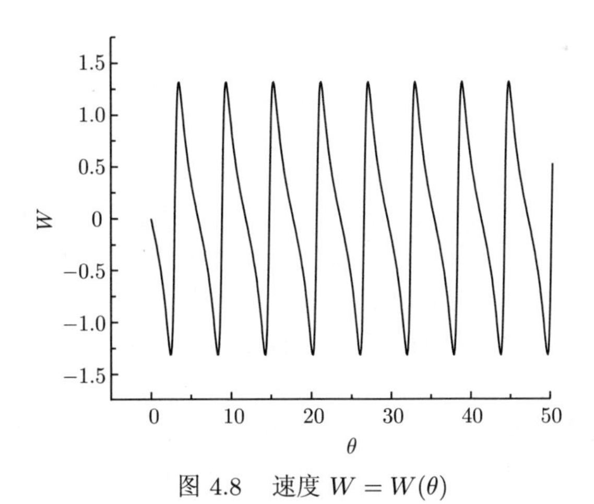

图 4.8 速度 $W = W(\theta)$

比较结果如表 4.1 所列。表中展示了在专门选出时刻 θ 通过各种方法计算的轴上（$\rho = 0$）电子密度极值（极大值和极小值）。$N_{f,1}$ 和 $N_{f,2}$ 列是通过有限差分法求解“完整”问题得到的，网格参数值如下：

$$h_1 = \frac{1}{800}, \quad \tau_1 = \frac{1}{8000}, \quad h_2 = \frac{h_1}{2}, \quad \tau_2 = \frac{\tau_1}{4}$$

式中：下角标表示相应的参数和解。

表 4.1　不同时刻 θ 通过各种方法计算出的轴上电子密度极值

θ	$N_{f,1}$	$N_{f,2}$	$N_{a,2}$	$N_{a,*}$
0	0.2599	0.2599	0.2599	0.2599
3	10.913	10.990	11.014	10.958
5.9	0.2600	0.2599	0.2599	0.2607
8.9	10.934	11.012	11.035	10.885
11.8	0.2601	0.2599	0.2599	0.2615
14.8	10.952	11.032	11.053	10.816
17.7	0.2602	0.2600	0.2600	0.2623
20.7	10.966	11.049	11.068	10.745
23.6	0.2604	0.2600	0.2600	0.2632
26.6	10.975	11.064	11.082	10.665
29.5	0.2605	0.2600	0.2600	0.2641
32.5	10.980	11.075	11.093	10.568
35.4	0.2607	0.2601	0.2601	0.2651
38.4	10.980	11.083	11.101	10.446
41.3	0.2365	0.2602	0.2602	0.2661
44.3	39.893	11.088	11.107	10.292
45.7	翻转	翻转	0.6856	0.7598
47.2			0.2602	0.2674
50.2			11.110	10.097

下面简单回顾 4.3.3 节中振动发展和破坏的动态过程，这些内容在文献 [46] 中有详细研究。几个振动周期后，在某个时刻（即 $\theta_{\max}^{(1)} = 33.9$）“完整” 问题的解形成第一个轴外电子密度极大值，其数值与轴上周期性极大值相当。然后这个轴外极大值会逐个周期地非线性增长，最终密度趋于无穷大，这与电场形成跳跃（间断）的过程一致。这种效应称作翻转。翻转时间（轴外极大值的增长时间）由问题的参数决定，可能持续一个周期到数百（甚至上千）周期。一个极为重要的事实是：破坏振动的空间坐标不在轴（$\rho = 0$）上，这在 4.4 节中（还可参见文献 [46]）用拉格朗日变量模拟时根据对粒子轨道的分析已经得出。还要指出的是，在我们研究的情况中，翻转发生在 $\theta_{wb} = 45.7$ 时刻。

不难发现，在光滑解区域（$0 \leqslant \theta \leqslant 38.4$），$N_{f,1}$ 与 $N_{f,2}$ 列数据之间的数值差别不超过 1%，但是在振动翻转附近区域（$\theta \geqslant 41.3$）差值却相当大。这说明网格参数的选择对于求解 “完整” 问题是完全令人满意的。并且，正如文献 [45-46] 中所阐述的，使用欧拉变量的有限差分法在计算中根本不能达到 θ_{wb} 时刻（需要使用拉格朗日变量描述粒子形式的方法）。因此，从计算的角度上看，可以很合理地认为，$N_{f,2}$ 列数据就是在轴 $\rho=0$ 上“完整”问题的解。

$N_{a,2}$ 列数据对应的是图 4.7，它展示的是轴对称解（电子密度）在相应 θ 列数据所显式时刻的值，该数值是在 $\tau=\tau_2$ 情况下对问题相同的参数值计算出来的。通过简单观察可以发现，在临界点（即极值）处的差值不超过 0.22%，这证明所提出的方法对计算轴对称解的正确性。

注意，本节的主要目的是提高对称轴上问题求解算法的效率。在计算参数为 h_2 和 τ_2 求解“完整”问题的情况下，大约使用 $M=4300$ 个空间点，并且为了实现文献 [45] 中的格式，运用了追赶法。这一算法当然不会改变计算工作的渐进行为，但是由于需要对与当前解相关的变化追赶系数进行额外计算，其常数 K_p 大约增加两倍 [83]。因此，如果仅关心电子密度的轴上行为，那么计算量可以缩减 $M\times K_p$，即缩减为原来的 1/12000 以上。

需要提醒的是，这种缩减量是在解几乎一致（差值约 0.22%）的情况下才可达到。如果与“完整”问题的解相比允许有更大误差，那么计算量还可以大大缩减。在表 4.1 中的 $N_{a,*}$ 列中列出的是更粗略时间步长（$\tau_*=1/1000$）的“截切”问题计算结果。它们相当大约 10%的误差（使用图表展示时肉眼基本无法识别）：在这种情况计算量 $M\times K_p\times\tau_*/\tau_2$ 为原来 1/40000。

再列举一个案例来论证仅计算问题轴对称解的合理性：与其说它是数学特点，不如说是物理特点。模拟等离子体非相对论性柱面电子振动的“完整”问题的解仅在有限的时间区间 $\theta<\theta_{wb}$ 上存在 [46, 131]。并且各种精度的可靠计算都表明在更长的时间范围内轴对称解具有周期性。尤其是在我们研究的这种情况，翻转发生在 $\theta_{wb}=45.7$ 时，而图 4.7、图 4.8 和表 4.1 列出的是轴对称解，其中包括在 $\theta>\theta_{wb}$ 的情况。因此，以上所进行的数值模拟是所研究的等离子体中电子振动在轴外翻转的又一有力证据。

4.5.2 强迫相对论性振动

在分析振动时考虑相对论因素的著作要比忽略这一因素的著作少得多。因此，下面关注稍稍更复杂一些的非线性方程组轴对称解的数值模拟，这些非线性方程不是由初始条件产生，而是由专门引起振动的方程右边产生的。

在这种情况下“完整”问题提法如下。先研究以下方程组描述的强迫相对论性振动：

$$\frac{\partial P}{\partial\theta}+E+\frac{\partial\gamma}{\partial\rho}=0,\quad \gamma=\sqrt{1+P^2+\frac{|a|^2}{2}}$$
$$V=\frac{P}{\gamma},\ \frac{\partial E}{\partial\theta}-V\left[1-\frac{1}{\rho}\frac{\partial}{\partial\rho}(\rho E)\right]=0 \tag{4.57}$$

式中所求的无量纲函数具有以下含义：$P(\rho,\theta)$ 和 $V(\rho,\theta)$ 分别是电子脉冲和速度；$E(\rho,\theta)$ 为电场；$\gamma(\rho,\theta)$ 为相对论（洛伦兹）因子。

式 (4.57) 的物理含义如下：由给定包络线 $a(\rho,\theta)$ 描述的超强短激光脉冲顺着柱面等离子束团传播。脉冲速度极高，而脉冲长度极短，所以等离子体对它的影响可以忽略不计。激光脉冲对等离子体的作用可以通过包络线随时间和横坐标变化的关系来模拟：

$$a(\rho,\theta)=a_*\exp\left\{-\frac{\rho^2}{\rho_*^2}-\frac{(\theta_{\min}-\theta)^2}{l_*^2}\right\} \tag{4.58}$$

式中：a_*，ρ_*，l_* 为设定参数。式 (4.58) 说明，在初始时刻（$\theta=0$）脉冲没有影响（为此 $\theta_{\min}$ 值必须取足够大，如在 $l_*=3.5$ 的情况下计算 $\theta_{\min}=11$）。随着 θ 的增加，作用强度开始增加（在 $\theta=\theta_{\min}$ 之前，包含 $\theta_{\min}$），然后以相同速度减小，$\theta\approx 2\theta_{\min}$ 开始，几乎没有影响。并且在每一时刻的强度在横坐标的分布具有高斯特性，在空间非常迅速地减小。

为了在区间 $\Omega=\{(\rho,\theta):0\leqslant\rho\leqslant d,0\leqslant\theta\leqslant\theta_{\max}\}$ 上单值确定所求函数，必须补充必需的边界条件和初始条件。

在轴上（$\rho=0$ 情况下）由于问题的轴对称性，有

$$V(0,\theta)=P(0,\theta)=E(0,\theta)=0,\quad \gamma(0,\theta)=\sqrt{1+T^2(\theta)/2} \tag{4.59}$$

式中函数 $T(\theta)$ 的形式为

$$T(\theta)=a_*\exp\left\{-\frac{(\theta_{\min}-\theta)^2}{l_*^2}\right\}$$

此外，问题从物理学上规定脉冲的横截面要远小于等离子体占据的横向距离，即 $\exp(-d^2/\rho_*^2)\ll 1$。因此，当 d 值足够大的情况下下列等式成立，且精度令人满意：

$$V(d,\theta)=P(d,\theta)=E(d,\theta)=0,\quad \gamma(d,\theta)=1 \tag{4.60}$$

初始数据（为了方便，设定该时刻为 $\theta=0$）对应于静止状态：

$$V(\rho,0)=P(\rho,0)=E(\rho,0)=0,\quad \gamma(\rho,0)=1 \tag{4.61}$$

注意，在这种情况下对电子密度表达式 (4.51) 成立：

$$N(\rho,\theta)=1-\frac{1}{\rho}\frac{\partial}{\partial\rho}(\rho E)$$

因此，考虑到相对论效应，等离子体强迫振动问题表述如下：在区间 Ω 内求满足关系式 (4.57)~ 式 (4.61) 的函数 V, E, P 和 γ。与 4.5.1 节一样，保留问题的特点：最重要的是轴上（在 $\rho=0$ 情况下）的电子密度函数，但为此必须求解"完整"问题。

我们来描述使用有限差分法求解著作 [100] 中的"完整"问题。在区间 Ω 上使用步长为 h 和 τ 的均匀网格，使得 $\rho_m = mh, 0 \leqslant m \leqslant M, Mh = d, \theta_k = k\tau, 0 \leqslant k \leqslant K, K\tau = \theta_{\max}$。对网格函数运用符号 $f_m^k = f(\rho_m, \theta_k)$，可以写出模拟方程式 (4.57) 的离散化形式：

$$\frac{P_m^{k+1} - P_m^k}{\tau} + E_m^k + \frac{\gamma_{m+1}^k - \gamma_{m-1}^k}{2h} = 0, \quad 1 \leqslant m \leqslant M-1,$$

$$\gamma_m^{k+1} = \sqrt{1 + (P_m^{k+1})^2 + \frac{\left|a\left(\rho_m, \theta_{k+1}\right)\right|^2}{2}}, \quad V_m^{k+1} = \frac{P_m^{k+1}}{\gamma_m^{k+1}}, \quad 0 \leqslant m \leqslant M, \tag{4.62}$$

$$\frac{E_m^{k+1} - E_m^k}{\tau} - V_m^{k+1}\left[1 - \frac{1}{\rho_m}\frac{\rho_{m+1}E_{m+1}^{k+1} - \rho_{m-1}E_{m-1}^{k+1}}{2h}\right] = 0, \quad 1 \leqslant m \leqslant M-1$$

式中：$k \geqslant 0$。初始差分条件和边界差分条件以及包络线的表达式 a 很自然都可以通过式 (4.58)~ 式 (4.61) 在网格上的投影确定。

初始方程中存在非线性项，不过所选用的格式是非迭代的：脉冲 P、洛伦兹因子 γ 和速度 V 都通过显式公式计算，而电场 E 需要使用追赶法计算 [22]。逼近性和稳定性有一点与往常不同。在非线性情况下对于光滑解该格式具有 $O(\tau+h^2)$ 阶逼近，而冻结系数法 [52] 可得到稳定性条件为 $\tau = O(h^2)$。对于线性化问题，时间逼近的阶数上提升到二阶，并且格式无疑是稳定的。

电子密度 N 的网格模拟可通过以下方式计算：

$$N_m^k = \begin{cases} 1 - \dfrac{1}{\rho_m}\dfrac{\rho_{m+1}E_{m+1}^k - \rho_{m-1}E_{m-1}^k}{2h}, & 1 \leqslant m \leqslant M-1 \\ 1 - 2\dfrac{E_1^k}{h}, & m = 0 \\ 1, & m = M \end{cases}$$

我们研究按照式 (4.62) 的计算，问题参数为

$$a_* = 5.0, \quad \rho_* = 5.0, \quad l_* = 3.5, \quad d = 22.5, \quad \theta_{\min} = 11.0$$

在表 4.2 中展示的是在 θ 列数值表示的时刻轴上（$\rho = 0$）电子密度 N 的极值（极大值和极小值）。$N_{f,1}$ 列数值是网格参数为 $h_1 = 2.5 \cdot 10^{-3}, \tau_1 = 0.3125 \cdot 10^{-4}$ 时的计算结果，而 $N_{f,2}$ 列数据是 $h_2 = h_1/2, \tau_2 = \tau_1/4$ 时的计算结果。在这种情况下网格参数选取得相当小，使网格上解的翻转最大程度同步发生。

表 4.2 在 θ 时刻轴上 $(\rho = 0)$ 电子密度 N 的极值

θ	$N_{f,1}$	$N_{f,2}$	$N_{a,2}$	$N_{a,*}$
14.4	0.3497	0.3497	0.3497	0.3497
17.7	5.2155	5.2158	5.2158	5.179
20.8	0.3425	0.3425	0.3425	0.3448
23.8	5.2453	5.2460	5.246	5.1262
26.8	0.3427	0.3427	0.3427	0.3473
29.9	5.2406	5.2416	5.2417	5.0486
32.9	0.3425	0.3425	0.3425	0.3493
35.9	5.2266	5.2282	5.2283	4.9443
39	翻转	翻转	0.3426	0.3514
42			5.2469	4.8951
45			0.3427	0.3542

不难发现，在表中极值 $N_{f,1}$ 和 $N_{f,2}$ 的差值不超过 0.03%，这证明计算的可信度极高，而且不局限于光滑解存在的区间。在所选的物理参数下翻转时刻（密度趋于无穷）确定为 $\theta_{wb} \approx 37.5$，因此，一般来说，从这一时刻起，“完整”问题式 (4.57)~ 式 (4.61) 的解无法确定。

下面来研究“截切”问题。考虑到式 (4.59) 形式的边界条件，可以在对称轴附近研究式 (4.57) 的空间线性解 P, V, E，即

$$V(\rho,\theta) = W(\theta)\rho, \quad E(\rho,\theta) = D(\theta)\rho, \quad P(\rho,\theta) = Q(\theta)\rho \tag{4.63}$$

而相对论因素的影响通过以下方式考虑。先来看完整的表达式：

$$\frac{\partial\gamma}{\partial\rho} = \frac{1}{2}\frac{1}{\sqrt{1+P^2+\dfrac{|a|^2}{2}}}\left(2P\frac{\partial P}{\partial\rho} + \frac{1}{2}\frac{\partial|a|^2}{\partial\rho}\right) \tag{4.64}$$

然后计算出

$$\frac{\partial|a|^2}{\partial\rho} = -\frac{4\rho}{\rho_*^2}\exp\left\{-\frac{2\rho^2}{\rho_*^2}\right\}T^2(\theta)$$

现在分析在 ρ 值很小的情况下式 (4.64) 中的线性关系，考虑到式 (4.63)，可得

$$\frac{\partial\gamma}{\partial\rho}=\frac{1}{\sqrt{1+\dfrac{T^2(\theta)}{2}}}\left(Q^2-\frac{T^2(\theta)}{\rho_*^2}\right)\rho+o(\rho)$$

此外，由式 (4.57) 可得

$$V\gamma=P,\quad \gamma=\sqrt{1+P^2+|a|^2/2}$$

在假设式 (4.63) 的情况下，有

$$\Gamma(\theta)\equiv\gamma(\rho=0,\theta)=\sqrt{1+\frac{T^2(\theta)}{2}},\quad W(\theta)=\frac{Q(\theta)}{\Gamma(\theta)}$$

结果，对轴对称解有微分方程和代数方程的方程组：

$$Q'+D+\frac{Q^2}{\Gamma(\theta)}=\frac{T^2(\theta)}{\Gamma(\theta)\rho_*^2},\quad W=\frac{Q}{\Gamma(\theta)},\quad D'-W(1-2D)=0 \tag{4.65}$$

式中：函数 $\Gamma(\theta)$ 和 $T(\theta)$ 为已知（给出）函数，在 $\theta=0$ 情况下补充静止的初始条件为

$$W(0)=Q(0)=D(0)=0 \tag{4.66}$$

注意，与 4.5.1 节（研究的是非相对论振动）类似，轴上电子密度函数表达式为

$$N(\rho=0,\theta)=1-2D(\theta)$$

因此，在这种情况下求轴对称解的问题就简化为对式 (4.65) 在时间区间 $0\leqslant\theta\leqslant\theta_{\max}$ 上求积分，初始条件为式 (4.66)。

下面来描述“截切”问题的数值格式和计算结果。使用均匀网格 $\theta_k=k\tau,0\leqslant k\leqslant K,K\tau=\theta_{\max}$，来记录式 (4.65) 的离散模拟形式。对网格函数运用符号 $f_k=f(\theta_k)$，对 $k\geqslant 0$ 有格式：

$$\begin{aligned}&\frac{Q_{k+1}-Q_k}{\tau}+D_k+\frac{Q_k^2}{\Gamma(\theta_k)}=\frac{T^2(\theta_k)}{\Gamma(\theta_k)\rho_*^2},\\&W_{k+1}=\frac{Q_{k+1}}{\Gamma(\theta_{k+1})},\quad \frac{D_{k+1}-D_k}{\tau}-W_{k+1}(1-2D_{k+1})=0\end{aligned} \tag{4.67}$$

初始差分条件很自然可以确定：

$$W_0=Q_0=D_0=0$$

很容易发现，在 $\theta \geqslant 2\theta_{\min}$（$\varGamma(\theta) \approx 1, T(\theta) \approx 0$）时式 (4.67) 变成式 (4.56)，因为此时 $Q(\theta) \approx W(\theta)$ 成立。因此，当强迫振动变为自由振动时，格式式 (4.67) 和式 (4.56) 的性质完全相同。

我们运用对相同问题参数根据式 (4.67) 得到的计算结果与之前的计算进行对比。下面研究表 4.2 中的 $N_{a,2}$ 列数值，这是在网格参数为 τ_2 情况下计算出的电子密度值。不难看出，在相同物理参数和网格参数情况下对“完整”问题和“截切”问题所得到的轴上电子密度极值几乎相同（仅有部分极值的最后几个数位不同）。

考虑到上述问题的维数和在可变系数情况对式 (4.62) 使用追赶法所带来的额外计算，在这种情况下如果误差不超过 $2 \cdot 10^{-3}\%$，那么计算量（$M \times K_p$）可以缩减到原来的 1/50000。如果允许误差为 10%左右（使用图表展示时肉眼无法识别），那么（见表 4.2 中的 $N_{a,*}$ 列数值）完全可以在计算中使用 $\tau_* = 1/200$ 替换 τ_2，这在只计算轴上电子密度值的情况下与求解完整问题（得到的 $N_{f,2}$ 列数值）相比，计算量 $(M \times K_p \times \tau_*/\tau_2)$ 可以缩减超过原来的 $1/8 \cdot 10^6$。

可以注意到在相同参数情况下，展示“截切”问题计算的纵列持续时间更长，这说明问题式 (4.65) 和式 (4.66) 在 $\theta > \theta_{wb}$ 情况下也具有周期性解。换句话说，所列出的计算数据证明了强迫相对论性振动的轴外翻转。图 4.9 和图 4.10 是对这一事实的补充说明。在图 4.9 绘制的是在时间间隔为 $0 \leqslant \theta \leqslant 50$（大大超过翻转时间）求解“截切”问题时得到的电子密度图线。在图 4.10 上展示了在计算“完整”问题时得到的 $\max_{0\leqslant\rho\leqslant d} N(\rho,\theta)$ 值与时间的关系曲线。很容易发现，前三个总体极大值与局域（轴上）极大值同时发生。之后形成第一个（$\theta_{\max}^{(1)} \approx 32$）轴外极大值，大约超出轴上极大值一倍。正是这种极值增长导致在 θ_{wb} 时刻发生振动翻转。

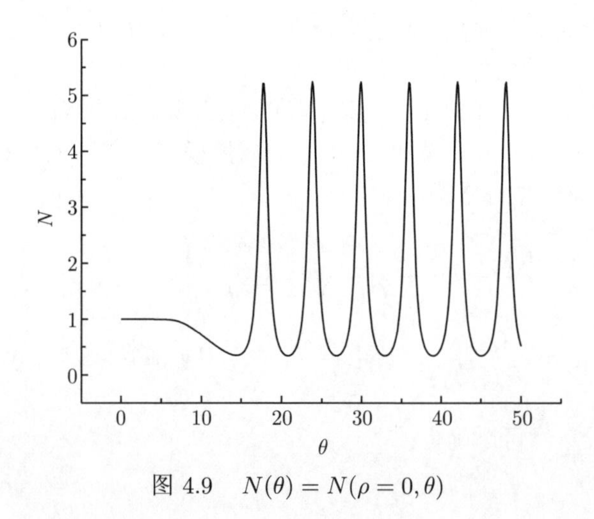

图 4.9　$N(\theta) = N(\rho = 0, \theta)$

下面简单总结一下本节的结果。对柱面振动得到了“截切”问题，它描述在对称轴上解的行为。为了方便，可以将这些解称为轴对称解。对“截切”问题研究了数值算法并进行了多方面的计算实验。特别是从中得出所推导出一维方程组的正确性。可以发现，在自由非相对论性振动和强迫相对论性振动的情况中“截切”方程具有准确性。除此之外，在仅计算轴对称解的情况与求解“完整”问题相比中列出了工作量缩减的理论最低估值（实际上这个值要大得多）。最后，模拟的次要结果是证明了锐聚焦激光脉冲在等离子中激发振动的轴外翻转这一事实。

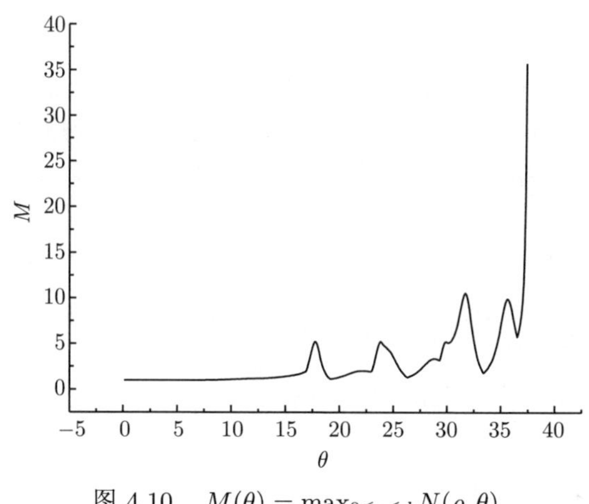

图 4.10　$M(\theta) = \max_{0\leqslant\rho\leqslant d} N(\rho,\theta)$

当然，始终应该注意的是，仅模拟轴对称解对详细研究现象或过程有可能是不够的，所提出的方法只是对传统的“完整”研究方案的一种有效补充。

4.6 球 面 振 动

不论是在理论上还是实践上模拟等离子体振动时，都相当少遇到研究球对称性。考虑到柱面振动和球面振动问题的相似性，本节将简单地介绍球面振动建模的一些相关知识。

4.6.1 问题的提出

考虑到公式中对用球坐标和柱坐标表示微分算子（旋度、散度和梯度）的差异，不难由所研究等离子体模型的基本方程式 (1.5)~ 式 (1.12) 得到其解具有球对称性的方程组。

这里省略类似 4.1 节的中间计算过程，写出描述理想冷等离子体中自由球面一维相对论性电子振动的方程：

$$\frac{\partial P}{\partial \theta}+E+V\frac{\partial P}{\partial \rho}=0,\quad \frac{\partial E}{\partial \theta}-V+\frac{V}{\rho^2}\frac{\partial}{\partial \rho}(\rho^2 E)=0,\quad V=\frac{P}{\sqrt{1+P^2}}\tag{4.68}$$

我们用缩写 S1RE（Spherical 1-dimension Relativistic Electron Oscillation）来表示该方程组。并且电子密度表达式形式为

$$N=1-\frac{1}{\rho^2}\frac{\partial}{\partial \rho}(\rho^2 E)\tag{4.69}$$

考虑到球坐标系（$\rho \geqslant 0$）的特点，我们来研究 S1RE 方程组在半区间 $\{(\rho,\theta):0<\rho<d,\theta>0\}$ 上的解。基于之前各章节得到的结果，使用参数 d 来限制空间区域。为式 (4.68) 添加限定空间的初始条件

$$P(\rho,0)=P_0(\rho),\quad E(\rho,0)=E_0(\rho),\quad \rho\in[0,d]\tag{4.70}$$

和与之相应的边界条件

$$P(0,\theta)=P(d,\theta)=E(0,\theta)=E(d,\theta)=0,\quad \forall\theta\geqslant 0\tag{4.71}$$

由此，再通过电子的速度 V 和脉冲 P 的代数关系式，可得

$$V\,(0,\theta)=V\,(d,\theta)=0,\quad \forall\theta\geqslant 0$$

该等式不允许所求函数的扰动传递超出区间 $[0,d]$ 的边界之外。

与之前一样，作为初始条件式 (4.70) 可以考虑到下列函数：

$$P_0\left(\rho\right)=0,E_0\left(\rho\right)=\begin{cases}\left(\dfrac{a_*}{\rho_*}\right)^2\rho\exp^2\left\{-\dfrac{\rho^2}{\rho_*^2}\right\}, & 0\leqslant\rho<d\\ 0, & \rho=d\end{cases}\tag{4.72}$$

激发振动的这种电场扰动可以根据模拟柱面振动问题获得。由于函数 $E_0(\rho)$ 呈指数衰减，所以只要假设 $d=4.5\rho_*$ 就可以确保边界条件式 (4.71) 具有足够的精度。

为了比较相对论效应存在和不存在的区别，需要更简单的方程组。假设电子速度是本质上非相对论性的，即

$$P\approx V,\quad \frac{\partial P}{\partial \rho}\approx\frac{\partial V}{\partial \rho},\quad \frac{\partial P}{\partial \theta}\approx\frac{\partial V}{\partial \theta}$$

在这种情况下可以得出描述在理想冷等离子体中自由柱面一维非相对论性电子振动的方程组：

$$\frac{\partial V}{\partial \theta}+E+V\frac{\partial V}{\partial \rho}=0,\quad \frac{\partial E}{\partial \theta}-V+\frac{V}{\rho^2}\frac{\partial}{\partial \rho}(\rho^2 E)=0 \tag{4.73}$$

可以将该方程表示为 S1NE（Spherical 1-dimension Nonrelativistic Electron Oscillation）。

与相对论情况类似，我们认为需要在半区间 $\{(\rho,\theta):0<\rho<d,\theta>0\}$ 上求解方程式 (4.73)，它满足局域初始条件

$$V(\rho,0)=V_0(\rho),\quad E(\rho,0)=E_0(\rho),\quad \rho\in[0,d] \tag{4.74}$$

和边界条件

$$V(0,\theta)=V(d,\theta)=E(0,\theta)=E(d,\theta)=0,\quad \forall\theta\geqslant 0 \tag{4.75}$$

在这种情况下要考虑到 $V_0(\rho)=0$，而式 (4.70) 和式 (4.74) 中的函数 $E_0(\rho)$ 相同。

准线性方程组 S1NE，即式 (4.73) 对于构建数值算法是非常重要的，因此，除了使用欧拉变量形式，其拉格朗日变量形式也很有用：

$$\frac{\mathrm{d}V\left(\rho^L,\theta\right)}{\mathrm{d}\theta}=-E\left(\rho^L,\theta\right),\quad \frac{\mathrm{d}E\left(\rho^L,\theta\right)}{\mathrm{d}\theta}+2\frac{E\left(\rho^L,\theta\right)V\left(\rho^L,\theta\right)}{\rho}=V(\rho^L,\theta) \tag{4.76}$$

式中：$\mathrm{d}/\mathrm{d}\theta=\partial/\partial\theta+V\partial/\partial\rho$ 是时间的全导数。

要提请注意的是，函数 $R(\rho^L,\theta)$ 决定拉格朗日坐标为 ρ^L 粒子的位移，所以

$$\rho\left(\rho^L,\theta\right)=\rho^L+R\left(\rho^L,\theta\right) \tag{4.77}$$

且满足

$$\frac{\mathrm{d}R\left(\rho^L,\theta\right)}{\mathrm{d}\theta}=V\left(\rho^L,\theta\right) \tag{4.78}$$

根据式 (4.78) 通过位移 R 表示速度 V，可以写出式 (4.76) 第二个方程的形式为

$$\left(\rho^L+R\right)^2\frac{\mathrm{d}E}{\mathrm{d}\theta}+2(\rho^L+R)E\frac{\mathrm{d}R}{\mathrm{d}\theta}=\left(\rho^L+R\right)^2\frac{\mathrm{d}R}{\mathrm{d}\theta} \tag{4.79}$$

式 (4.79) 的一次积分为

$$\left(\rho^L+R\right)^2 E=\frac{1}{3}\left(\rho^L+R\right)^3+C$$

式中：常量 C 可以根据条件 “在粒子无位移情况下电场等于零” 时求出。那么，由该关系式可以得到电场的表达式

$$E\left(\rho^L,\theta\right)=\frac{1}{3}\frac{\left(\rho^L+R\left(\rho^L,\theta\right)\right)^3-\left(\rho^L\right)^3}{\left(\rho^L+R\left(\rho^L,\theta\right)\right)^2} \tag{4.80}$$

而使用拉格朗日变量的基础方程式 (4.73) 的形式为

$$\frac{\mathrm{d}V}{\mathrm{d}\theta}=-E,\quad \frac{\mathrm{d}R}{\mathrm{d}\theta}=V \tag{4.81}$$

可以发现，关系式 (4.77) 对根据给定分布函数 $E_0(\rho)$ 确定粒子的拉格朗日坐标 ρ^L 和初始条件 $R\left(\rho^L,0\right)$ 是非常有用的。这种情况下算法如下：对于某个 ρ，通过方程（参见在 $\theta=0$ 时的关系式 (4.80)）

$$\frac{1}{3}\frac{\rho^3-\left(\rho^L\right)^3}{\rho^2}=E_0(\rho)$$

的显式公式求出

$$\rho^L=\left(\rho^3-3\rho^2E_0(\rho)\right)^{1/3} \tag{4.82}$$

值，然后通过 (4.77) 求出在点 ρ^L 的初始位移：

$$R(\rho^L,0)=\rho-\rho^L \tag{4.83}$$

综上所述，通过拉格朗日坐标 ρ^L 标记的所有粒子的轨道都可以通过对常微分方程式 (4.80) 和式 (4.81) 进行独立积分来确定。为此，需要两个初始条件：$R\left(\rho^L,0\right)$ 和 $V\left(\rho^L,0\right)$。由式 (4.72) 和式 (4.74) 可得 $V\left(\rho^L,0\right)=0$。要确定 $R\left(\rho^L,0\right)$，就要先给出粒子在初始时刻的位置 ρ，那么，通过式 (4.82) 可以确定拉格朗日坐标，而初始位移可以通过式 (4.83) 计算。已知拉格朗日坐标 ρ^L 和位移函数 $R\left(\rho^L,\theta\right)$，就可以通过式 (4.77) 明确描述粒子的轨道。

在本节结束时应当指出，对于相对论性方程 S1RE 式 (4.68)，其拉格朗日变量模拟形式为

$$\frac{\mathrm{d}P(\rho^L,\theta)}{\mathrm{d}\theta}=-E(\rho^L,\theta),\quad \frac{\mathrm{d}R(\rho^L,\theta)}{\mathrm{d}\theta}=\frac{P(\rho^L,\theta)}{\sqrt{1+P^2(\rho^L,\theta)}}\equiv V(\rho^L,\theta) \tag{4.84}$$

而电场的表达式 (4.80) 以及建立 ρ^L $R\left(\rho^L,0\right)$ 和 $P(\rho^L,0)=V(\rho^L,0)=0$ 初始条件的方法保持不变。

4.6.2 轴对称解

S1NE 方程式 (4.73) 的轴对称解指的是以下形式的实数解：

$$V(\rho,\theta)=W(\theta)\rho,\quad E(\rho,\theta)=D(\theta)\rho$$

不难证明，在这种情况下与时间相关的乘子满足常微分方程组：

$$W'+D+W^2=0,\quad D'-W+3WD=0 \tag{4.85}$$

对所得到的方程补充任意实数初始条件：

$$W(0)=\beta,\quad D(0)=\alpha \tag{4.86}$$

我们来确定式 (4.85) 和式 (4.86) 柯西问题有且仅有唯一解的条件。

我们发现，上述柯西问题不是平凡问题，因为它既可能有周期解（比如在 α 和 β 很小的情况下），也可能在有限的时间范围内有奇解（即所谓的 blow-up 解）。可以看出，对所研究的问题，有些不同观点是很有益的。

引理 4.6.1 式 (4.85) 和式 (4.86) 的柯西问题等价于下列微分代数方程：

$$W'+\left(\beta^2-2\alpha+1\right)x^2+(3\alpha-1)x^3=0 \tag{4.87}$$

$$3W^2+1-3\left(\beta^2-2\alpha+1\right)x^2-2(3\alpha-1)x^3=0 \tag{4.88}$$

$$W(0)=\beta,\quad x(0)=1 \tag{4.89}$$

证明：从方程组式 (4.85) 中消掉函数 D 后，可得二阶方程的柯西问题：

$$W''+5W'W+W+3W^3=0,\quad W(0)=\beta, W'(0)=-\left(\alpha+\beta^2\right) \tag{4.90}$$

通过 $p(W)=W'_\theta$ 代换来降低方程的阶数：

$$p'_W p+5pW+W+3W^3=0 \tag{4.91}$$

式中及以后导数的下角标都会清晰地标出进行微分的自变量。要指出的是，下列初始条件适合方程式 (4.91)（见式 (4.90)）：

$$p(\beta)=-\left(\alpha+\beta^2\right) \tag{4.92}$$

通过变量变换 $p(W)=u^{-1}(W)\neq 0$，可得

$$u'_W-5u^2W-u^3\left(W+3W^3\right)=0$$

在这个方程中很容易做代换 $u(W) = \eta(\xi)$，式中 $\xi = \dfrac{5}{2}W^2 + C_\xi$，有

$$\eta'_\xi = g(\xi)\eta^3 + \eta^2, \quad g(\xi) = \frac{6}{25}\xi + \frac{6}{25}\left(\frac{5}{6} - C_\xi\right)$$

为了得到这个方程的解析解，我们对自变量 $\xi = \xi(t)$ 运用参数化方法，使

$$\xi'_t = -\frac{1}{t\eta(\xi)}, \quad t \neq 0$$

结果可得

$$t^2\xi''_t + \frac{6}{25}\xi + \frac{6}{25}\left(\frac{5}{6} - C_\xi\right) = 0$$

其通解的形式为

$$\xi(t) = C_1 t^{\frac{3}{5}} + C_2 t^{\frac{2}{5}} + C_\xi - \frac{5}{6}$$

由此可得

$$\eta(\xi) = -\left(\frac{3}{5}C_1 t^{\frac{3}{5}} + \frac{2}{5}C_2 t^{\frac{2}{5}}\right)^{-1}$$

返回原始变量，可得

$$p(W) = -\left(\frac{3}{5}C_1 t^{\frac{3}{5}} + \frac{2}{5}C_2 t^{\frac{2}{5}}\right), \frac{5}{2}W^2 + \frac{5}{6} = C_1 t^{\frac{3}{5}} + C_2 t^{\frac{2}{5}}$$

推导这些关系式的变换与在证明引理 2.2.1 时的详细描述完全类似。

通过条件式 (4.92)，即协调参数值 $\theta = 0, t = 1$，求出常数 C_1 和 C_2，并作形式代换 $t^{\frac{1}{5}} = x$，可以得出微分代数问题式 (4.87)~ 式 (4.89)。引理得证。

应当明确的是，在这种情况下问题的等效性指的是：两个问题中的函数 $W(\theta)$ 相同，其余的函数 $D(\theta)$ 和 $x(\theta)$ 在每个问题中根据 $W(\theta)$ 唯一确定。

对于球面振动还不能得出与定理 4.2.1 类似的定理。其中的原因有：流形式 (4.88) 是椭圆曲线，结构相当复杂 [72]。不过以下假说很有可能是正确的。

假说 式 (4.85) 和式 (4.86) 的柯西问题有且仅有一个光滑周期解的充分必要条件为

$$\alpha < 1/3$$

像在定理 2.2.1 和引理 4.2.1 类似情况中的论证一样，可以确定上述条件的必要性。

4.6.3 扰动方法

如果假设振幅足够小，即在初始条件式 (4.72) 情况下对电场有 $a_* \ll \rho_*$，那么，S1NE 方程式 (4.73) 就会变成弱非线性方程，该方程的近似解可以运用扰动理论方法按照模拟柱面振动的情况建立 [25,154]。

从式 (4.73) 中消去电场 E，可得速度 V_p 的下列方程：

$$\left(\frac{\partial^2}{\partial\theta^2+1}\right)V_p+\frac{\partial}{\partial\theta}\left(V_p\frac{\partial V_p}{\partial\rho}\right)+V_p\frac{1}{\rho^2}\frac{\partial}{\partial\rho}\left(\rho^2\frac{\partial V_p}{\partial\theta}\right)+V_p\frac{1}{\rho^2}\frac{\partial}{\partial\rho}\left(\rho^2V_p\frac{\partial V_p}{\partial\rho}\right)=0 \tag{4.93}$$

式中：下角标 p 表示根据扰动理论求得的近似值。

对式 (4.93) 的求解要考虑到其非线性项无穷小。以非线性幂展开形式替换电子速度：

$$V_p=V_1+V_2+V_3+\cdots$$

可以得出满足初始条件

$$V_1\,|_{\theta=0}=0,\quad \left.\frac{\partial V_1}{\partial\theta}\right|_{\theta=0}=A\,(\rho)$$

的第一次近似值形式为

$$V_1=A\sin\theta \tag{4.94}$$

式中：$A=A(\rho)$ 是电子速度的振幅，与半径相关。

对式 (4.93) 解的渐进展开式的第二项和第三项，即 V_2 和 V_3 依次可以推导方程，在这里这些方程可以忽略。

接下来要消除方程中第三项 V_3 的共振项，因为它会导致解随着时间的推移不断增长。必须考虑式 (4.94) 中的频率变化：

$$V_1=A\sin\omega\theta,\quad \omega=1+\omega_2 \tag{4.95}$$

式中：ω_2 为主振动频率振幅的二次修正值。结果可得

$$\omega_2=\frac{7A^2(\rho)}{48\rho^2} \tag{4.96}$$

式 (4.96) 并不是新表达式，因为已经在文献 [131] 中出现过。在这种情况下，重要的是电子密度公式，它与 4.2.4 节中柱面振动情况类似，是由式 (4.95) 和取近似值 $V_p \approx V_1$ 得出的。该表达式意味着，尽管非线性频移式 (4.37) 是振幅小参数展开式中三项规律行为的结果，但速度的渐进表达式只需保留第一项即可。

对于相对论性方程 S1RE，很自然（参见文献 [46]）应该有对二次频移的修正值：

$$\omega_2 = \frac{7A^2(\rho)}{48\rho^2} - \frac{3A^2(\rho)}{16}$$

4.6.4 关于数值模拟

构建模拟球面振动的数值算法与柱面振动的情况没有本质上的差异。因此，我们只提及下面具有实践意义的公式。

(1) 有限差分法。实质上，在 S1NE 方程式 (4.73) 中描述的是两个物理过程的相互作用：在空间固定点的非线性振动及其时空传递。

可以把式 (4.73) 变为更适用的形式。为此，我们分出第二个方程中与振动频移相关的项，可得

$$\frac{\partial V}{\partial \theta} + E + V\frac{\partial V}{\partial \rho} = 0, \quad \frac{\partial E}{\partial \theta} - V + 2\frac{VE}{\rho} + V\frac{\partial E}{\partial \rho} = 0$$

现在，使用下列方程描述非线性振动过程：

$$\frac{\partial \tilde{V}}{\partial \theta} + \tilde{E} = 0, \quad \frac{\partial \tilde{E}}{\partial \theta} - \tilde{V} + 2\frac{\tilde{V}\tilde{E}}{\rho} = 0 \tag{4.97}$$

使用下列方程描述该振动的时空传递：

$$\frac{\partial \overline{V}}{\partial \theta} + \overline{V}\frac{\partial \overline{V}}{\partial \rho} = 0, \quad \frac{\partial \overline{E}}{\partial \theta} + \overline{V}\frac{\partial \bar{E}}{\partial \rho} = 0 \tag{4.98}$$

这里采用普通的跨越格式作为两个方程组时间离散化的基础。假设 τ 为时间步长，那么，$E, \tilde{E}, \bar{E}, N$ 变量属于 “整时刻”$\theta_j = j\tau(j \geqslant 0$，是整数)，而 $V, \tilde{V}, \bar{V}$ 变量属于 “半整时刻”$\theta_{j\pm1/2}$。可以用上角标表示对函数值所选的相应时刻。使用具有固定步长 h 的网格进行空间离散化，使 $\rho_m = mh, 0 \leqslant m \leqslant M, Mh = d$。

我们写出逼近方程式 (4.97) 的差分方程：

$$\frac{\tilde{V}_m^{j+\frac{1}{2}} - \tilde{V}_m^{j-\frac{1}{2}}}{\tau} + \tilde{E}_m^j = 0,$$

$$\frac{\tilde{E}_m^{j+1} - \tilde{E}_m^j}{\tau} - \tilde{V}_m^{j+\frac{1}{2}} + \frac{\tilde{V}_m^{j+\frac{1}{2}}}{\rho_m}\left[\tilde{E}_m^{j+1} + \tilde{E}_m^j\right] = 0, \tag{4.99}$$

$$\tilde{V}_m^{j-\frac{1}{2}} = V_m^{j-\frac{1}{2}}, \quad \tilde{E}_m^j = E_m^j, \quad 1 \leqslant m \leqslant M-1$$

与柱面方程式 (4.43) 差分逼近的区别只是在第二个方程中。对传递方程式 (4.98) 的差分逼近与式 (4.44) 的逼近情况没有差别，因此在这里不再重复。

(2) 粒子法。这种方法与模拟柱面振动的差异更小。可以使用之前的方程来确定用拉格朗日变量描述的粒子轨道：

$$\frac{\mathrm{d}R}{\mathrm{d}\theta}=V,\quad \frac{\mathrm{d}V}{\mathrm{d}\theta}=-E \tag{4.100}$$

为了使其闭合，在球面振动的情况下要运用稍稍不同的显式公式来描述电场与位移之间的联系：

$$E=\frac{1}{3}\frac{\left(\rho^L+R\right)^3-\left(\rho^L\right)^3}{\left(\rho^L+R\right)^2} \tag{4.101}$$

因此，要注意确定产生电场的粒子初始位置。

假设在初始时刻 $\theta=0$，第 k 号粒子的初始位置通过半径 $\rho_0(k)$ 和初始位移 $R(k,0)$ 来描述，式中 $1\leqslant k\leqslant M$，M 为粒子总数。一方面，所有粒子的初始位置形成形式为式 (4.72) 的电场；另一方面，根据式 (4.101)，粒子在初始时刻的位移会在坐标为 $\rho_k=\rho_0(k)+R(k,0)$ 点处产生一个电场。比较式 (4.72) 和式 (4.101)，可以确定出所求的 $\rho_0(k)$ 和 $R(k,0)$ 值。为此，我们给定初始空间网格 $\rho_k=kh$，式中 h 为描述相邻粒子间距的径向变量离散化参数。在网格节点处根据式 (4.72) 可以计算出电场值 $E_(\rho_k,0)$。这个电场是因粒子位移形成的，也就是根据式 (4.101) 可得确定初始位置 $\rho_0(k)$ 的方程：

$$E\left(\rho_k,0\right)=\frac{1}{3}\frac{\rho_k^3-\rho_0^3\left(k\right)}{\rho_k^2}$$

回想一下：$\rho_k=\rho_0(k)+R(k,0)$，根据已经得到的粒子初始位置我们可以求出粒子相对于初始位置的初始位移 $R(k,0)$。所以，对计算每个粒子的轨道所得到的初始数据，应该补充式 (4.72) 中粒子在初始时刻静止不动的条件，即 $V(k,0)=0$。

通过有限差分法和粒子法所进行的数值实验都表明：在距点 $\rho=0$ 一定距离上存在等离子体振动翻转效应。我们还没有进行过更加详细的球面振动研究，如对物体是否存在某些新效应。

4.7 文献评述及说明

本书主要内容阐述的是模拟与轴对称相近的二维振动和短激光脉冲激发的尾波。本章的结果是通往主要内容的桥梁，具有重要意义。因为即使是弱激光脉冲引起的柱面电子振动，最终也会以翻转效应结束。因此，从方法论的角度来看，对等离子体中轴对称尾波进行建模之前，研究柱面振动是非常有益的。

不过从历史上看却恰恰相反。由杰出的物理学家 Л.М. 戈尔布诺夫领导的一个小型科研团队大约在 20 世纪 80 年代末开始研究由锐聚焦激光脉冲激发的等离子体尾波。这是由于当时等离子体物理学中最流行的研究课题就是使用尾波来加速电子 [44, 166]。直到后来，由于“燕尾”形解的特点，尾波在激光脉冲的轴上发生翻转的观点在这一科学领域成为主流 [119]。而我们的计算说明，翻转基本上具有轴外特点，并且，首先触及的并非强脉冲激发的尾波 [109, 125−126, 136]。通常这里翻转效应发生在形成轴外电子密度函数极大值之后。接下来这一极值的强非线性增长导致电子密度出现奇点，而在对称轴上的周期性电子密度极大值几乎不变。

因此，为详细论证轴外翻转效应进行了一系列的研究，先是与轴对称电子振动翻转相关的研究 [45−46, 123]，之后研究了这些振动的翻转与等离子体尾波的翻转之间的密切联系 [93]。应当指出的是，研究轴对称解的文献 [79，100] 与上述论证有直接关系。时至今日，轴对称电子振动和激光脉冲所激发的尾波能够在轴外发生翻转还没有受到质疑。已经证实，最初被称为“横向翻转”的观点首先是基于数值实验的，而受限于当时的计算资源，数值实验进行得并不充分。

一方面，在本章节中详细研究了非相对论性方程 C1NE，因为正是对该方程的分析使我们得出未知且重要的结论，且模型并不过分复杂；另一方面，在文献 [46,123] 中对相对论性方程 C1RE 进行了研究。研究表明，振动频移既与几何因素有关，又与相对论因素有关：

$$\omega_2 = \frac{A^2(\rho)}{12\rho^2} - \frac{3A^2(\rho)}{16}$$

但是，这并不会显著影响翻转的特性。本章中通过有限差分法和粒子法构建的数值算法都能够简单地推广到相对论性模型。此外，所进行的数值实验 [46] 有力地证明在 ρ_* 很小的情况下相对论的影响很弱。还应当指出的是，非相对论性方程和相对论性方程的轴对称解是一致的。以上所述内容一致说明：占用篇幅阐述考虑相对论效应的不重要相关公式和计算结果在这种情况下是不合适的。

应当明确一点，如果仅对柱面振动翻转效应进行数值分析，那么基于拉格朗日变量的算法就完全够用。不仅如此，在这种情况下所计算出的粒子轨道实际上在每一时刻都会产生一个不均匀的欧拉网格，该网格最适合用来描述（构建）电子密度函数。因此，基于欧拉变量的格式主要用来检验拉格朗日计算。然而，存在许多与平面电子振动和柱面电子振动相关的更为复杂的问题，例如，考虑到电离效应和复合效应的问题，考虑到等离子体黏度、阻力和耗散等的问题（见文献

[141，143，161，169]）。上述问题中还应该补充考虑到离子运动的问题。对于此类问题，构建基于拉格朗日变量的算法会变得困难，而欧拉方法能够很自然且简便地推广到上述这些问题以及与其相近的问题。

本章的主要结果已在文献 [45–46，79，100，123] 中得到。

有关球面等离子体振动的刊物非常少。文献 [131] 研究了非相对论性球面等离子体振动问题，首次证明了二次频移与振幅的关系：

$$\omega_2 = \frac{7A^2(\rho)}{48\rho^2}$$

文献 [117] 探讨了相对论效应，尽管文中也有奇谈怪论：作者通过等离子体中柱对称振动的频移公式“求出”了球对称振动的频移。

第 5 章　离子动力学对平面一维振动的影响

本章运用数值模拟方法研究离子动力学对平面相对论性一维电子振动翻转的影响。在运用有限差分法情况下构建基于欧拉变量的计算算法。本章将对问题进行初步的解析研究，并给出一种新型的长时间振动的翻转，这种类型的翻转与之前各章节所研究的不同。

5.1　问题的提出

通常对等离子体现象进行初步研究开始使用的数学模型中认为离子是不动的。采用这种方法的前提是质子和电子的质量相差超过 3 个数量级（二者的质量比约为 1836），这使得离子动力学作用不明显，尤其是在电子高速运动的情况下。但是，当所研究的过程持续时间相当长时（如多周期等离子体振动），即使很小的数值影响都有可能导致观测对象发生质的变化。

为了分析离子动力学对一维平面等离子体振动的影响，可以使基础方程式 (1.5)∼ 式 (1.12) 大大简化。我们假设：① 解只仅由向量函数 $\boldsymbol{p}_e, \boldsymbol{v}_e, \boldsymbol{v}_i$ 和 $\boldsymbol{E}$ 的 x 轴分量决定，分别用 p_e, v_e, v_i 和 E_x 表示；② 上述函数与变量 y 和 z 都没有关系，即 $\partial/\partial y = \partial/\partial z = 0$。
那么，由式 (1.5)∼ 式 (1.12) 可得

$$\frac{\partial n_e}{\partial t} + \frac{\partial}{\partial x}(n_e v_e) = 0, \quad \frac{\partial p_e}{\partial t} = eE_x - m_e c^2 \frac{\partial \gamma}{\partial x}, \quad \gamma = \sqrt{1 + \frac{p_e^2}{m_e^2 c^2}}$$

$$v_e = \frac{p_e}{m_e \gamma}, \quad \frac{\partial n_i}{\partial t} + \frac{\partial}{\partial x}(n_i v_i) = 0, \quad \frac{\partial v_i}{\partial t} + v_i \frac{\partial v_i}{\partial_x} = \frac{e_i}{m_i} E_x \tag{5.1}$$

$$\frac{\partial E_x}{\partial t} = -4\pi(e n_e v_e + e_i n_i v_i)$$

假设 n_{e0} 和 n_{i0} 分别是中性等离子体中非扰动的电子和离子密度值，所以有 $e_i n_{i0} + e n_{e0} = 0$。我们来确定 $\omega_p = (4\pi e^2 n_{e0}/m_e)^{1/2}$（等离子体频率），$k_p = \omega_p/c$，

引入以下无量纲量：

$$\rho = k_p x, \quad \theta = \omega_p t, \quad N_e = \frac{n_e}{n_{e0}}, \quad V_e = \frac{v_e}{c}, \quad P_e = \frac{p_e}{m_e c},$$

$$N_i = \frac{n_i}{n_{i0}}, \quad V_i = \frac{v_i}{c}, \quad E = -\frac{eE_x}{m_e c\omega_p}, \quad \delta = -\frac{m_e}{m_i}\frac{e_i}{e} > 0$$

替换为新变量的方程式 (5.1) 形式为

$$\begin{aligned} &\frac{\partial N_e}{\partial \theta} + \frac{\partial}{\partial \rho}(N_e V_e) = 0, \quad \frac{\partial N_i}{\partial \theta} + \frac{\partial}{\partial \rho}(N_i V_i) = 0, \quad \frac{\partial E}{\partial \theta} = N_e V_e - N_i V_i, \\ &\gamma = \sqrt{1+P_e^2}, \quad V_e = \frac{P_e}{\gamma}, \quad \frac{\partial P_e}{\partial \theta} + E + \frac{\partial \gamma}{\partial \rho} = 0, \quad \frac{\partial V_i}{\partial \theta} + V_i \frac{\partial V_i}{\partial \rho} = \delta E \end{aligned} \tag{5.2}$$

由式 (5.2) 的前三个方程可得

$$\frac{\partial}{\partial \theta}\left(N_e - N_i + \frac{\partial E}{\partial \rho}\right) = 0$$

不论存在等离子体振动（$N_e \equiv N_i \equiv 1, E \equiv 0$）还是不存在等离子体振动，该式都成立，由此可得更为简单的电子密度表达式为

$$N_e(\rho, \theta) = N_i(\rho, \theta) - \frac{\partial E(\rho, \theta)}{\partial \rho} \tag{5.3}$$

从式 (5.2) 中消掉密度 N_e，可以得到描述理想冷等离子体中电子及离子自由平面一维振动的 P1EI 方程：

$$\begin{gathered} \frac{\partial P_e}{\partial \theta} + E + \frac{\partial \gamma}{\partial \rho} = 0, \quad \gamma = \sqrt{1+P_e^2}, \quad V_e = \frac{P_e}{\gamma}, \\ \frac{\partial V_i}{\partial \theta} - \delta E + V_i \frac{\partial V_i}{\partial \rho} = 0, \quad \frac{\partial N_i}{\partial \theta} + N_i \frac{\partial V_i}{\partial \rho} + V_i \frac{\partial N_i}{\partial \rho} = 0, \\ \frac{\partial E}{\partial \theta} - N_i(V_e - V_i) + V_e \frac{\partial E}{\partial \rho} = 0 \end{gathered} \tag{5.4}$$

应当指出的是，除所求的变量外，式 (5.4) 中还包含小参数 δ，它实质描述的是电子与质子的质量比（$\delta \approx 1/1836$）。

下面讨论式 (5.4) 的初始条件和边界条件。如果假设部分振动的等离子体占据有限空间（这种情况的区间是 $[-d, d]$），且所有扰动不会超出该区间，那么边界条件为

$$P_e(-d, \theta) = P_e(d, \theta) = 0, \quad V_i(-d, \theta) = V_i(d, \theta) = 0, \quad \forall \theta \geqslant 0 \tag{5.5}$$

记录振动的等离子体层，其边界不随时间发生变化。需要明确的是，这里讨论的并不是带电粒子密度以传统描述等离子体层的阶梯函数形式的空间分布。况且，振动区域以外的电子和离子密度是未受扰动的，也就是说，它们等于使内部区域相应值不断持续的常数。

还要提请注意的是，所有与时间和空间无关的解中，式 (5.4) 只允许平凡解，即 $P_e = V_e \equiv V_i \equiv E \equiv 0, N_i \equiv 1$。因此，可以使基础方程组对 $\rho \in (-d, d)$ 添加局部空间初始条件：

$$P_e(\rho, 0) = P_{e0}(\rho), \quad V_i(\rho, 0) = V_{i0}(\rho), \quad N_i(\rho, 0) = N_{i0}(\rho), \quad E(\rho, 0) = E_0(\rho) \tag{5.6}$$

其与等离子体层以外的平凡解连续衔接，即 $P_{e0}(\pm d) = V_{i0}(\pm d) = E_0(\pm d) = 0, N_{i0}(\pm d) = 1$。现在由局部初始条件可得电场扰动的边界条件为

$$E(-d, \theta) = E(d, \theta) = 0 \quad \forall \theta \geqslant 0 \tag{5.7}$$

综上所述，对于等离子体层可以确定以下初值–边值问题：在半区间 $\{(\rho, \theta) : \theta > 0, -d < \rho < d\}$ 上求解满足初始条件式 (5.6)、边界条件式 (5.5) 和式 (5.7) 的方程式 (5.4)。

选择以下形式的函数作为式 (5.6) 的初始条件：

$$E_0(\rho) = \begin{cases} \left(\dfrac{a_*}{\rho_*}\right)^2 \rho \exp\left\{-2\dfrac{\rho^2}{\rho_*^2}\right\}, & |\rho| < d \\ 0, & |\rho| = d \end{cases} \tag{5.8}$$

$$P_{e0}(\rho) = 0; \quad V_{i0}(\rho) = 0; \quad N_{i0}(\rho) = 1 + \frac{\delta}{1+\delta}\frac{\partial E_0(\rho)}{\partial \rho}$$

这种对引发振动电场的扰动是空间强度为高斯分布的短强激光脉冲穿过等离子体的特征 [45, 123]。由于函数 $E_0(\rho)$ 呈指数衰减，所以只需取 $d = 4.5\rho_*$ 即可保证边界条件式 (5.7) 具有足够的精度。

考虑到所研究问题的对称性我们发现，如果初始函数 $P_{e0}(\rho)$, $V_{i0}(\rho)$, $E_0(\rho)$ 是奇函数，而 $N_{i0}(\rho)$ 是对于坐标原点的偶函数，那么由于式 (5.4) 成立，函数 $P_e(\rho, \theta)$(同时还有 $V_e(\rho, \theta)$)、$V_i(\rho, \theta)$ 和 $E(\rho, \theta)$ 都将是奇函数，相应地，方程 $N_i(\rho, \theta)$ 对于所有 $\theta \geqslant 0$ 都是偶函数。这使我们可以仅研究区间 $[-d, d]$ 的 1/2，而不用研究整个区间。

要提请注意的是，使用欧拉变量观察振动翻转过程，非常重要的是由关系式 (5.3) 确定的电子密度函数 $N_e(\rho, \theta)$。

5.2 方程的变比缩放与差分格式

考虑到存在小参数 δ，下面对式 (5.4) 进行缩放。首先替换所求变量

$$V_i(\rho,\theta)=\delta W(\rho,\theta),\quad N_i(\rho,\theta)=1+\delta K(\rho,\theta) \tag{5.9}$$

然后对新函数 W 和 K 的方程两边同时除以 δ。可以发现，现在描述电子动力学函数的下角标 “e” 变得信息量很少，可以直接将其省略。经过上述变化，式 (5.4) 的形式变为

$$\begin{gathered}\frac{\partial P}{\partial\theta}+E+\frac{\partial\gamma}{\partial\rho}=0,\quad \gamma=\sqrt{1+P^2},\quad V=\frac{P}{\gamma},\\ \frac{\partial W}{\partial\theta}-E+\delta W\frac{\partial W}{\partial\rho}=0,\quad \frac{\partial K}{\partial\theta}+(1+\delta K)\frac{\partial W}{\partial\rho}+\delta W\frac{\partial K}{\partial\rho}=0,\\ \frac{\partial E}{\partial\theta}-(1+\delta K)(V-\delta W)+V\frac{\partial E}{\partial\rho}=0\end{gathered} \tag{5.10}$$

只有描述干扰离子浓度的函数 $K(\rho,\theta)$ 的初始条件和边界条件在缩放时发生了改变：

$$K(\rho,\theta=0)=\frac{1}{1+\delta}\frac{\partial E_0(\rho)}{\partial\rho},0\leqslant\rho<d,\quad K(d,\theta)=0,\theta\geqslant 0 \tag{5.11}$$

这样，我们通过对初始条件和边界条件为式 (5.5)、式 (5.8) 和式 (5.11) 的方程式 (5.10) 求近似解来建立差分格式。

可以注意到式 (5.10) 表示的是两个物理过程的相互作用：空间内固定点中的非线性振动及其时空传递。因此，与之前的章节类似，可以参照文献 [79，94]，我们对传递方程运用拉克斯–温德洛夫格式（三角网格式）来建立物理过程的拆分格式 [7]。

用以下方程来描述非线性振动过程：

$$\begin{gathered}\frac{\partial\tilde{P}}{\partial\theta}+\tilde{E}=0,\quad \tilde{V}=\frac{\tilde{P}}{\sqrt{1+P^2}},\quad \frac{\partial W}{\partial\theta}-\tilde{E}=0,\\ \frac{\partial\tilde{K}}{\partial\theta}+(1+\delta\tilde{K})\frac{\partial\tilde{W}}{\partial\rho}=0,\quad \frac{\partial\tilde{E}}{\partial\rho}-(1+\delta\tilde{K})(\tilde{V}-\delta\tilde{W})=0\end{gathered} \tag{5.12}$$

并用下列方程描述其传递：

$$\frac{\partial \tilde{P}}{\partial \theta}+\frac{\partial \tilde{\gamma}}{\partial \rho}=0, \quad \tilde{\gamma}=\sqrt{1+P^2}, \quad \tilde{V}=\frac{\tilde{P}}{\tilde{\gamma}},$$
$$\frac{\partial \tilde{E}}{\partial \theta}+\tilde{V}\frac{\partial \tilde{E}}{\partial \rho}=0, \quad \frac{\partial \tilde{W}}{\partial \theta}+\delta\frac{\partial}{\partial \rho}\left(\frac{\tilde{W}^2}{2}\right)=0, \quad \frac{\partial \tilde{K}}{\partial \theta}+\delta\tilde{W}\frac{\partial \tilde{K}}{\partial \rho}=0 \tag{5.13}$$

可以使用普通的跨越格式作为两个方程组时间离散化的基础 [139]。假设 τ 为时间步长，那么，$E, \tilde{E}, \bar{E}, \tilde{K}, \bar{K}$ 的量属于“整时刻”$\theta_j=j\tau(j\geqslant 0$, 整数)，而 $P, \tilde{P}, \bar{P}, \tilde{W}, \bar{W}$ 以及与脉冲 P 相关的量 γ 和 V 则属于“半时刻”$\theta_{j\pm 1/2}$。这里用上角标表示对函数值所选的相应时刻。对空间离散化可以使用固定步长为 h 的网格，使 $\rho_m=mh, |m|\leqslant M, Mh=d$。

这样就可以写出逼近式 (5.12) 和式 (5.13) 的差分方程。对于前者，有

$$\frac{\tilde{P}_m^{j+1/2}-\tilde{P}_m^{j-1/2}}{\tau}+\tilde{E}_m^j=0, \quad \tilde{V}_m^{j+1/2}=\tilde{P}_m^{j+1/2}\Big/\sqrt{1+\left(\tilde{P}_m^{j+1/2}\right)^2},$$
$$\frac{\tilde{W}_m^{j+1/2}-\tilde{W}_m^{j-1/2}}{\tau}-\tilde{E}_m^j=0,$$
$$\frac{\tilde{K}_m^{j+1}-\tilde{K}_m^j}{\tau}+\left(1+\delta\frac{\tilde{K}_m^{j+1}+\tilde{K}_m^j}{2}\right)\frac{\tilde{W}_{m+1}^{j+1/2}-\tilde{W}_{m-1}^{j+1/2}}{2h}=0, \tag{5.14}$$
$$\frac{\tilde{E}_m^{j+1}-\tilde{E}_m^j}{\tau}-\left(1+\delta\frac{\tilde{K}_m^{j+1}+\tilde{K}_m^j}{2}\right)(\tilde{V}_m^{j+1/2}-\delta\tilde{W}_m^{j+1/2})=0,$$
$$\tilde{P}_m^{j-1/2}=P_m^{j-1/2}, \tilde{E}_m^j=E_m^j, \tilde{W}_m^{j-1/2}=W_m^{j-1/2}, \tilde{K}_m^j=K_m^j, \quad |m|\leqslant M-1$$

在写式 (5.13) 的逼近方程之前要提醒注意的是，对模型方程（非线性传递型）有

$$\frac{\partial u}{\partial t}+\frac{\partial G(u)}{\partial x}=0, \quad G(u)=\frac{u^2}{2}$$

“三角网” 格式的时间离散化形式为

$$\frac{u^{j+1}-u^j}{\tau}+\frac{\partial G^j}{\partial x}=\frac{\tau}{2}\frac{\partial}{\partial x}\left(A_j\frac{\partial G_j}{\partial x}\right)$$

式中：$A=\dfrac{\partial G}{\partial u}$；上角标表示函数所属的相应时刻。如果取线性方程

$$\frac{\partial u}{\partial t}+v\frac{\partial u}{\partial x}=0$$

作为模型方程，那么与“三角网”格式类似的时间离散化形式相应地变为

$$\frac{u^{j+1}-u^{j}}{\tau}+\left(v_{j}+\frac{\tau}{2}\frac{\partial v}{\partial t}\right)\frac{\partial u}{\partial x}=\frac{\tau v^{j}}{2}\frac{\partial}{\partial x}\left(v^{j}\frac{\partial u}{\partial x}\right)$$

且在光滑解上也具有逼近值 $O(\tau^2)$。

基于以上所导出的模型格式所构建的式 (2.5) 的离散模拟形式，可以很方便实现为

$$\begin{gathered}
\frac{\bar{P}_m^{j+1/2}-\bar{P}_m^{j-1/2}}{\tau}+\bar{\gamma}_{\ddot{X},m}^{j-1/2}=\frac{\tau}{2}\left(\bar{V}_{s,m}^{j-1/2}\bar{\gamma}_{X,m}^{j-1/2}\right)_{\bar{X},m}, \\
\bar{\gamma}_m^{j+1/2}=\sqrt{1+\left(\bar{P}_m^{j+1/2}\right)^2},\quad \bar{V}_m^{j+1/2}=\frac{\bar{P}_m^{j+1/2}}{\bar{\gamma}_m^{j+1/2}}, \\
\frac{\bar{E}_m^{j+1}-\bar{E}_m^{j}}{\tau}+\left(\bar{V}_m^{j+1/2}+\frac{\tau}{2}\frac{\bar{V}_m^{j+1/2}-\bar{V}_m^{j-1/2}}{\tau}\right)\bar{E}_{\ddot{X},m}^{j} \\
=\frac{\tau}{2}\bar{V}_m^{j+1/2}\left(\bar{V}_{s,m}^{j+1/2}\bar{E}_{X,m}^{j}\right)_{\bar{X},m}, \\
\frac{\bar{W}_m^{j+1/2}-\bar{W}_m^{j-1/2}}{\tau}+\bar{G}_{\ddot{X},m}^{j-1/2}=\frac{\delta\tau}{2}\left(\bar{W}_{s,m}^{j-1/2}\bar{G}_{X,m}^{j-1/2}\right)_{\bar{X},m}, \\
\frac{\bar{K}_m^{j+1}-\bar{K}_m^{j}}{\tau}+\delta\left(\bar{W}_m^{j+1/2}+\frac{\tau}{2}\frac{\bar{W}_m^{j+1/2}-\bar{W}_m^{j-1/2}}{\tau}\right)\bar{K}_{\ddot{X},m}^{j} \\
=\frac{\delta^2\tau}{2}\bar{W}_m^{j+1/2}\left(\bar{W}_{s,m}^{j+1/2}\bar{K}_{X,m}^{j}\right)_{\bar{X},m}, \\
\bar{P}_m^{j-1/2}=\tilde{P}_m^{j+1/2},\bar{E}_m^{j}=\tilde{E}_m^{j+1}, \\
\bar{W}_m^{j-1/2}=\tilde{W}_m^{j+1/2},\bar{K}_m^{j}=\tilde{K}_m^{j+1},\quad |m|\leqslant M-1, \\
\bar{P}_0^{j+1/2}=\bar{P}_M^{j+1/2}=\bar{E}_0^{j+1}=\bar{E}_M^{j+1}=\bar{W}_0^{j+1/2}=\bar{W}_M^{j+1/2}=0
\end{gathered}\tag{5.15}$$

式中：$\bar{G}^{j-\frac{1}{2}}\equiv\bar{G}\left(\bar{W}^{j-\frac{1}{2}}\right)=\frac{\delta}{2}\left(\bar{W}^{j-\frac{1}{2}}\right)^2$ 和 $F_{\ddot{X},m}=(F_{m+1}-F_{m-1})/(2h)$ 为中心差分；$F_{X,m}=(F_{m+1}-F_m)/h$ 和 $F_{\bar{X},m}=(F_m-F_{m-1})/h$ 分别为向前差分和向后差分；$F_{s,m}=(F_{m+1}+F_m)/2$。

根据差分格式 (5.15) 进行计算之后，应当重新确定下一个时间层的未知函数：

$$P_m^{j+1/2}=\bar{P}_m^{j+1/2},E_m^{j+1}=\bar{E}_m^{j+},W_m^{j+1/2}=\bar{W}_m^{j+1/2},K_m^{j+1}=\bar{K}_m^{j+},\quad |m|\leqslant M$$

并根据以下公式计算（如有必要）电子密度扰动（$(N_e(\rho,\theta)=1+N(\rho,\theta)$）：

$$N_m^{j+1}=\begin{cases}\delta K_m^{j+1}-\dfrac{E_{m+1}^{j+1}-E_{m-1}^{j+1}}{2h}, & |m|\leqslant M-1\\ 0, & |m|=M\end{cases} \tag{5.16}$$

第 j 个时间步长计算到此为止，可以转入下一个步长的计算。应当指出的是，初始数据式 (5.8) 对应 $\theta=0$ 的情况，因此它们对于 $P\,W$ 来说属于第 $-1/2$ 层，而对于 E 和 K 来说属于第 0 层。

这里再对所研究的式 (5.14) 和式 (5.15) 进行一些说明。对于每个辅助问题来说，在解足够光滑的情况下，有 $O(\tau^2+h^2)$ 阶逼近，这对总的拆分格式 [41] 导致 $O(\tau^+h^2)$ 阶逼近。此外，式 (5.14) 毫无疑问是稳定的，而对于式 (5.15)，根据频谱特性得到的 $\tau=O(h)$ 形式的稳定性条件成立 [7,20]。这能够依靠较弱的稳定性条件大大节省计算资源，而逼近程度不会降低。此外，式 (5.14) 和式 (5.15) 允许以显式实现，这在推广到多维的情况时使并行计算成为可能。还要指出的是，在文献 [94] 中对离子静止不动的情况（$\delta=0$）提出了一种格式并对其进行了测试，这里使用欧拉变量描述的相对论性振动的计算结果与使用拉格朗日变量描述的振动的计算结果直到发生翻转之前都难以区分。

5.3 轴对称解

在文献 [100]（还可以参见第 2.2 节）中对于描述激光等离子体相互作用且有轴对称性的非线性问题引入了轴对称解的概念，作为在空间坐标上具有局部线性关系的解。

本节中运用轴对称解来确定等离子体中新型长时间电子振动翻转的可能性。我们要明确的是，式 (5.10) 的轴对称解是以下形式的实数解：

$$V(\rho,\theta)=V_a(\theta)\rho,\quad W(\rho,\theta)=W_a(\theta)\rho,\quad E(\rho,\theta)=E_a(\theta)\rho,$$

$$K(\rho,\theta)=K_a(\theta),\quad \gamma(0,\theta)=\gamma_a(\theta)\equiv 1$$

不难证明，在这种情况与时间相关的乘子满足常微分方程组：

$$\begin{aligned}&V_a'=-(E_a+V_a^2),\quad E_a'=(1+\delta K_a)(V_a-\delta W_a)-V_aE_a,\\&W_a'=E_a-\delta W_a^2,\quad K_a'=-(1+\delta K_a)W_a\end{aligned} \tag{5.17}$$

对所得到的方程补充从式 (5.8) 和式 (5.11) 得到的初始条件：

$$V_a(0)=W_a(0)=0,\quad E_a(0)=\alpha,\quad K_a(0)=\frac{\alpha}{1+\delta} \tag{5.18}$$

式中：$\alpha = \left(\dfrac{a_*}{\rho_*}\right)^2$。必要时对称轴上相应的电子密度扰动（$N_a(\theta)$）可以通过下式计算：

$$N_a(\theta) = \delta K_a(\theta) - E_a(\theta)$$

可以发现，所得出的式 (5.17) 和式 (5.18) 柯西问题不是平凡问题，因为即使在个别情况 $\delta = 0$ 时它既可能有 2.2 节 [102] 中研究的常周期解，也可能在第一个振动周期有奇解（即所谓的 blow-up 解 [157]）。

我们针对下列所求函数的小参数 δ 展开式 [25] 对式 (5.17) 和式 (5.18) 所代表的长时间问题的解进行渐进分析：

$$F(\theta) = F_0(\theta) + \delta F_1(\theta) + \delta^2 F_2(\theta) + \cdots$$

第 0 次近似满足方程

$$V_0' = -(E_0 + V_0^2), \quad E_0' = V_0 - V_0 E_0, \quad W_0' = E_0, \quad K_0' = -W_0 \tag{5.19}$$

和初始条件

$$V_0(0) = W_0(0) = 0, \quad E_0(0) = K_0(0) = \alpha \tag{5.20}$$

对于前两个函数，在 $\alpha < 1/2$ 时通过 2.2 节的公式 (在特殊情况下（$\beta = 0$））可得以下解析表达式：

$$V_0(\theta) = -\frac{s\sin\theta}{1 + s\cos\theta}, \quad E_0(\theta) = \frac{s\cos\theta}{1 + s\cos\theta}, \quad s = \frac{\alpha}{1-\alpha} < 1 \tag{5.21}$$

这就有可能建立函数 $W_0(\theta)$ 的显式。首先计算出函数 $E_0(\theta)$ 在一个周期内的平均值：

$$I = \int_0^{2\pi} E_0(\theta)\mathrm{d}\theta = \int_0^{2\pi} \frac{s\cos\theta}{1 + s\cos\theta}\mathrm{d}\theta = 2\pi\left(1 - \frac{1}{\sqrt{1-s^2}} < 0\right) \tag{5.22}$$

然后，运用式 (5.22) 可以写出

$$W_0(\theta) = Ik + \int_0^{\theta'} \frac{s\cos x}{1 + s\cos x}\mathrm{d}x$$

式中

$$\theta = 2\pi k + \theta', k \geqslant 0, 0 \leqslant \theta' < 2\pi \tag{5.23}$$

自变量 θ 因数为 2π 的表达式与下列已知公式有关：

$$\int \frac{s\cos x}{1 + s\cos x}\mathrm{d}x = x - \frac{2}{\sqrt{1-s^2}}\arctan\frac{(1-s)\tan\dfrac{x}{2}}{\sqrt{1-s^2}}, \quad |s| < 1$$

由式 (5.22) 和式 (5.23) 可得，对称轴上离子速度的径向导数，也就是函数 $W_0(\theta)$，总是负值。换句话说，在轴附近离子速度总是朝向轴，这说明轴附近的离子浓度（逐个周期地）单调递增。同时这也意味着电子的振幅也应该增加，因为在对称轴附近其加速度与轴上离子浓度有直接关系。因此，对称轴上的初始振幅 α 迟早会超过临界值 1/2（见第 2.2 节中定理 2.2.1 的说明和文献 [102]），这一定会导致在下一个振动周期内出现 “blow-up” 效应。

下面对上述内容用两个实例进行说明。采用经典的四阶精度龙格–库塔公式 [20]：

$$\boldsymbol{y}_{j+1} = \boldsymbol{y}_j + \frac{1}{6}(\boldsymbol{k}_1 + 2\boldsymbol{k}_2 + 2\boldsymbol{k}_3 + k_4)$$

其中

$$\boldsymbol{k}_1 = \tau \boldsymbol{f}(t, \boldsymbol{y}), \quad \boldsymbol{k}_2 = \tau \boldsymbol{f}(t + \tau/2, \boldsymbol{y} + \boldsymbol{k}_1/2)$$

$$\boldsymbol{k}_3 = \tau \boldsymbol{f}(t + \tau/2, \boldsymbol{y} + \boldsymbol{k}_2/2), \quad \boldsymbol{k}_4 = \tau \boldsymbol{f}(t + \tau, \boldsymbol{y} + \boldsymbol{k}_3)$$

然后对式 (5.17) 和式 (5.18) 柯西问题的普通形式 $\boldsymbol{y}' = \boldsymbol{f}(t, \boldsymbol{y})$ 求数值解，其给定初始条件为 $\boldsymbol{y}(0)$。

图 5.1 上列出的是对 $\alpha = 0.3$、步长 $\tau = 1/640$ 计算的电子密度扰动 $N_a(\theta)$。其中虚线表示在离子静止不动（$\delta = 0$），即 $N_0(\theta) = -E_0(\theta)$ 的情况下密度与时间的关系，因此计算结果与式 (5.21) 一致。这里在整个时间范围上有界振动的 2π 周期性很容易确定。在图 5.1 上实线描述的是离子运动（$\delta = 1/2000$）情况下的电子密度扰动，同时能够清楚地观察到致使振动翻转的振幅（“摆动”）会单调增大。

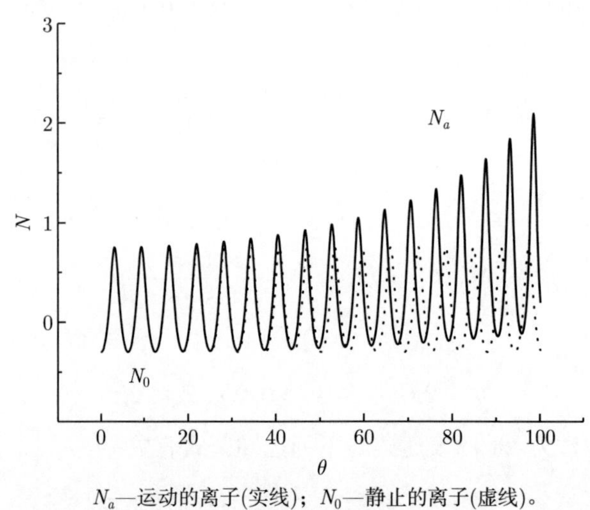

N_a—运动的离子(实线)；N_0—静止的离子(虚线)。

图 5.1　对称轴上的电子密度扰动

图 5.2 上展示的是在相同的 α 和 τ 参数情况下，对于运动离子 $W_\delta(\theta)$（$\delta = 1/2000$）的第 0 次近似

$$W_\delta(\theta) = \frac{1}{\sqrt{1+\delta}}\left[Ik + \int_\theta^{\theta'} \frac{s\cos x}{1+s\cos x}\mathrm{d}x\right], \quad \begin{array}{c}\sqrt{1+\delta}\theta = 2\pi k + \theta', \\ k \geqslant 0, 0 \leqslant \theta' < 2\pi\end{array} \tag{5.24}$$

与对称轴上变比缩放的离子速度 $W_a(\theta)$ 的对比。可以发现，在式 (5.24) 中考虑到频移，这是为了与式 (5.17)（式中 $\omega = \sqrt{1+\delta}$）中的线性振动频率一致，也是为了避免在渐进展开式中出现（不断增长的）共振解 [25]。在式 (5.24) 中选用的是上述 ω 值，当然采用与其接近的值 $\omega \approx 1 + \delta/2$ 也完全可以。需要注意的是，与 δ 有关的频移在图 5.1 上很容易发现，这里在考虑到离子动力学的情况下电子振动周期要比 2π 小。

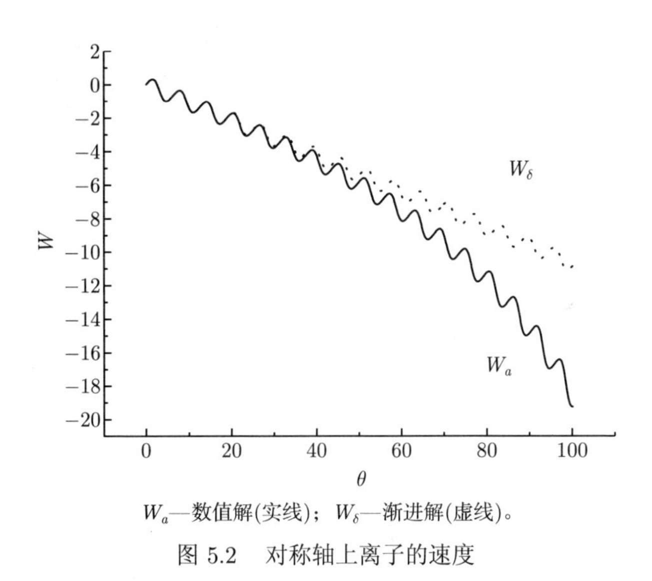

W_a—数值解(实线)；W_δ—渐进解(虚线)。

图 5.2 对称轴上离子的速度

因此，数值实验与渐进分析结果非常一致，并且由图 5.2 可得，在所研究模型式 (5.17) 和式 (5.18) 中对称轴上的离子浓度增长甚至比根据式 (5.24) 的预报更快。

5.4 计算结果

本节阐述在 $\delta = 1/2000$ 时，即考虑离子运动对平面相对论性电子振动影响的情况下，通过式 (5.14)~ 式 (5.16) 对初始条件和边界条件为式 (5.5)~ 式 (5.8) 和式 (5.11) 的式 (5.10) 求数值解的结果。

由初始条件式 (5.8) 可得，在固定 δ 值的情况下振动与两个参数，即 a_* 和 ρ_* 有关，或者同样也与 $\alpha = \left(\dfrac{a_*}{\rho_*}\right)^2$ 和 ρ_* 有关。在第 3 章中讲述了完全相对论性的电子振动 [94]，证明了在任意固定值 $\alpha < 1/2$ 情况下，翻转时间都与参数 ρ_* 有关。并且在参数 ρ_* 值减小时翻转时间会增加，相应地，在参数 ρ_* 值增加时翻转时间会减少。翻转的特征相同，即总是发生在轴外。另一方面，在 5.3 节研究仅由参数 α 决定的式 (5.10) 的轴对称解时，提出了一种推测：存在另一种振动翻转即轴上翻转的可能性，这种翻转产生的原因是在对称轴附近离子的定向运动。此外，α 的单调递增（不超过临界值的 1/2）应该导致轴上翻转时间的减少。

首先我们研究在图 5.3~ 图 5.5 上表示的参数值 $a_* = 3.25, \rho_* = 5, \tau = h = 1/1500$ 情况下的数值实验结果。

图 5.3 描述的是在区间 $[-d, d]$ 上电子密度极大值以及在 $\rho = 0$ 情况下电子密度值与时间的依赖关系。很容易发现，在最初的几个振动周期，电子密度的极大值集中在对称轴上；然后（在第 4 个周期）形成了局部轴外极大值，该极大值继续增加导致振动翻转。轴上振动的振幅也增加，只是速度慢得多。

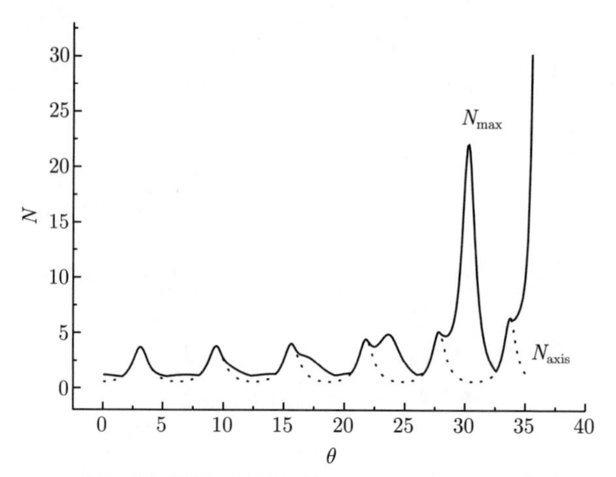

$N_{\max}$—整个区域内的极大值(实线)；N_{mais}—$\rho = 0$情况下的值(虚线)。

图 5.3　在对称轴外发生翻转情况下电子密度变化的动态过程

图 5.4 展示了电场函数和电子速度函数与空间坐标的关系。由于这两个函数都是奇函数，所以只要研究对 $\rho \geqslant 0$ 即可。图中可以很直观地看到，电子密度的奇点出现在轴外且由所形成的局部阶跃函数 $E(\rho)$ 的导数决定。应当指出的是，在奇点附近电子速度是连续的，但存在导数跳跃间断点。

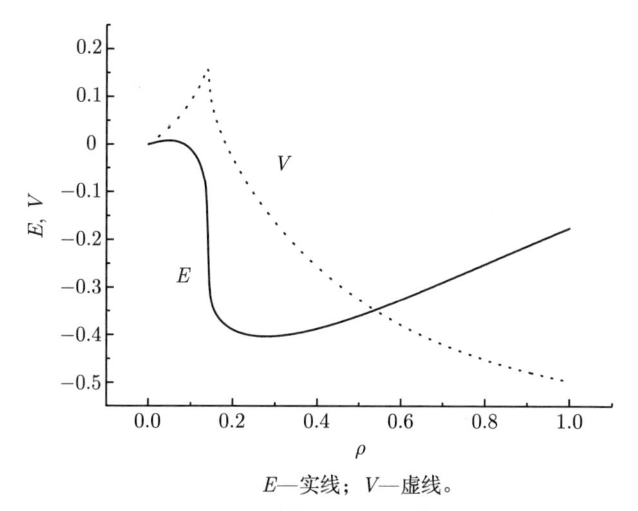

E—实线；V—虚线。

图 5.4 奇函数的空间分布：在轴外翻转时刻的电场 E 和电子速度 V

图 5.3 和图 5.4 中的曲线对轴外翻转是典型的，不论是否考虑离子动力学、相对论和空间对称性 [46，76，79，94]。但目前研究的情境下离子是运动的，其空间分布并不是常数（图 5.5），而通过所描述的计算，翻转的原因是“独立”的相对论性电子振动。

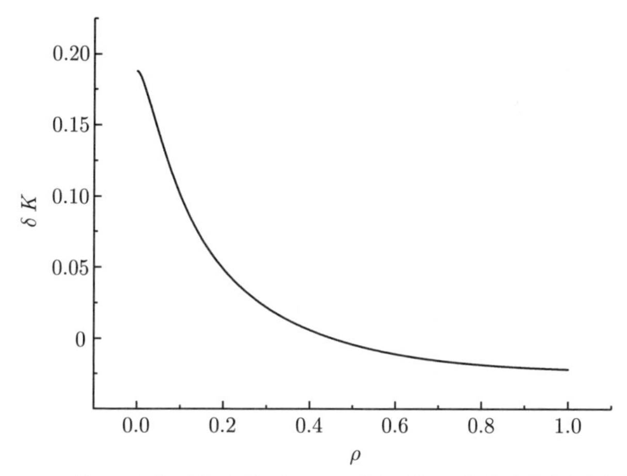

图 5.5 在 $\rho \geqslant 0$ 情况下离子密度扰动 δK（偶函数）在轴外翻转时刻的空间分布

现在来了解在值为 $a_* = 2.07, \rho_* = 3, \tau = h = 1/1500$ 情况下在图 5.6～图 5.8 上展示的数值实验结果。

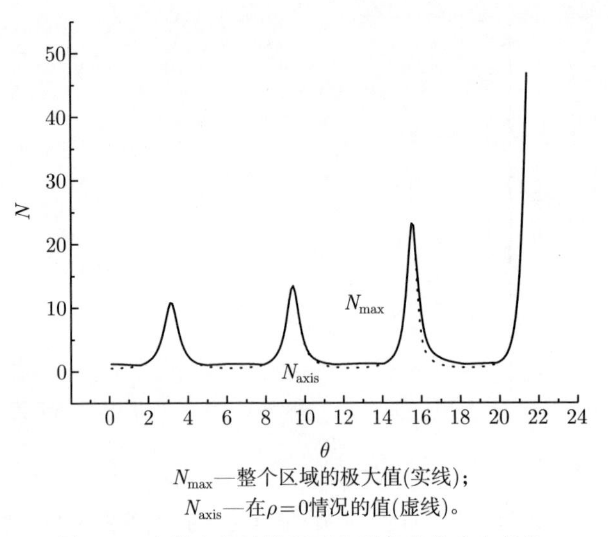

N_{max}—整个区域的极大值(实线)；
N_{axis}—在$\rho=0$情况的值(虚线)。

图 5.6　在轴上翻转情况下电子密度的动态变化

图 5.6 描述的是在区间 $[-d, d]$ 上电子密度极大值以及在 $\rho = 0$ 情况下电子密度值与时间的依赖关系。图中所表示的函数与图 5.1 上的函数性质相似，与图 5.3 上的函数有根本差别。这里电子密度的极大值逐个周期地单调递增，并准确出现在轴上。在翻转之前观察不到任何电子密度函数的轴外极大值。与图 5.1 上的数值差别是因为参数值 α 不同：在研究情境中约等于 0.476，这会导致在第 4 个振动周期发生快速的轴上翻转。

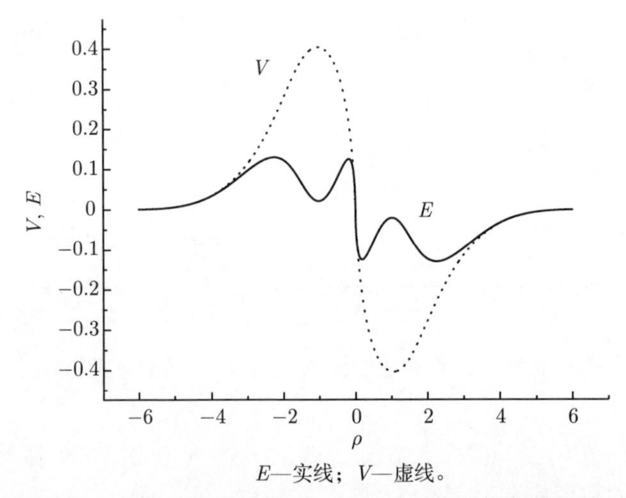

E—实线；V—虚线。

图 5.7　在轴上翻转时刻电场 E 和电子速度 V 的空间分布

在图 5.7 上列出的是在轴上翻转情况下电场函数和电子速度函数与空间坐标的关系。与图 5.4 相同,可以观察到电子密度的奇点由所形成的局部阶跃函数 $E(\rho)$ 的导数决定，只不过这里其数值的跳跃发生在 $\rho = 0$ 时。我们注意在轴上翻转情况下电子速度的空间曲线：它与电场相同，类似阶梯状，即是间断函数。这种结构与图 5.4 中所表示的速度函数有着本质上的区别。

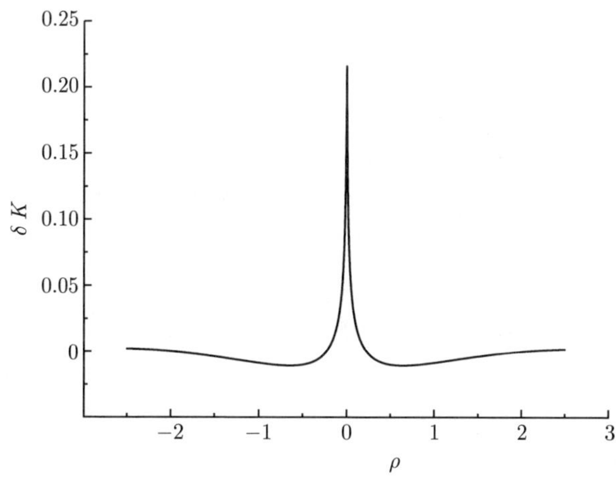

图 5.8 在轴上翻转时刻离子密度扰动 δK 的空间分布

最后分析图 5.8 上在轴上翻转时刻离子密度扰动的空间关系曲线。它的绝对值与图 5.5 上同类曲线相比差别不大，这是因为曲线增长的周期数大致相同。但是，在轴上翻转情况下其空间导数值要比轴外翻转的情况明显更大：这里研究的是离子速度径向导数的影响。

简单地总结计算结果可以表述如下。由于考虑离子动力学有可能出现新型平面相对论性电子振动翻转，这一假设已经完全得到证实。在不同形式的翻转中（轴外翻转和轴上翻转）一些参数的差异非常直观,原始问题的这些参数已经确定。应当指出的是，目前还不能成功选出问题的一些参数，使两种类型翻转同时发生。并且原则上是否存在这种可能也尚未可知。

5.5 文献评述及说明

在本章中探讨了强非线性一维平面等离子体振动。在使用圆柱形透镜聚焦的情况下在短激光脉冲通过稀薄的等离子体激发的尾波中可以实现这种振动。使用这种聚焦方法得到的激光脉冲的焦点呈带状，其长度要明显大于其宽度。所以，在这种情况下在激光有质动力的作用下电子振动几乎是一维平面振动。

本章使用扰动法预先在理论上研究了离子动力学对相对论性电子振动翻转的影响。对第 0 次渐进近似的分析可以使我们做出假设：存在与此前已知翻转不同的另一种长时间电子振动翻转。然后，使用数值模拟方法证明了可以实现两种形式平面相对论情况的翻转，都与等离子体初始参数无关。这两种翻转都会使相应数学问题的解产生“梯度突变”，这时解是有限的，而空间导数具有奇点 [81，121]。在初始条件具有某种特殊对称性的情况下，尤其是当引起振动的电场在等离子体所在区域的对称轴附近呈线性且奇性的时候这两种翻转的差异特别直观。并且翻转要么发生在对称轴上（新型长时间振动），要么发生在对称轴之外（前面已知的翻转类型）。

应当指出的是，之前在文献 [119] 中就已研究过轴上翻转。但有关轴上翻转可能性的结论只是基于电子振动得出的。本章结果与文献 [119] 中所得到的结果有着本质上的区别：只是由于考虑了离子运动才在对称轴上产生了翻转。在电子振动过程中，随着时间的推移，由于电荷分离电场的作用使离子缓慢地朝着对称轴移动，结果这里的离子浓度显著增加。正是这种效应导致了轴上翻转。在不考虑离子运动的情况下，根据本书的结论，等离子体振动和尾波的翻转准确地发生在激光脉冲轴之外。当然，应该明确的是，这里所说的是持续时间不明原因地超过了半个周期的振动。

为进行数值实验运用了基于分裂物理过程专门构建的欧拉变量差分格式。在文献 [94] 中对离子静止不动的情况提出了一种格式并对其进行了测试，在这本著作中使用欧拉变量的计算结果与使用拉格朗日变量的计算结果直到发生翻转之前都没有区别。部分涉及检测所构建算法精度的计算是在莫斯科大学切比雪夫超级计算机上完成的。

可以得出结论：在一定的等离子体参数情况下，考虑离子的运动会使电子振动的动态过程发生质的改变，这可能显著影响对实物实验结果的解释。

本章的结果是在文献 [95] 中得到的。

第6章　平面二维相对论性电子振动

在本章中研究平面二维相对论性电子振动翻转的数值渐进模型。该模型与一维柱面振动模型完全相同，但主要研究非轴对称的情况。渐进理论运用的是整个时间上均适用的弱非线性方程解的结构。数值模拟还采用了专门的算法，该算法是基于有限差分法构建的，并使用了位移网格。

6.1　问题的提出

与之前章节一样，本章同样假设忽略碰撞效应和复合效应以及离子的运动，认为等离子体是一种相对论性的理想冷电子液体。那么根据 1.2 节的结果，可以将式 (1.5)～式 (1.12) 表示为以下形式：

$$
\begin{gathered}
\frac{\partial n}{\partial t}+\operatorname{div}(n\boldsymbol{v})=0,\quad \frac{\partial \boldsymbol{p}}{\partial t}=e\boldsymbol{E}-mc^2\nabla\gamma,\quad \frac{\partial \boldsymbol{B}}{\partial t}=-c\operatorname{curl}\boldsymbol{E}\\
\gamma=\sqrt{1+\frac{|\boldsymbol{p}|^2}{m^2c^2}},\quad \boldsymbol{v}=\frac{\boldsymbol{p}}{m\gamma},\quad \frac{\partial \boldsymbol{E}}{\partial t}=-4\pi en\boldsymbol{v}+c\operatorname{curl}\boldsymbol{B},\quad \operatorname{div}\boldsymbol{B}=0
\end{gathered}
\tag{6.1}
$$

式中：e 和 m 分别为电子的电荷和质量（$e<0$）；c 为光速；$n,\boldsymbol{p},\boldsymbol{v}$ 分别为电子的浓度（密度）、脉冲和速度；γ 为洛伦兹因子；$\boldsymbol{E}$ 和 $\boldsymbol{B}$ 为电场和磁场向量。

下面来研究基本方程式 (6.1)。假设它的解只决定于向量函数 $\boldsymbol{p},\boldsymbol{v},\boldsymbol{E}$ 的 x 和 y 分量，以及向量函数 $\boldsymbol{B}$ 的 z 分量，且与变量 z 没有关系，那么二维标量方程可以写为以下无量纲形式：

$$
\begin{gathered}
\frac{\partial P_x}{\partial\theta}+E_x+\frac{1}{2\gamma}\frac{\partial}{\partial x}(P_x^2+P_y^2)=0,\quad \frac{\partial P_y}{\partial\theta}+E_y+\frac{1}{2\gamma}\frac{\partial}{\partial y}(P_x^2+P_y^2)=0,\\
\gamma=\sqrt{1+P_x^2+P_y^2},\quad \frac{\partial E_y}{\partial\theta}=N\frac{P_x}{\gamma}+\frac{\partial B_z}{\partial y},\quad \frac{\partial E_y}{\partial\theta}=N\frac{P_y}{\gamma}-\frac{\partial B_z}{\partial x},\\
N=1-\left(\frac{\partial E_x}{\partial_x}+\frac{\partial E_y}{\partial y}\right),\quad \frac{\partial B_z}{\partial\theta}=-\left(\frac{\partial E_y}{\partial x}-\frac{\partial E_x}{\partial y}\right)
\end{gathered}
\tag{6.2}
$$

电子密度的表达式 N 是式 (6.1) 第一个方程和最后一个方程的结果。

除了上述常数，对变量进行无量纲化处理的基础还有：非扰动电子密度值 n_0 和等离子体的频率 $\omega_p = \left(\dfrac{4\pi e^2 n_0}{m}\right)^{\frac{1}{2}}$。其中，运用表示变量的符号有

$$\theta = \omega_p t, \quad x = \frac{\omega_p}{c} x_1, \quad y = \frac{\omega_p}{c} x_2, \quad N = \frac{n}{n_0}$$

电场（E_x, E_y）、脉冲（P_x, P_y）和磁场 B_z 的无量纲分量继续沿用之前的符号来表示，目的是与原始方程保持意义一致。

在 $\theta = 0$ 的情况下确定初始条件为

$$\begin{cases} E_x = \left(\dfrac{a_*}{\rho_*}\right)^2 x \exp^2\left\{-\dfrac{x^2+\alpha y^2}{\rho_*^2}\right\}, \quad P_x = P_y = 0 \\ E_y = \left(\dfrac{a_*}{\rho_*}\right)^2 \alpha y \exp^2\left\{-\dfrac{x^2+\alpha y^2}{\rho_*^2}\right\}, \quad B_z = 0 \end{cases} \tag{6.3}$$

式中：参数 α 决定所研究问题的对称性。

当 $\alpha = 1$ 时解具有轴对称性时，所有所求函数只与 $\rho = \sqrt{x^2+y^2}$ 和 θ 有关。其中包括，模拟的情况是具有圆形横截面的短激光脉冲激发的尾波。在 $\alpha = 1 + \varDelta (0 < |\varDelta| < 1)$ 的情况下，解的对称轴数量会更少，即不超过两个（考虑到奇偶性），这对应的是椭圆形横截面的激光脉冲激发尾波的情况。应当指出的是，式 (6.3) 中的初始电场是无旋场，也就是说它表示为模拟激光脉冲强度空间分布函数的梯度形式。

6.2 渐进理论

我们来研究在 $\theta = 0$ 时初始条件式 (6.3) 所产生的非线性等离子体振动。为方便起见，引入以下符号：

$$E_x(x, y, \theta = 0) = A(x, y), \quad E_y(x, y, \theta = 0) = B(x, y) \tag{6.4}$$

在这种情况下我们认为，初始电场的值在任何度量下都很小：$\|A\| \ll 1$，$\|B\| \ll 1$。这就可以很方便地确定连续函数的均匀度量，即 $\|f\| = \max_{x,y} |f(x, y)|$。应当注意的是，如果式 (6.3) 中的参数 α 等于 1，那么，不论在多么微弱的电场作用下，轴对称等离子体振动都会出现摆动，其结果导致翻转。下面将在电子运动轨道的基础上研究在任意 α 值情况下的等离子体振动，电子运动轨道的无量纲变量形式为

$$
\begin{aligned}
&x(\theta) = x_0 + R_x(x_0, y_0, \theta), \quad y(\theta) = y_0 + R_y(x_0, y_0, \theta), \\
&\frac{\partial R_x}{\partial \theta} = V_x, \quad \frac{\partial R_y}{\partial \theta} = V_y, \quad \frac{\partial P_x}{\partial 0} = -E_x, \quad \frac{\partial P_y}{\partial \theta} = -E_y
\end{aligned}
\tag{6.5}
$$

式中：(x_0, y_0) 为电子的初始坐标；(R_x, R_y) 为电子相对于初始位置的小位移，而电子脉冲 $\boldsymbol{P}$ 和速度 $\boldsymbol{V}$ 有以下关系：

$$
\boldsymbol{P} - \frac{\boldsymbol{V}}{\sqrt{1-|\boldsymbol{V}|^2}} \approx \boldsymbol{V}\left(1 + \frac{V_x^2 + V_y^2}{2}\right) \tag{6.6}
$$

下面研究振动区域相当大（$\rho_* \gg 1$）的情况，这就可以忽略在坐标原点附近很小范区域以外的磁场。在这种情况等离子体振动电场 $\boldsymbol{E}$ **分量**的麦克斯韦方程形式为

$$
\frac{\partial \boldsymbol{E}}{\partial \theta} = N\boldsymbol{V}, \quad N = 1 - \left(\frac{\partial E_x}{\partial x} + \frac{\partial E_y}{\partial y}\right) \tag{6.7}
$$

式中：N 为无量纲电子密度。

运用式 (6.5)～式 (6.7)，可以得到以下有关电子速度分量的方程：

$$
\begin{aligned}
&\left(\frac{\partial^2}{\partial \theta^2} + 1\right) V_x + \frac{1}{2}\frac{\partial^2}{\partial \theta^2} V_x(V_x^2 + V_y^2) = 0, \\
&\left(\frac{\partial^2}{\partial \theta^2} + 1\right) V_y + \frac{1}{2}\frac{\partial^2}{\partial \theta^2} V_y(V_x^2 + V_y^2) = 0
\end{aligned}
\tag{6.8}
$$

式 (6.8) 在 $\rho_* \gg 1$ 情况下成立。根据扰动理论 [25,154] 求解初始条件为式 (6.3) 和式 (6.4) 的方程组式 (6.8)，可以得到电子轨道表达式：

$$
x = x_0 + A(x_0, y_0)\cos(\omega\theta), \quad y = y_0 + B(x_0, y_0)\cos(\omega\theta) \tag{6.9}
$$

式中：弱非线性等离子体振动的频率 ω 在考虑到电子质量与速度的相对论性关系时形式为

$$
\omega = 1 + \Delta\omega, \quad \Delta\omega = -\frac{3}{16}(A^2 + B^2) \tag{6.10}
$$

应注意的是，主频率的修正量 $\Delta\omega$ 通常是因为消除共振项产生的，共振项的存在会导致解随着时间的推移不断增大。

下面研究粒子偏离初始位置导致的电子密度函数变化，它可以通过下式确定：

$$
N = \left[\frac{\partial(x, y)}{\partial(x_0, y_0)}\right]^{-1} \tag{6.11}
$$

计算式 (6.11) 分母的雅可比行列式，可以得到密度与时间的关系：

$$N=\frac{1}{1+G(x_0,y_0)\cos(\omega\theta)+\theta\sin(\omega\theta)F(x_0,y_0)} \tag{6.12}$$

其中

$$G(x_0,y_0)=\frac{\partial A}{\partial x_0}+\frac{\partial B}{\partial y_0},\quad F(x_0,y_0)=-\left[A\frac{\partial\omega}{\partial x_0}+B\frac{\partial\omega}{\partial y_0}\right] \tag{6.13}$$

由式 (6.12) 可得，随着时间的推移，密度会增加，并可能在某一时刻出现奇点，即使 $\|A\|$ 和 $\|B\|$ 的值非常小。

我们来更详细地分析函数式 (6.13) 的空间关系。将笛卡儿坐标变换为极坐标，即假设 $\rho_0=\sqrt{x_0^2+y_0^2},\varphi=\arctan(y_0/x_0)$，经过一些简单的计算可以得到以下有关函数 G 和 F 的表达式：

$$\begin{aligned}G(\rho,\varphi)=&\left(\frac{a_*}{\rho_*}\right)^2\exp\left\{-2\rho^2(\cos^2\varphi+\alpha\sin^2\varphi)\right\}\\&\left\{1+\alpha-4\rho^2\left(\cos^2\varphi+\alpha^2\sin^2\varphi\right)\right\}\\F(\rho,\varphi)=&\frac{3}{8}\left(\frac{a_*}{\rho_*}\right)^6\rho_*^2\exp\left\{-6\rho^2\left(\cos^2\varphi+\alpha\sin^2\varphi\right)\right\}\\&\rho^2\left\{\cos^2\varphi+\alpha^3\sin^2\varphi-4\rho^2\left(\cos^2\varphi+\alpha^2\sin^2\varphi\right)^2\right\}\end{aligned} \tag{6.14}$$

为了方便起见，运用符号 $\rho=\rho_0/\rho_*$。由于假设 A 和 B 非常小，所以 $|F(\rho,\varphi)|\ll 1$，那么根据式 (6.12)，密度会在 $\theta_{wb}\approx|F|^{-1}$ 时刻趋近无穷大。在这种情况下密度达到无穷大的时间对应于函数的绝对极大值 $|F|$。

首先研究偏离轴对称不大的情况，这时参数 α 与 1 相差不多，即 $\alpha=1+\Delta,|\Delta|\ll 1$。在这种情况下，式 (6.14) 可以很方便地改写为

$$F(\rho,\varphi)=\frac{3}{8}\left(\frac{a_*}{\rho_*}\right)^6\rho_*^2\exp\left\{-6\rho^2\right\}\rho^2\left\{1-4\rho^2+\left(3-22\rho^2+24\rho^4\right)\Delta\sin^2\varphi\right\} \tag{6.15}$$

当 $\Delta=0$ 时，式 (6.15) 中函数的模会在 $\rho=1/\sqrt{12}$ 处达到绝对极大值，这与破坏电子振动过程的轴对称情况完全相符。在这个值附近，式 (6.15) 函数值的形式为

$$F(\rho,\varphi)=\frac{1}{48}\left(\frac{a_*}{\rho_*}\right)^6\frac{\rho_*^2}{\sqrt{e}}\left\{1+2\Delta\sin^2\varphi\right\} \tag{6.16}$$

由式 (6.16) 不难发现，在 $\Delta>0$（即 $\alpha>1$）的情况下，函数 $|F(\rho,\varphi)|$ 将在 $\varphi=\dfrac{\pi}{2}$ 和 $\varphi=\dfrac{3\pi}{2}$ 两点具有极大值，这里根据式 $\theta_{wb}\approx|F|^{-1}$，密度趋于无穷大。在 Δ 为很小的负值（$\alpha<1$）的情况下，式 (6.16) 中函数的模在 $\varphi=0$ 和 $\varphi=\pi$ 时达到最大值。因此，在这种情况下，在距离 $\rho_0=\rho_*/\sqrt{12}$ 的这两个点上会出现电子密度的奇点。

现在来研究参数 α 为任意正值的情况。对式 (6.14) 中函数 $F(\rho,\varphi)$ 与坐标的依赖关系进行数值分析和解析分析，可以得出以下结论：在 $\alpha>1$ 的情况下，式 (6.14) 中函数 $F_{\max}(\rho,\varphi)=\left(\dfrac{3}{16}\right)\left(\dfrac{a_*}{\rho_*}\right)^6\dfrac{\alpha^2\rho_*^2}{9\sqrt{e}}$ 的模在距轴距离 $\rho_0=\rho_*/\left(2\sqrt{3\alpha}\right)$、$\varphi=\dfrac{\pi}{2}$ 和 $\varphi=\dfrac{3\pi}{2}$ 时达到最极大值。由此可以得出结论：在 $\alpha>1$ 情况下翻转时间为

$$\theta_{wb}\approx\frac{48\sqrt{e}}{\alpha^2}\frac{\rho_*^4}{a_*^6}\tag{6.17}$$

在这种情况下，电子密度在对称于 x 轴的两个点处趋于无穷大，即

$$\rho_{wb}=\rho_*/(2\sqrt{3\alpha}),\quad \varphi_{wb}^1=\pi/2,\quad \varphi_{wb}^2=3\pi/2\tag{6.18}$$

相反，当 $0<\alpha<1$ 时，式 (6.14) 中函数 $F_{\max}(\rho,\varphi)=\left(\dfrac{3}{16}\right)\left(\dfrac{a_*}{\rho_*}\right)^6\dfrac{\rho_*^2}{9\sqrt{e}}$ 的模在距轴 $\rho_0=\rho_*/\left(2\sqrt{3}\right)$、$\varphi=0$ 和 $\varphi=\pi$ 时达到极大值。这对应于翻转时间为

$$\theta_{wb}\approx 48\sqrt{e}\frac{\rho_*^4}{a_*^6}\tag{6.19}$$

发生在对称于 y 轴的两点，其坐标为

$$\rho_{wb}=\rho_*/(2\sqrt{3}),\quad \varphi_{wb}^1=0,\quad \varphi_{wb}^2=\pi\tag{6.20}$$

由以上结果可得，轴对称电子振动的翻转形式上并不稳定，也就是即使是非常小的偏差都会导致电子密度结构发生严重变化。在轴对称振动中，翻转发生在半径为 $\rho_{wb}=\rho_*/\left(2\sqrt{3}\right)$ 的圆上，而我们研究的 $\alpha\neq1$ 时的情况与之不同，等离子体振动的翻转仅发生在与轴 $\rho=0$ 有一定距离的两个点处（见式 (6.18) 和式 (6.20)）。

6.3 差分格式

在数值模拟时，所求函数在下列有限区间中得到

$$\Omega=\{|x|\leqslant d,\quad |y|\leqslant d,\quad 0\leqslant\theta\leqslant\theta_{\max}\}$$

并且，如果没有与函数 E_x, E_y, P_x, P_y, B_z 的边界条件相矛盾的预先说明，那么这些边界条件就是限制空间变量振动的条件。也就是说，如果 x 或 y 坐标中的一个坐标绝对值等于 d，那么上述边界条件在任意时刻 θ 都等于 0。

这里，采用普通的跨越格式作为对时间离散化的基础。假设 τ 为时间步长，那么，把 $\boldsymbol{E} = (EX, EY, 0), N$ 值列为“整时刻” $\theta_j = j\tau$ ($j \geqslant 0$, 整数)，而 $\boldsymbol{B} = (0, 0, B), \boldsymbol{P} = (PX, PY, 0)$ 值列为“半时刻” $\theta_{j\pm1/2}$。选择上角标来表示函数的相应时刻。从现在开始，我们对所求函数的符号进行稍稍改动，以便腾出位置给下角标。

对空间离散化可以运用所谓的位移网格，也就是说，对二维方程的数值解，N, EX, EY, PX, PY 和 B 函数中的每一个函数都在有限个特定节点的集合上确定。在这种情况下，研究变量平面（x, y）上的位移网格 $D_i(0 \leqslant i \leqslant 3)$。引入符号 $h_x = \dfrac{d}{M_x}, h_y = \dfrac{d}{M_y}$, 式中 M_x 和 M_y 分别是变量（x, y）在第一象限中的节点数。下面确定：

$$D_0 = \{(x_k, y_l) : x_k = kh_x, |k| \leqslant M_x; y_l = lh_y, |l| \leqslant M_y\},$$

$$D_1 = \{(x_k, y_l) : x_k = (k + 1/2)h_x, -M_x \leqslant k \leqslant M_x - 1; y_l = lh_y, |l| \leqslant M_y\},$$

$$D_2 = \{(x_k, y_l) : x_k = kh_x, |k| \leqslant M_x; y_l = (l + 1/2)h_y, -M_y \leqslant l \leqslant M_y - 1\},$$

$$D_3 = \{(x_k, y_l) : x_k = (k + 1/2)h_x, -M_x \leqslant k \leqslant M_x - 1;$$
$$y_l = (l + 1/2)h_y, -M_y \leqslant l \leqslant M_y - 1\}$$

空间离散化的结果将用下角标表示，并且函数 N 将在网格 D_0 上确定，EX 和 PX 则在 D_1 上确定，EY 和 PY 在 D_2 上确定，B 在 D_3 上确定。

如果在模拟等离子体振动的过程中，运用空间分散网格和时间步长，那么习惯上会参考文献 [170]。要提请注意的是，之前在文献 [70] 中曾运用分散网格对基本微分算子进行离散化模拟。

我们来描述整个计算算法。假设在上述一定的网格中在时间步长的起点下面这些量已知：

$$PX^{j-1/2}, \quad PY^{j-1/2}, \quad B_{k,l}^{j-1/2}, \quad EX_{k,l}^j, \quad EY_{k,l}^j, \quad N_{k,l}^j$$

6.3.1　网格内部节点上的差分方程

第 1 步：我们先换算磁场：

$$\frac{B_{k,l}^{j+1/2} - B_{k,l}^{j-1/2}}{\tau} = -\left(\frac{EY_{k+1,l}^j - EY_{k,l}^j}{h_x} - \frac{EX_{k,l+1}^j - EX_{k,l}^j}{h_y}\right)$$

第 2 步：洛伦兹因子和脉冲投影的计算分为两步，即预测和校正。这样做是为了在考虑非线性项的情况下确保光滑解的二阶时间精度（首先对 PX 和 PY）。

预测：下面计算第 $j-1/2$ 层上的函数（D_0 网格上脉冲平方的和）及相应的 γ 值：

$$S_{k,l}^{j-1/2}=\left(PX_{k,l}^2+PX_{k-1,l}^2+PY_{k,l}^2+PY_{k,l-1}^2\right)/2$$

$$\gamma_{k,l}^{j-1/2}=\sqrt{1+S_{k,l}^{j-1/2}}$$

然后对下列格式方程求积分：

$$\frac{\overline{PX}_{k,l}^{j+1/2}-PX_{k,l}^{j-1/2}}{\tau}=-\left(EX_{k,l}^j+\frac{S_{k+1,l}^{j-1/2}-S_{k,l}^{j-1/2}}{h_x\left(\gamma_{k+1,l}^{j-1/2}+\gamma_{k,l}^{j-1/2}\right)}\right)$$

$$\frac{\overline{PY}_{k,l}^{j+1/2}-PY_{k,l}^{j-1/2}}{\tau}=-\left(EY_{k,l}^j+\frac{S_{k,l+1}^{j-1/2}-S_{k,l}^{j-1/2}}{h_y\left(\gamma_{k,l+1}^{j-1/2}+\gamma_{k,l}^{j-1/2}\right)}\right)$$

由于使用了下一时间层的非线性项，$\overline{PX}$ 和 $\overline{PY}$ 的值对 r 只有一阶精度。所以要得到光滑解的二阶精度，需要校正步长。

校正：利用上面所算出的 $\overline{PX}_{k,l}^{j+1/2}$ 和 $\overline{PY}_{k,l}^{j+1/2}$，计算第 j 层上的函数（D_0 网格脉冲平方的和）及相应的 γ 值：

$$\bar{S}_{k,l}^{j+1/2}=\left(\overline{PX}_{k,l}^2+\overline{PX}_{k-1,l}^2+\overline{PY}_{k,l}^2+\overline{PY}_{k,l-1}^2\right)/2$$

$$S_{k,l}^j=\left(\bar{S}_{k,l}^{j+1/2}+S_{k,l}^{j-1/2}\right)/2,\quad \gamma_{k,l}^j=\sqrt{1+S_{k,l}^j}$$

再次对这些方程求积分（结果得到类似于经过换算的欧拉格式 [20]）

$$\frac{PX_{k,l}^{j+1/2}-PX_{k,l}^{j-1/2}}{\tau}=-\left(EX_{k,l}^j+\frac{S_{k+1,l}^j-S_{k,l}^j}{h_x\left(\gamma_{k+1,l}^j+\gamma_{k,l}^j\right)}\right)$$

$$\frac{PY_{k,l}^{j+1/2}-PY_{k,l}^{j-1/2}}{\tau}=-\left(EY_{k,l}^j+\frac{S_{k,l+1}^j-S_{k,l}^j}{h_y\left(\gamma_{k,l+1}^j+\gamma_{k,l}^j\right)}\right)$$

在这一步的最后，我们在刚刚得到的 $\overline{PX}_{k,l}^{j+1/2}$ 和 $\overline{PY}_{k,l}^{j+1/2}$ 值基础上计算（明确）$j+1/2$ 时刻的 γ 值：

$$S_{k,l}^{j+1/2}=\left(PX_{k,l}^2+PX_{k-1,l}^2+PY_{k,l}^2+PY_{k,l-1}^2\right)/2$$

$$\gamma_{k,l}^{j+1/2} = \sqrt{1 + S_{k,l}^{j+1/2}}$$

第 3 步：最后，可以根据以下公式重新计算电场，即

$$\frac{\overline{EX}_{k,l}^{j+1} - EX_{k,l}^{j}}{\tau} = 2\frac{PX_{k,l}^{j+1/2} N_{k,l}^{j}}{\gamma_{k+1,l}^{j+1/2} + \gamma_{k,l}^{j+1/2}} + \frac{B_{k,l}^{j+1/2} - B_{k,l-1}^{j+1/2}}{h_y}$$

$$\frac{\overline{EY}_{k,l}^{j+1} - EY_{k,l}^{j}}{\tau} = 2\frac{PY_{k,l}^{j+1/2} N_{k,l}^{j}}{\gamma_{k,l+1}^{j+1/2} + \gamma_{k,l}^{j+1/2}} - \frac{B_{k,l}^{j+1/2} - B_{k-1,l}^{j+1/2}}{h_x}$$

其中

$$N_{k,l}^{j} = 1 - \left(\frac{EX_{k,l}^{j} - EX_{k-1,l}^{j}}{h_x} + \frac{EY_{k,l}^{j} - EY_{k,l-1}^{j}}{h_y}\right) \tag{6.21}$$

在这一步中，为了提高精度等级，像第 2 步一样，对于非稳态方程中的乘子 $N_{k,l}$ 也采用预测–校正格式进行重算。这里要注意的是，在预测阶段像式 (6.21) 中所指出的一样，计算的是第 j 层，而在校正阶段是计算基本层第 j 层和中间层第 $j+1$ 层的一半，也就是，根据刚刚通过式 (6.21) 计算的 $\overline{EX}_{k,l}^{j+1}$ 和 $\overline{EY}_{k,l}^{j+1}$ 得到 $\overline{N}_{k,l}^{j+1}$，然后得到 $N_{k,l}^{j+1/2} = (N_{k,l}^{j} + \overline{N}_{k,l}^{j+1})/2$。后续计算基本上就是重复预测的步骤：

$$\frac{EX_{k,l}^{j+1} - EX_{k,l}^{j}}{\tau} = 2\frac{PX_{k,l}^{j+1/2} N_{k,l}^{j+1/2}}{\gamma_{k+1,l}^{j+1/2} + \gamma_{k,l}^{j+1/2}} + \frac{B_{k,l}^{j+1/2} - B_{k,l-1}^{j+1/2}}{h_y}$$

$$\frac{EY_{k,l}^{j+1} - EY_{k,l}^{j}}{\tau} = 2\frac{PY_{k,l}^{j+1/2} N_{k,l}^{j+1/2}}{\gamma_{k,l+1}^{j+1/2} + \gamma_{k,l}^{j+1/2}} - \frac{B_{k,l}^{j+1/2} - B_{k-1,l}^{j+1/2}}{h_x}$$

在结束一个时间周期时再次利用式 (6.21) 计算 "当前的"（而非中间的！）电子密度 $N_{k,l}^{j+1}$。

应当注意的是，在使用网格粒子法（PIC）进行建模时，通常使用所提出类型的格式来进行场的计算 [167]。还已知的是 [170]，在我们所研究的情况中稳定性条件具有渐进性 $\tau = O\sqrt{h_x^2 + h_y^2}$，这与下面所列举的计算实验完全一致。

6.3.2 人工边界条件的实现

3.6 节阐述了人工边界条件的构建，当时曾指出，在很大程度上，根据具体问题的提出，允许这些边界条件进行不同的组合。

最简单的一种边界条件是 "全阻尼振动"：

$$P_x = P_y = E_x = E_y = B_z = 0$$

这时某一个（或者两个）自变量的模与区域边界 $d = 4.5\rho_*$ 相同。因为这种情况显然可以实现，所以无须评述。

更有意义的是针对所研究问题的一组边界条件组合。为了简洁起见可以只用边界的 1/4 描述边界条件组合：

$$x = d, \quad -d \leqslant y \leqslant d, \quad d = 2.0 \cdot \rho_*$$

用微分问题的术语，人工边界条件组合形式如下：

$$\frac{\partial P_x}{\partial \theta} + E_x = 0, \quad P_y = 0, \quad \frac{\partial E_x}{\partial \theta} = \frac{P_x N}{\gamma} + \frac{\partial B_z}{\partial y}, \quad E_y = 0$$

也就是说，对于 P_x 使用线性项之前的“截切”方程，向量函数的切向分量均为 0，而对于 E_x 采用的是基于逼近值“变坏”的方法。在边界的其他部分，条件可以类似地形成。

要提请注意的是，作为时间离散化的基础采用普通的跨越格式。假设 τ 为时间步长，那么 $\boldsymbol{E} = (EX, EY, 0), N$ 属于“整时刻” $\theta_j = j\tau$ $(j \geqslant 0$, 整数)，而 $\boldsymbol{B} = (0, 0, B), \boldsymbol{P} = (PX, PY, 0)$ 则属于“半时刻” $\theta_{j\pm1/2}$。用上角标表示对函数值选择的相应时刻。为了给下角标让出位置，我们还稍稍改变了所求函数的符号标记。

对空间离散化运用上述所谓的位移网格，也就是对二维方程的数值解，N, EX, EY, PX, PY 和 B 函数中的每一个函数都在有限个特定节点的集合上确定。空间离散化的结果使用下角标表示。

由于采用的差分格式是显式，那么可以认为在时间步长的起点，以下几个量在上述确定的网格中是已知的：

$$PX^{j-1/2}, \quad PY^{j-1/2}, \quad B_{k,l}^{j-1/2}, \quad EX_{k,l}^{j}, \quad EY_{k,l}^{j}, \quad N_{k,l}^{j}$$

下面来分析所运用的人工边界条件组合的数值实现步骤；所讨论部分边界的角标形式为 $k = M_x, -M_y \leqslant l \leqslant M_y$。

第 1 步：先计算以下角标值情况的磁场：

$$k = M_x - 1, -M_y \leqslant l \leqslant M_y - 1$$

$$\frac{B_{k,l}^{j+1/2} - B_{k,l}^{j-1/2}}{\tau} = -\left(\frac{EY_{k+1,l}^{j} - EY_{k,l}^{j}}{h_x} - \frac{EX_{k,l+1}^{j} - EX_{k,l}^{j}}{h_y}\right)$$

边界的磁场公式与区域内部的磁场公式相比没有任何改变。

第 2 步：对法向分量 PX 的“截切”方程进行积分，并将切向分量 PY 归零：

$$\frac{PX_{k,l}^{j+1/2}-PX_{k,l}^{j-1/2}}{\tau}=-EX_{k,l}^{j},\quad k=M_x-1,-M_y+1\leqslant l\leqslant M_y-1;$$

$$PY_{k,l}^{j+1/2}=0,\quad k=M_x,-M_y+1\leqslant l\leqslant M_y-1,$$

然后利用 $PX_{k,l}^{j+1/2}$ 和 $PY_{k,l}^{j+1/2}$ 脉冲投影值，根据与区域内部形式没有改变的公式计算函数 $\gamma_{k,l}^{j+1/2}$。

第 3 步：根据下式换算电场的边界值：

当 $k=M_x-1,-M_y+1\leqslant l\leqslant M_y-1$ 时，有

$$\frac{EX_{k,l}^{j+1}-EX_{k,l}^{j}}{\tau}=\frac{PX_{k,l}^{j+1/2}N_{k,l}^{j}}{\gamma_{k,l}^{j+1/2}}+\frac{B_{k,l}^{j+1/2}-B_{k,l-1}^{j+1/2}}{h_y}$$

当 $k=M_x,-M_y+1\leqslant l\leqslant M_y-1$ 时，有

$$EY_{k,l}^{j+1/2}=0$$

在区域内部节点计算的公式中分别使用更复杂的表达式 $(N_{k,l}^{j}+N_{k+1,l}^{j})/2$ 来代替 $N_{k,l}^{j}$，使用 $(\gamma_{k,l}^{j+1/2}+\gamma_{k+1,l}^{j+1/2})/2$ 代替 $\gamma_{k,l}^{j+1/2}$。边界节点上简化表的达式会降低逼近度的阶次，这一点在 3.6.4 节中已有论述，不过所用模型的节点不会超出计算区域。

应当指出的是，在确定区域内部节点的相应函数后可以直接换算每个计算步骤中的边界值。

6.4 数值实验

6.4.1 概述

可以注意到，从计算的角度来看，所研究的有关振动翻转问题式 (6.2) 和式 (6.3) 是非常复杂的。首先，在使用欧拉坐标的流体力学描述情况下在接近翻转时刻时，在奇点附近会产生非常大的电子密度值。其次，破坏振动的时间坐标值本身对输入数据非常敏感：在弱非线性近似中，它反比于初始振幅的三次方（立方）。这意味着，确定计算上可达到的物理参数已经不是一个简单的问题了。最后，在中等非线性模式，也就是即使电子密度的扰动总共仅超出背景值的一个数量级的时候，翻转的径向坐标（在轴对称情况下）约为计算区域特征值的 1%～2%。换句话讲，要想充分地显示翻转过程，即使所求函数是光滑有界的，那每个空间坐标也都需要连续的数千个点。

考虑到上述情况，为了计算冷等离子体中的平面二维相对论性电子振动，曾设计了在 6.3 节中所描述的分散空间网格上的专门差分格式。专门有文献 [76,122]

对这种差分格式在串行和并行实现中进行了测试。应当指出的是，所运用的格式在光滑解上不论是对于空间变量还是对时间都具有二阶逼近。并且，空间逼近通过分散网格实现，而时间逼近通过预测–校正类型的计算方法实现。非常重要地是，格式可以通过显式公式实现，而其遵守冻结系数法 [20,41] 的稳定性条件，具有库朗特条件的渐进性，即 $\tau = O\sqrt{h_x^2 + h_y^2}$。这里对空间变量的步长和时间的步长都运用通常的符号。

必须结合计算格式的显式结构，运用细小的计算网格来模拟翻转：

$$h_x M_x = h_y M_y = d, \quad M_x, M_y \approx 10^3/10^4$$

导致必须运用庞大计算资源，目前只能在现代高性能计算机集群背景下才能达到。绝大多数这种计算系统已实现混合并行架构，这意味着要通过高效通道将大量多核节点与分布式内存连接起来。这种现状决定必须要写出混合并行版本的程序。并且，所运用的显式格式以及计算网格的周期性结构使我们能够在不对程序的串行版本做出重大改变的情况下 [122] 实现出高效的并行代码 [76]。

在计算所运用的程序中，混合性的关键是实际上具有两个层面的并行：（通过 MPI 库实现的）计算机集群节点之间的并行，以及（通过 pthreads 实现的）每个计算节点内部的并行 [24]。并且在集群的每个节点上都启动一个 MPI 程序。由于使用了均匀的矩形网格，可以通过将网格区域切割成相同的条带使分解问题得到简单地解决，即第 i 号节点工作的子网格为

$$(k,l) \in \left[\frac{2M_x i}{N_{\text{tot}}} - (M_x+1)\,;\, \frac{2M_x(i+1)}{N_{\text{tot}}} - (M_x-1)\right] \times [-M_y; M_y]$$

式中：N_{tot} 为节点总数。同时，每个节点内部，核之间的任务分配也均匀的。

除此之外，为了优化对异构内存（NUMA 系统 [54]）的访问时间，实现了一种算法，能够最大限度地减少线程对其工作的 NUMA–节点的非本地内存访问次数。这种算法的实现是由于：第一，每个计算线程都要绑定 NUMA–节点。第二，该线程主要访问内存的初始化发生在其工作的 NUMA–节点上。我们发现，这种方法能够在启动时使大量集群节点上的变比几乎增加 1 倍。超级计算机数值实验是在莫斯科大学的切比雪夫超级计算机上完成的 [1]，该计算机的节点由两个四核处理器 Intel Xeon E5472 组成，各节点之间通过 InfiniBand DDR 网络连接。

6.4.2 圆对称计算

本节来描述概括第 4 章中一维计算的计算实验。

将初始数据参数设定为 $a_* = 0.365$, 且 $\rho_* = 0.6$，计算区域参数设定为 $d = 4.5\rho_* = 2.7$，网格步长参数设定为 $h_x = h_y = 1/1600$, $\tau = 1/8000$，然后时间上计算到时刻 $\theta \approx 40$，该时刻对应于形成第二次轴外密度极大值。

振动开始于图 6.1 所示的某种初始电子密度函数的扰动。不难看出，图示函数具有圆（轴）对称性，这相当于横向上附加呈现高斯分布的激光脉冲对称的强度。在坐标原点多余的正电荷会导致电子向区域中心移动，这在半个振动周期之后会产生如图 6.2 所示的另一种密度函数分布。我们发现，在出现周期性极大值时刻，在区域中心的电子浓度可能超出平衡值很多倍。这里是在电子密度极大值超出其背景值大约 10 倍时进行的低强度振动计算。

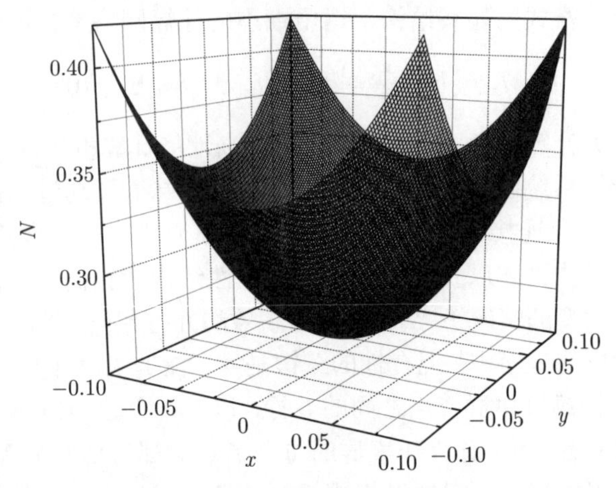

图 6.1　在初始时刻电子密度的分布

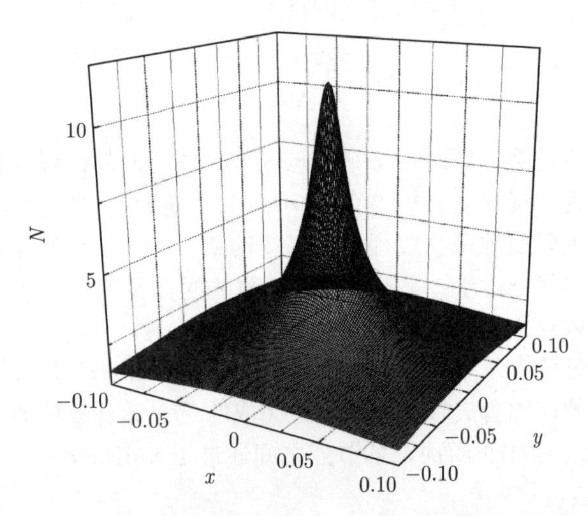

图 6.2　位于区域中心的第一个电子密度极大值

如果等离子体振动随着时间的推移保持其空间形状，那么以上表示的电子密度图像就会每隔半个周期发生一次规律性的变化，在区域中心出现振幅不变的一系列严格周期性的极值。但是，在振动传播的过程中，相前会逐渐弯曲，因此在经过一定数量的周期后，会形成一种全新的电子密度结构，即具有圆形极大值，且大小与中心处的周期性极大值大小相当。在如图 6.3 所示的计算中，圆形极大值出现在自由振动的第 6 个周期。应当注意地是，为了更直观，图中列出的并不是整个区域，而是其 1/4。我们要强调新结构的重要差别：局部时间的密度极大值和全部空间的密度极大值出现在不同时间（在中心极大值之后不久）、不同位置（并非在一个点上，而是在一个圆上），且规模也更加显著（与周期性极小值相比）。

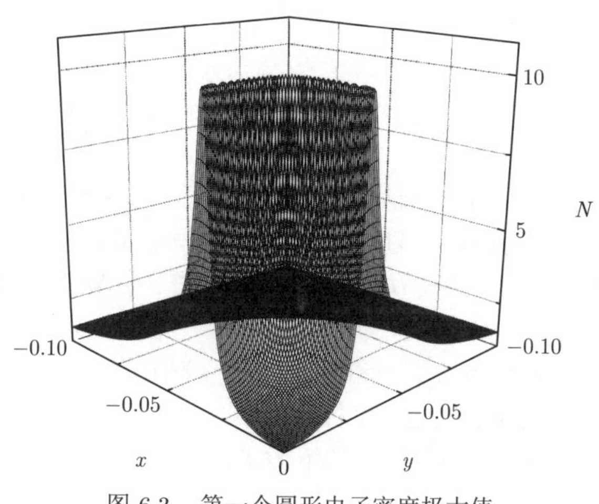

图 6.3 第一个圆形电子密度极大值

在之后的振动过程中这一结构会再次出现，振幅单调递增。确实，在它出现之后，先是变成类似于周期性中心密度极小值，然后出现其周期性中心极大值，再之后，会出现下一个圆形最大值。与该时刻对应的电子密度函数如图 6.4 所示，也是列出了区域的 1/4。这一密度极大值已经超过周期性中心极大值约 1 倍。

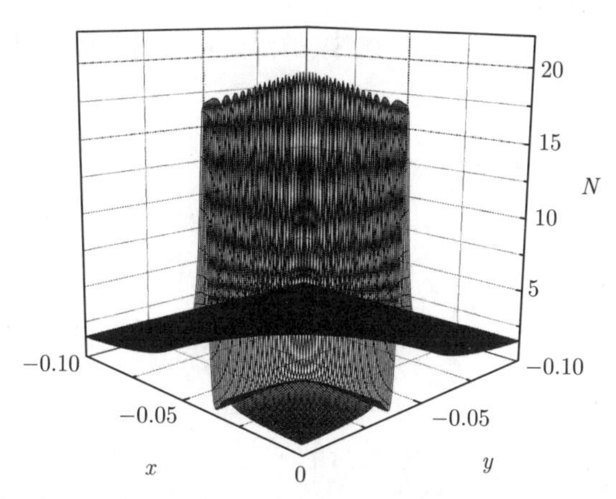

图 6.4 第二个圆形电子密度的极大值（大约出现在第一个圆形极大值的一个周期以后）

需要注意地是，这一轴外极大值是在所研究参数下发生翻转的预兆。在下一个振动周期，在圆形极大值的位置会形成无穷大的电子密度值。这意味着问题的解导致电场的“阶跃”，其散度具有奇异性。

所描述的画面与文献 [45–46，100] 中在不同模型框架下进行的一维计算非常一致。除此之外，应当指出的是，方程组式 (6.2) 有零维轴对称解作为特解，在 2.2 节中（还可以参见文献 [102]）不仅得到了这些解存在的充分必要条件，还得到了其解析式。

6.4.3　准一维模型

在描述本质上二维的计算之前，首先讨论二维相对论性电子振动翻转的准一维模型。

如果初始数据式 (6.3) 具有圆对称性（如在 $\alpha = 1$ 的情况），那么方程组式 (6.2) 所描述的振动具有一维特征，并且所有未知函数都与空间变量 $\rho = \sqrt{x^2 + y^2}$ 有关。因此，可得变换为极坐标系的式 (6.2)，只有函数 E_ρ, P_ρ, N 不为 0，这 3 个函数仅与变量 ρ 和 θ 有关。

应当指出的是，本节中 ρ 是标准的用极坐标表示的自变量，而在 6.2 节中 ρ 只是从含义上很方便地表示描述距坐标原点归一化距离的辅助参数。

省略下角标 ρ，可以将方程写成如下形式：

$$\begin{cases} \dfrac{\partial P}{\partial \theta} + E + \dfrac{1}{2\gamma}\dfrac{\partial P^2}{\partial \rho} = 0, \quad \gamma = \sqrt{1 + P^2} \\ \dfrac{\partial E}{\partial \theta} = N\dfrac{P}{\gamma}, \quad N = 1 - \dfrac{1}{\rho}\dfrac{\partial \rho E}{\partial \rho} \end{cases} \tag{6.22}$$

所求函数可以在有限的空间范围（$|\rho| \leqslant d$）内找到。与上面相同，E 和 P 的边界条件是空间振动局域化条件，也就是说，如果坐标 ρ 的模与 d 相等，那么，边界条件在任意时刻 θ 均等于 0。与式 (6.3) 类似，可以对初始条件添加参数 β：

$$E(\rho, \theta = 0) = \left(\frac{a_*}{\rho_*}\right)^2 \beta\rho \exp^2\left\{-\frac{\beta\rho^2}{\rho_*^2}\right\}, \quad P(\rho, \theta = 0) = 0 \tag{6.23}$$

粒子轨道可以通过表达式 $\rho = \rho_0 + R(\rho_0, \theta)$ 确定，式中 ρ_0 为粒子的初始平衡位置，该位置不会导致产生电场，$R(\rho_0, \theta)$ 为相对于平衡位置的位移，在柱面一维的情况下它与电场 $E = \dfrac{1}{2}\dfrac{\rho^2 - \rho_0^2}{\rho}$ 相关。在所研究的情况中，有渐进式（见 4.1 节和文献 [46，123]）

$$\rho = \rho_0 + R_0 \cos\left(1 + \frac{R_0^2}{12\rho_0^2} - \frac{3R_0^2}{16}\right)\theta, \quad R_0 = R\left(\rho_0, \theta = 0\right) \tag{6.24}$$

这里振动频率 $\omega = 1 + \dfrac{R_0^2}{12\rho_0^2} - \dfrac{3R_0^2}{16}$ 也有对基础频率（等于 1）的修正量。并且，修正量与振幅 R_0 有平方关系，而相邻粒子的频率差在后来会导致振动翻转。需要指出的是，在柱面相对论性振动情况下修正量已经由两项组成：第一项是轴对称性即问题的几何性质导致的，第二项由相对论因素确定（参见 [46，123]）。

我们通过以下方式来确定振动的准一维结构。在参数 β 中使用极角 φ 的关系，也就是假设给定足够光滑的 2π 周期函数 $\beta = \beta(\varphi)$，使得 $1 \leqslant \beta(\varphi) \leqslant \alpha$，且有

$$\beta(0) = 1, \beta(\pi/2) = \alpha, \beta(\pi) = 1, \beta(3\pi/2) = \alpha$$

并且，在上述角度值情况下，其导数趋于 0。这种函数最简单的案例就是周期性多项式样条函数或三角样条函数 $\beta(\varphi)$，它在 $[0,\pi/2], [\pi/2,\pi], [\pi, 3\pi/2], [3\pi/2, 2\pi]$ 中的每个区间上由 $1 \sim \alpha$ 变化，并且从一个区间到另一个区间过渡时对称地延伸。

接下来可以根据问题式 (6.22) 和式 (6.23)，对每个 $0 \leqslant \varphi \leqslant 2\pi$ 来确定函数 $E_{\beta(\varphi)}, P_{\beta(\varphi)}, N_{\beta(\varphi)}$。这些函数会满足二维原始方程式 (6.2) 和初始条件式 (6.3)，精度可以达到 $\dfrac{1}{\rho}\dfrac{\partial}{\varphi}$ 形式的项，因此在与圆对称差距不大的情况下，即 $|\alpha - 1| \ll 1$ 时，应该在坐标原点附近出现准一维模型的最大偏差。同时，振动翻转效应总是出现与 0 点的一定距离上，该距离与参数 ρ_* 成正比。这意味着对于相对论性振动，即在 $\rho_* \gg 1$ 的情况下，在翻转区域附近准一维模型与式 (6.22) 和式 (6.23) 精确解的数值偏差不大，所以翻转过程本身在性质上会相当完整的再现。

为了更好地说明这一点，首先来回顾一下描述一维柱面相对论性振动翻转效应的所求函数的基本形式。设定式 (6.23) 中的参数为

$$a_* = 1.75, \quad \rho_* = 3.0, \quad \beta = 1.05$$

计算区域边界设为 $d = 4.5\rho_* = 13.5$，网格的步长为恒定值，即 $h = 1/200$，$\tau = 1/500$。求式 (6.22) 和式 (6.23) 问题近似解的最可靠方法是通过 4.4 节（另还可参见文献 [46]）中描述的粒子法（使用拉格朗日变量）进行计算。在这种情况下，求近似解的问题可以简化为具有光滑解的常微分方程组的独立积分问题。

我们来研究图 6.5 中实线所表示的电子密度曲线。这条曲线清晰地展示了以下趋势：随着时间的推移，逐渐形成位于轴外的绝对密度极大值，其数值与轴上极大值相当。开始振动具有周期性特征，并且整个区域内的密度极大值严格出现在对称轴上，每半个周期出现一次，数值约为 8.4。在出现第 5 个周期性（轴上）极大值之后，在大约 $\theta \approx 28.2$ 时会出现新的结构：轴外电子密度极大值。并且轴

上极大值的振动还会保持之前的周期性。在 $\theta \approx 34.7$ 时刻轴外极大值大约增大为原来的三倍，并在下一个周期（$\theta_{wb} \approx 40.3$ 时）产生电子密度奇点。翻转点的径向坐标为 $\rho_{wb} \approx 0.19$

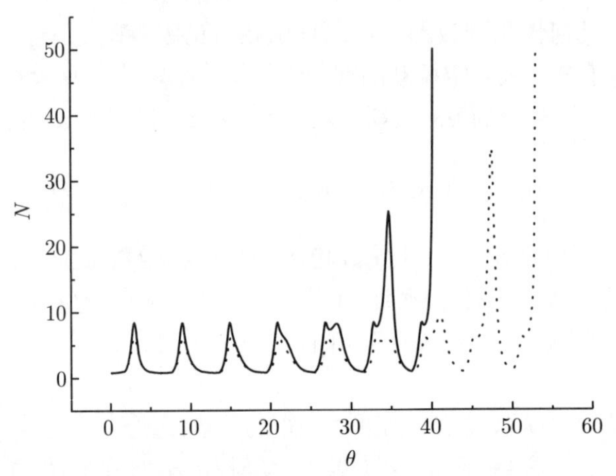

图 6.5　整个区域上的电子密度极大值的动态变化曲线（实线对应 $\beta = 1.05$，虚线对应 $\beta = 1$）

在图 6.6 和图 6.7 上很直观地展示了轴外电子密度极大值的行为。在图 6.6 展示的是在 $\theta \approx 34.7$ 时电子密度的空间分布，这时轴外极大值已经完全形成，并且绝对值已经大大超出了轴上周期性极大值。图 6.6 中的密度曲线是图 6.7 中速度 V 和电场 E 分布的结果。应当指出的是，在密度极大值附近，速度函数趋于导数跃变，而电场函数具有阶梯性。正是 V 和 E 的这些性质上的特征确保在 $\theta_{wb} \approx 40.3$ 时发生翻转。重要的是，翻转具有 "梯度突变" 的特征，即在这种情况下函数 V 和 E 本身是有限的。

回到图 6.5，这幅图中虚线表示的是对应于 $\beta = 1$ 时电子密度的模拟曲线。该曲线和前面描述的情况具有同样性质的结构。但是，由于初始振幅稍小一些，其翻转过程也稍有滞后：翻转发生在 $\theta_{wb} \approx 53.1$ 时刻，在点 $\rho_{wb} \approx 0.24$ 上。并且轴上的周期性电子密度极大值大约等于 6.2。

考虑到根据式 (6.3)，电子密度线在初始时刻呈椭圆形，其对称轴与坐标轴重合，那么准一维模型可以预测电子振动是顺着坐标轴方向的，仅与到坐标原点距离有关。换句话说，在 $\beta = 1.05$ 情况下式 (6.22) 和式 (6.23) 问题的解应该能够很好地描述顺着 OY 轴方向的电子振动，而在 $\beta = 1$ 情况下式 (6.22) 和式 (6.23) 问题的解则能够很好地描述顺着 OX 轴方向上的电子振动。二维模型的主要差别应该在坐标原点附近，因为即使在很小偏离圆对称的情况下，全部方程中 $\dfrac{1}{\rho}\dfrac{\partial}{\varphi}$ 形式的项也会对解产生显著影响。例如，它决定电子密度函数在坐标原点的连续性。

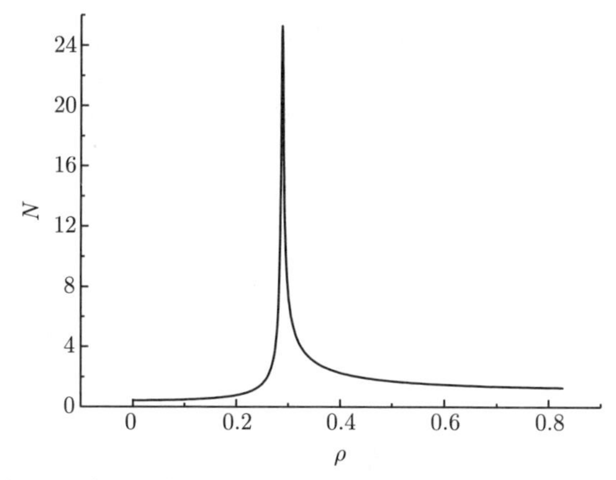

图 6.6 在形成第二次轴外极大值时电子密度的空间分布

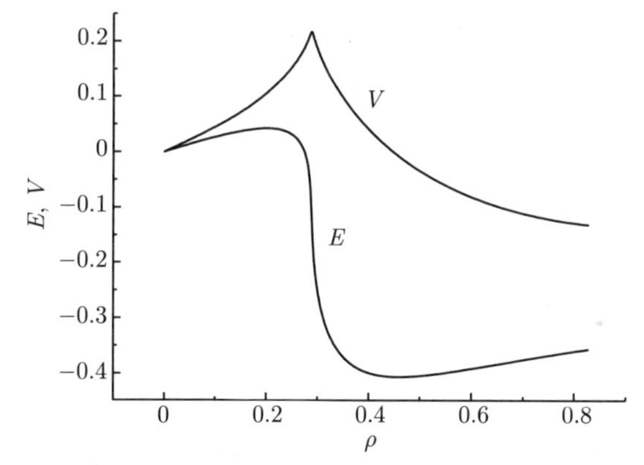

图 6.7 在形成第二个轴外极大值时速度和电场的空间分布

根据图 6.5 上的曲线，准一维模型可以预测，振动翻转一定应该发生在 OY 轴上（极角为 $\frac{\pi}{2}$ 和 $\frac{3\pi}{2}$ 时）。在这种情况下，由于相应振动频移的不足（很小），造成在 OX 轴上来不及实现翻转。此外，还可以预测，二维振动翻转发生在 $[40.3, 53.1]$ 区间内，即严格处在一维翻转的时间之间。对于其他重要的二维振动过程的特性完全可以得到类似的预测：在坐标原点的电子密度极大值应在 $[6.2, 8.4]$ 这个区间内，而翻转的径向坐标则在 $[0.19, 0.24]$ 区间内。

再一次提醒，在求解二维问题中没有考虑角度变化的这些预测仅适用于坐标原点某一范围以外，以及振动区域很大的情况。

6.4.4 稍稍偏离圆对称情况

我们列举式 (6.2) 和式 (6.3) 的计算结果来通过实例说明振动的渐进分析结果和准一维模型的预测。在这种情况下初始数据参数的选择方式是使翻转过程恰

好通过相对论效应来确定，且与轴对称性的偏差不大，即

$$a_* = 1.75, \quad \rho_* = 3.0, \quad \alpha = 1.05$$

设定计算域边界的值 $d = 4.5\rho_* = 13.5$，选择网格的步长为恒定值，即 $M_x = M_y = 4321, \tau = 1/32000$。

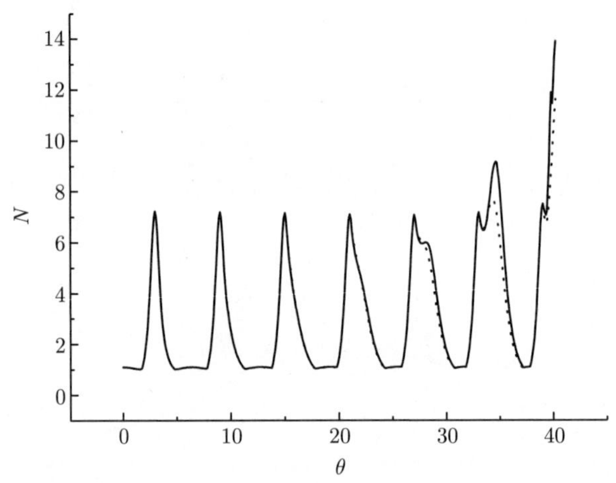

图 6.8　顺着对称轴方向电子密度极大值的动态变化过程（实线表示 OY 轴方向，虚线表示 OX 轴方向）

下面来研究图 6.8 上实线所示的电子密度曲线。图上清晰地展示了以下趋势：随着时间的推移，逐渐形成原点以外位于 OY 轴的绝对密度极大值，其数值与轴上极大值相当。振动先是具有周期性特征，并且整个区域的密度极大值（约等于 7）严格出现在坐标原点，每半个周期出现一次。在第 5 个周期性极大值之后，在大约 $\theta \approx 28$ 时会出现新的结构：电子密度极大值位于坐标原点以外。应当注意的是，在 OX 轴（虚线）上类似的效应还没有发生，因为时间还没到。并且电子密度极大值的振动还会保持之前的周期性。

大约一个周期以后，所产生的非周期性极大值的绝对值开始剧烈增大。此外，在 OX 轴（虚线）上会出现位于坐标原点之外的电子密度极大值。图 6.8 上在 $\theta \approx 34.5$ 时的图像清晰地展示了这一点。

大约再过两个周期以后，OY 轴上的密度极大值约增大两倍，再过一个周期在 $\theta_{wb} \approx 42$ 时，在出现该最大值的位置产生了电子密度奇点。不难发现，顺着 OX 轴（虚线）方向上的振动几乎完整再现顺着 OY 轴的振动过程，只是振幅小一些。这种情况完全符合准一维模型的预测：在 $\alpha = 1$ 时两条曲线会因圆对称性振动而重合。

为了更直观地展示二维振动的性质特征，下面通过两幅图示说明在不同时刻电子密度的空间分布。

图 6.9 展示的是对应于 $\theta \approx 15.1$ 时刻的电子密度剖面。为了方便，只观察区域的 1/4（第一象限），因为所研究的函数对于 OX 和 OY 两个轴具有对称性。这里电子密度极大值是周期性的，也就是说，它是周期性出现，并且严格位于坐标原点。

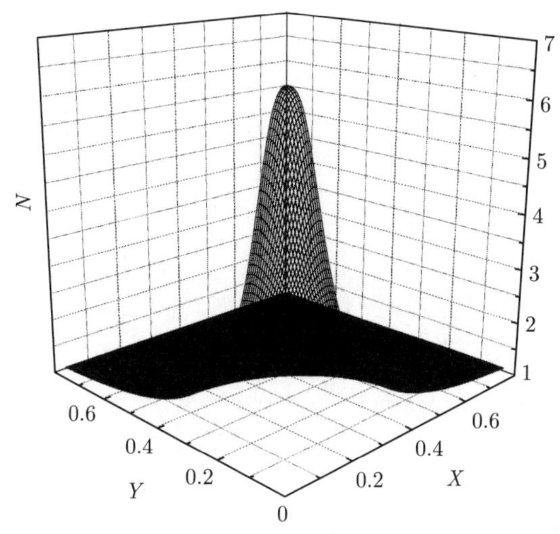

图 6.9 对应于坐标原点处出现周期性极大值的电子密度函数的空间分布

在图 6.10 上展示的是对应于 $\theta \approx 34.5$ 时刻的电子密度剖面。这里密度在 OX

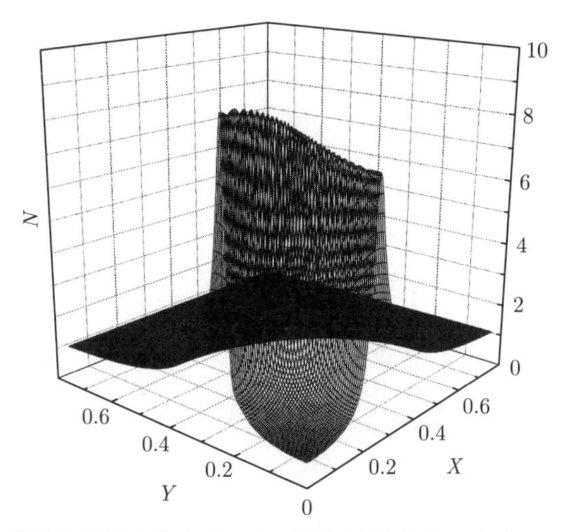

图 6.10 对应于坐标原点外出现两个不同极大值的电子密度函数的空间分布

轴方向和 OY 轴方向均具有明显的极大值。它们的绝对值显著不同，因此，其中每一个极大值的非线性增长都会导致在不同时刻出现奇点。在这种情况下，根据渐进理论和准一维模型，翻转发生在 OY 轴上，也就是说，发生在与坐标原点有同样距离的两个极角值 $\varphi = \pi/2$ 和 $\varphi = 3\pi/2$ 上。

还应注意的是，基于准一维模型的预测与二维数值模拟结果在以下参数表现出很好的一致性：翻转时间、翻转的坐标（即与坐标原点的距离），以及在坐标原点周期性振动的振幅等。

6.4.5　显著偏离圆对称情况

本节介绍初始值显著偏离轴对称情况的计算实验。在这种情况下，电子振动的动态过程与上面研究的情况性质上不同。

基于渐进分析构建的人工边界条件在求式 (6.2) 和式 (6.3) 的数值解时曾采用过。具体的初始值通过以下参数描述，即 $a_* = 0.315, \rho_* = 0.6, \alpha = 1.5$。

使用这组参数首次进行的计算曾在文献 [124] 中描述。在文献中，计算域的边界值设定为 $d = 4.5\rho_*$，并且运用了全阻尼振动条件：x 和 y 坐标其中一个的模等于 d。网格的步长选为常数：$h_x = h_y = 1/3200, \tau = 1/32000$，计算是在莫斯科大学的切比雪夫超级计算机上进行的。

通过选择上述人工边界条件的组合来缩小计算域可以用性能更低的计算机再现之前所得到的计算实验结果。在这种情况下计算域的边界值设定为 $d = 2.0\rho_*$，网格的步长为 $h_x = h_y = 1/1500, \tau = 1/3000$。

图 6.11 展示了区域 $\{(x, y) : |x| \leqslant d, |y| \leqslant d\}$ 上和坐标原点电子密度极值的变化，由图可以得到有关振动破坏发展过程的初步定性描述。不难发现，显著偏

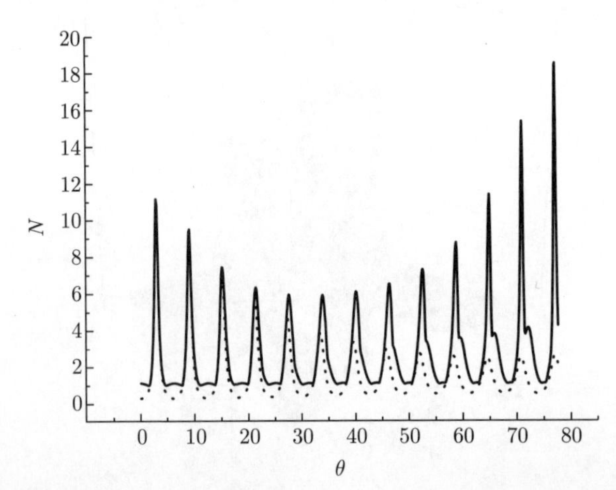

图 6.11　电子密度动力学（整个区域的极大值（实线）和坐标原点的极大值（虚线））

离轴对称对振动的动力学有根本性影响。首先，坐标原点的电子密度极大值在每个周期先单调递减，再小振幅（大约只有初始极大值的 1/5）稳定；其次，整个空间内的电子密度极大值与坐标原点的局部极大值的时间是一致的，它们先是减小，然后开始单调递增。应当注意的是，即便是由信息量很小的图 6.11 也可以得出结论：振动翻转发生在距区域中心某一距离上，也就是其具有轴外特征。

下面来看第一个周期的振动。在图 6.12 上展示的是初始时刻和半个周期以后电子密度的水平线。其椭圆形式会导致与具有圆对称性的周期性振动在数值上有很大差异。

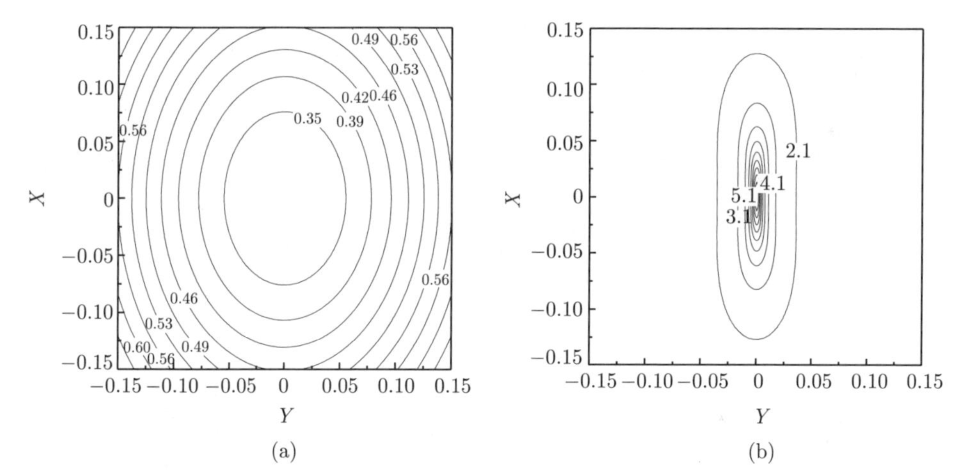

图 6.12 振动开始（间隔为半个周期的电子密度水平线，时刻对应于区域中心密度极值）

这里回顾一下，在轴对称振动的发展过程中，位于区域中心的电子密度极大值每隔一个周期出现一次，其形状不变，直至发生翻转。在破坏轴对称的情况下，中心的极大值逐个周期地发生变化：其绝对值减小，但同时由于电荷守恒定律，它又开始“扩散”，也就是电子密度受到扰动的区域规模开始扩大。几个周期之后，这种现象越来越清晰，应当指出的是，电子密度函数的水平线暂时还是接近椭圆形。由于振动频率与振幅有关，中心极大值的“扩散”并不均匀，因此，在某一时刻，一个局部时间和全部空间的极大值会变成两个空间上分离的极大值。

在图 6.13 上展示的是对应于 $\theta \approx 15.1$ 和 $\theta \approx 21.4$ 时刻的电子密度函数水平线。在其中一个图上，空间“扩散”的电子密度极大值产生于坐标原点，而在相邻的一张图上，该极大值发生了分离，并且这个双峰极大值的振幅要略小于之前的单个极大值。

接下来，这个双峰极大值的两个峰会逐个周期地稍稍远离，其绝对值会增加。在图 6.14 上描述的是 $\theta \approx 77.1$ 时刻，这时两个极大值中的每一个都大约超出最开始中心极大值的 3 倍。为了直观起见，这里不仅列出了水平线，还列出了电子密度函数的空间形状。几个周期以后，这一对极大值的空间坐标逐渐稳定下来，但其绝对值还会继续增加。

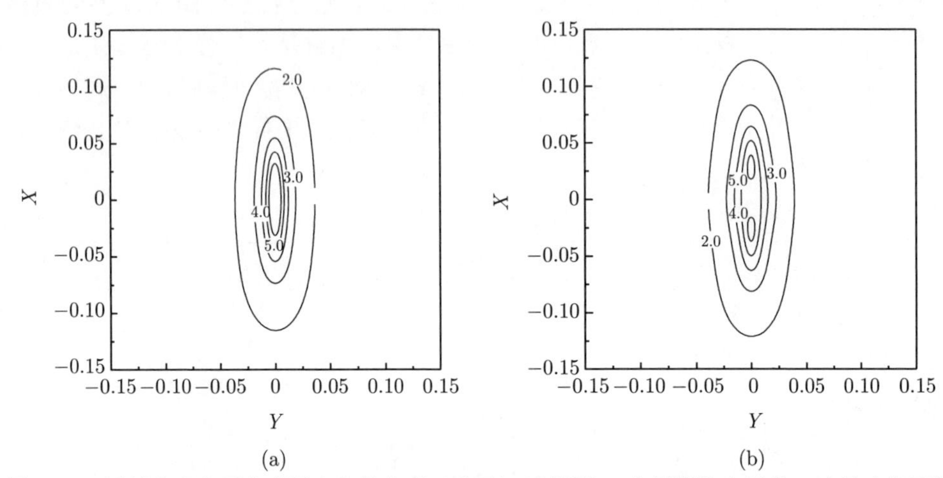

图 6.13 区域中心电子密度极大值的分离（分叉）(间隔为一个周期的水平线，时刻对应于密度极值)

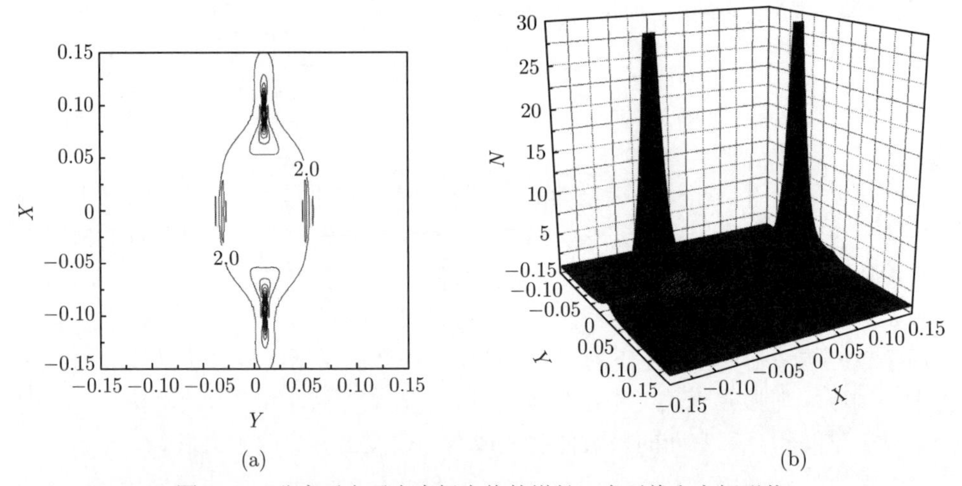

图 6.14 分离后电子密度极大值的增长：水平线和空间形状

需要注意地是，中心电子密度极大值的分离及其后续发展都是初始值的显著不对称性造成的，但无论如何都与一般的相对论性振动翻转效应无关。根据 $\alpha > 1$ 情况的渐进分析，振动翻转发生在空间两点上，这两点通过极坐标的极角（$\varphi_{wb}^1 = \pi/2, \varphi_{wb}^2 = 3\pi/2$）来描述。在描述电子密度水平线的图 6.14 上在 $x = 0$, $|y| \approx 0.04$

时已经出现了潜在的奇点。要提请注意的是，翻转效应发展得非常迅速：在出现前几个不规律的密度极大值后，过 1~2 个周期就会在该极大值出现的位置形成电场函数的断点，以及相应的无穷大电子密度值。正是由于在 6.2 节所指出的点附近电子密度值无穷大，计算才无法进行下去 [124]。

因此，在二维平面振动的数值模拟和渐进分析 [124] 基础上可以得出结论：轴对称振动的发展和破坏过程形式上是不稳定的。甚至初始扰动稍稍偏离圆对称，也会从性质上改变解的空间和时间结构。这一结论非常重要，因为所研究的振动是模拟激光脉冲激发的等离子体尾波（见本书的第二部分）。在真实的实验中，激光脉冲截面的形状常常与圆形稍有差异。因此，在一般情况下，波会随着圆对称性的破坏而受到破坏，也就是说，尽管激光射线的强度可能具与空间有依赖关系（不论它多么接近径向），翻转最终只会发生在两点。尤其需要注意的是，在显著偏离圆对称的情况下，中心电子密度的极大值会在空间扩散，变成两个大小相等的极大值，且与坐标中心有一定距离。不仅如此，这两个慢慢增长的密度极大值与相对论性振动翻转无关，因为该效应发生在初始振幅梯度变化最大的轴上。

6.5 文献评述及说明

在本章中针对平面相对论性电子振动翻转效应的二维建模，构建了基于欧拉变量的数值渐进模型。主要研究方向是偏离圆对称情况的解。

本章对数值模拟采用了基于有限差分法建立的专门算法，在算法中采用了位移网格。这种差分方法经常用于通过“网格质点”（PiC）方法计算各种场的情况。在计算中采用了串行和并行的算法。此外，基于对轴对称一维相对论性振动的数值研究和渐进研究提出了二维振动翻转的准一维模型，该模型对翻转的基本参数生成了两个方面的估算。部分计算是在莫斯科大学的切比雪夫超级计算机上完成的。

本章的主要成果是研究了二维非线性振动在翻转时刻空间形状的稳定性。证明了如果初始扰动具有轴对称性，那么翻转（电子密度函数奇点）会同时出现在某个半径不为零的圆上。并且从理论上和数值上都验证了一个新的事实：如果电子密度初始扰动的截面为椭圆，那么奇点也会同时出现，不过只是出现在两个点上。并且最终翻转画面的性质变化与椭圆偏离圆的数量无关：椭圆半轴的任何比例关系，只要不等于 1，就会导致电子密度仅在两点处趋于无穷大。应当注意的是，如果引起振动翻转的主要原因是相对论因素，那么无论在性质上还是在数量上准一维模型都与二维模型的结果非常一致。

本章取得的成果有可能对于正确解释真实的物理实验非常重要。还应当指出的是，在振动翻转附近不应当忽略强电磁场效应。很有可能在出现强电磁场时重离子也开始显著移动，从而改变电子密度的动力学画面。换句话说，由所进行的研究可以得出，电子振动翻转过程形式上的稳定具有现实意义，首先需要考虑的就是较重粒子的运动 [95]。

在 6.2 节中的所进行的振荡渐进分析是由 A.A. 弗洛罗夫 (Фролов A.A.) 完成的，而 6.3 节中程序代码的平行版本是由 C.B. 米柳京 (Милютин C.B.) 开发并实现的。

本章的结果已在文献 [75–77，96，122，124] 中获得。

应当指出的是，使用 PiC 模型来模拟空间多维等离子体振动的原理非常复杂。这与初始条件的设置有关，其中影响最大的就是粒子的初始分布。因为在流体动力学振动模型中，在初始时刻就要给定描述电场的函数。在粒子法中，在初始时刻粒子的位置（相对于平衡位置的位移）应该使粒子的位移恰好形成所提出的电场。这在某种意义上要求必须求解逆向问题，而这也是一个独立的问题。

第二部分

等离子体尾波

第 7 章　等离子体尾波导论

本章研究对短强脉冲激光激发的等离子体尾波建立流体动力学模型的各种问题。列出物理变量、无量纲变量以及便于计算的其他变量的各种方程组。集中研究非线性的和线性化的基本问题，并以此作为基础构建算法。

7.1 原始方程

本书的第二部分研究激光和等离子体的相互作用，其中最重要的是由于短强激光脉冲的传播激发的等离子体尾波。本节根据文献 [43] 对这一过程进行概括性描述。

脉冲在等离子体中传播时会把电子从它此时所在区域挤出。除了脉冲造成的力，电子还会受到等离子体中离子产生的电场的作用，而在初步研究阶段，可以认为这些离子是静止不动的，因为其质量很大。在脉冲离开该区域以后，对电子作用的就只有电荷分离造成的电场，它竭力使电子返回到初始位置。电子在该电场中加速后会迅速越过其初始位置，开始以所谓的等离子体频率相对于离子振动。

既然脉冲穿过等离子体，始终会排挤沿途遇到的电子，那么在脉冲的后边总是会激发等离子体振动。并且这些振动在脉冲沿途不同点上的初始相位也不一样，结果会引起电荷分离波，其相位在等离子体内的传播速度与脉冲的速度相同。对这种波有一个约定俗成的名称叫作尾波。尾波实质上是一种二维电荷密度波，它横向有限，沿脉冲运动的方向传播。

这种波的电场有半个周期的时间朝向脉冲传播方向，而另半个周期则与其运动方向相反。如果把初始速度与脉冲速度相等的电子放在等离子体波的区域（这里电场对它的作用力朝向其运动方向），那么电子随波一起运动的同时开始加速。这种加速器称为“尾波加速器”[133]。对速度接近于光速的相对论性粒子，即使非常小的速度提升都会大大增加其能量。

由脉冲激发的尾波仅在脉冲后面一定距离保持其结构，接下来尾波就会发生发翻转，将其能量传递给等离子体的粒子。这一方面，限制了尾波能够用来对粒子可控加速的范围，另一方面，这又会导致电子在尾波翻转区不可控地被俘获和加速。上述情况意味着不仅必须研究尾波的周期性发展机制，还要研究其翻转机制。

我们运用 1.2 节中冷等离子体的两流体磁流体动力学方程式 (1.5)~ 式 (1.12) 作为建模的基础。

根据等离子中激光脉冲传播的动力学模型 [153]（还可参见文献 [10]），考虑到高频激光场 $a(x,t), x \in \mathbb{R}^q, q = 1,2,3$ 缓慢变化的复振幅（所谓的包络线），式 (1.6) 和式 (1.7) 应当变形为

$$\frac{\partial \boldsymbol{p}_e}{\partial t} + (\boldsymbol{v}_e \cdot \nabla)\,\boldsymbol{p}_e = e\left(\boldsymbol{E} + \frac{1}{c}\left[\boldsymbol{v}_e \times \boldsymbol{B}\right]\right) - \frac{m_e c^2}{4\gamma}\nabla|a|^2$$

$$\gamma = \sqrt{1 + \frac{|\boldsymbol{p}_e|^2}{m_e^2 c^2} + \frac{|a|^2}{2}}$$

不难发现，如果初始函数 $\boldsymbol{B}^0(\boldsymbol{x}, t), \boldsymbol{p}_e^0(\boldsymbol{x}, t)$ 有以下关系：

$$\boldsymbol{B}^0(\boldsymbol{x}, t) + \frac{c}{e}\operatorname{curl}\boldsymbol{p}_e^0(\boldsymbol{x}, t) = 0$$

那么，在这种情况也有可能通过更简单的形式式 (1.15) 写出电子脉冲方程。这里可以通过直接验证来证实对受变形函数 γ 的等式成立：

$$(\boldsymbol{v}_e \cdot \nabla)\,\boldsymbol{p}_e = m_e c^2 \nabla\gamma - [\boldsymbol{v}_e \times \operatorname{curl}\boldsymbol{p}_e] - \frac{m_e c^2}{4\gamma}\nabla|a|^2$$

这让我们能够先将电子脉冲的方程变形为

$$\frac{\partial \boldsymbol{p}_e}{\partial t} = e\boldsymbol{E} - m_e c^2 \nabla\gamma + \frac{e}{c}\left[\boldsymbol{v}_e \times \boldsymbol{A}\right]$$

其中，运用表示辅助向量场的符号为

$$\boldsymbol{A} = \boldsymbol{B} + \frac{c}{e}\operatorname{curl}\boldsymbol{p}_e$$

然后像命题 1.2.1 中一样证明，在满足条件式 (1.14) 的情况下，场 $\boldsymbol{A}$ 在任意时刻均恒等于 0。

考虑到这一点是非常重要的。因为激光脉冲撞到静止的等离子体上来激发尾波，而这些等离子体显然应当满足式 (1.14)。结果在我们所研究的模型中不仅能简化电子脉冲的方程，还可以使用更简单的磁场方程。

下面在直角坐标系 $OXYZ$ 中研究等离子体占据的开放区域 $\Omega \subset \mathbb{R}^3$，假设 OZ 轴方向为激光脉冲传播方向。可以把表征脉冲横截面（平面 OXY）强度的函数视作脉冲轮廓。把等离子体定义为由相对论性电子和非相对论性离子组成的

理想冷液体混合物，考虑到上述情况，那么描述它的流体动力学方程组和麦克斯韦方程的准静态近似形式如下：

$$\frac{\partial n_e}{\partial t}+\operatorname{div}\left(n_e \boldsymbol{v}_e\right)=0 \tag{7.1}$$

$$\frac{\partial \boldsymbol{p}_e}{\partial t}=e \boldsymbol{E}-m_e c^2 \nabla \gamma \tag{7.2}$$

$$\gamma=\sqrt{1+\frac{\left|\boldsymbol{p}_e\right|^2}{m_e^2 c^2}+\frac{|a|^2}{2}} \tag{7.3}$$

$$\boldsymbol{v}_e=\frac{\boldsymbol{p}_e}{m_e \gamma} \tag{7.4}$$

$$\frac{\partial n_i}{\partial t}+\operatorname{div}\left(n_i \boldsymbol{v}_i\right)=0 \tag{7.5}$$

$$\frac{\partial \boldsymbol{v}_i}{\partial t}+\left(\boldsymbol{v}_i \cdot \nabla\right) \boldsymbol{v}_i=\frac{e_i}{m_i}\left(\boldsymbol{E}+\frac{1}{c}\left[\boldsymbol{v}_i \times \boldsymbol{B}\right]\right) \tag{7.6}$$

$$\frac{1}{c} \frac{\partial \boldsymbol{E}}{\partial t}=-\frac{4 \pi}{c}\left(e n_e \boldsymbol{v}_e+e_i n_i \boldsymbol{v}_i\right)+\operatorname{curl} \boldsymbol{B} \tag{7.7}$$

$$\boldsymbol{B}=-\frac{c}{e} \operatorname{curl} \boldsymbol{p}_e \tag{7.8}$$

式中：$e(e<0)$，e_i, m_e, m_i 分别为电子和离子的电荷和质量；c 为光速；n_e，$\boldsymbol{p}_e, \boldsymbol{v}_e$ 分别为电子的浓度、脉冲和速度；$\boldsymbol{n}_i$ 和 $\boldsymbol{v}_i$ 为离子的浓度和速度；γ 为洛伦兹因子；$\boldsymbol{E}$ 和 $\boldsymbol{B}$ 为电场向量和磁场向量。a 为缓慢变化的高频激光场复振幅（所谓的包络线）。

为了研究等离子体和激光脉冲的联合动力学，正如在文献 [133] 中描述的，应该对式 (7.1) ～式 (7.8) 补充有关包络线 a 的方程。但这里重要的是通过一定形式的脉冲激发尾波，因此相应的方程可以省略。

这种情况在模拟激光和等离子体的相互作用时是非常典型的，并称之为 “逼近给定（有时也说恒定）脉冲”。这种简化意味着包络线方程原则上不需要求解，而激光射线的影响则会以式 (7.3) 中包含的设定函数 $a(t,x,y,z)$ 的形式体现在式 (7.1)～式 (7.8) 中。后面我们将主要研究这种情况。

7.2　脉冲速度为任意值的情况

本节在不考虑离子运动的影响来推导描述三维轴对称尾波初始化的方程，并假设一定形状的脉冲以速度 $0 \leqslant v_g \leqslant c$（$c$ 为光速）顺着 OZ 轴运动。

7.2.1 标量方程

我们假设：① 由于离子的质量超出电子很多倍，可认为离子是静止不动的；② 解仅决定于以下向量函数和标量函数的分量：$\boldsymbol{v}_e = (V_r, V_z)$, $\boldsymbol{p}_e = (P_r, P_z)$, $\boldsymbol{E} = (E_r, E_z)$, n_e, γ, B_φ；③ 上述函数与变量 φ 无关，即 $\dfrac{\partial}{\partial\varphi} = 0$。

那么，由柱坐标表示的式 (7.1)～式 (7.8) 可以得到解具有轴对称性的非平凡方程组即为：

$$\frac{\partial n_e}{\partial t} + \frac{1}{r}\frac{\partial}{\partial r}(rn_eV_r) + \frac{\partial}{\partial z}(n_eV_z) = 0 \tag{7.9}$$

$$\frac{\partial P_r}{\partial t} = eE_r - m_ec^2\frac{\partial\gamma}{\partial r}, \quad \frac{\partial P_z}{\partial t} = eE_z - m_ec^2\frac{\partial\gamma}{\partial z} \tag{7.10}$$

$$\gamma = \sqrt{1 + \frac{P_r^2 + P_z^2}{m_e^2c^2} + \frac{|a|^2}{2}} \tag{7.11}$$

$$V_r = \frac{P_r}{m_e\gamma}, \quad V_z = \frac{P_z}{m_e\gamma} \tag{7.12}$$

$$\frac{\partial E_r}{\partial t} = -4\pi en_eV_r - c\frac{\partial B_\varphi}{\partial z}, \quad \frac{\partial E_z}{\partial t} = -4\pi en_eV_z + c\frac{1}{r}\frac{\partial}{\partial r}(rB_\varphi) \tag{7.13}$$

$$B_\varphi = -\frac{c}{e}\left(\frac{\partial P_r}{\partial z} - \frac{\partial P_z}{\partial r}\right) \tag{7.14}$$

在推导式 (7.9)～式 (7.14) 时没有使用新的标记符号，也没有进行辅助变换。

7.2.2 新坐标与准静力学

本节假设由顺着 OZ 轴以速度 $0 \leqslant v_g \leqslant c$ 运动的激光脉冲激发尾波，用新的自变量来描述与脉冲相关的坐标系（坐标 r 保持不变）：

$$\xi = z - v_gt, \quad t = \tau$$

这相当于替换式 (7.9)～式 (7.14) 中的导数：

$$\frac{\partial}{\partial t} \longrightarrow \frac{\partial}{\partial\tau} - v_g\frac{\partial}{\partial\xi}, \quad \frac{\partial}{\partial z} \longrightarrow \frac{\partial}{\partial\xi}$$

此外，这里运用通过无穷小导数关系描述的所谓准静力学近似

$$\frac{\partial}{\partial\tau} \ll v_g\frac{\partial}{\partial\xi}$$

结果由式 (7.9)～式 (7.14) 可得

$$\frac{\partial}{\partial \xi}\left[n_e\left(V_z-v_g\right)\right]+\frac{1}{r}\frac{\partial}{\partial r}\left(rn_eV_r\right)=0 \tag{7.15}$$

$$v_g\frac{\partial P_r}{\partial \xi}=-eE_r+m_ec^2\frac{\partial \gamma}{\partial r},\quad v_g\frac{\partial P_z}{\partial \xi}=-eE_z+m_ec^2\frac{\partial \gamma}{\partial \xi} \tag{7.16}$$

$$\gamma=\sqrt{1+\frac{P_r^2+P_z^2}{m_e^2c^2}+\frac{|a|^2}{2}} \tag{7.17}$$

$$V_r=\frac{P_r}{m_e\gamma},\quad V_z=\frac{P_z}{m_e\gamma} \tag{7.18}$$

$$\begin{aligned}
&v_g\frac{\partial E_r}{\partial \xi}=4\pi en_eV_r-\frac{c^2}{e}\frac{\partial}{\partial \xi}\left(\frac{\partial P_r}{\partial \xi}-\frac{\partial P_z}{\partial r}\right),\\
&v_g\frac{\partial E_z}{\partial \xi}=4\pi en_eV_z+\frac{c^2}{e}\frac{1}{r}\frac{\partial}{\partial r}\left[r\left(\frac{\partial P_r}{\partial \xi}-\frac{\partial P_z}{\partial r}\right)\right]
\end{aligned} \tag{7.19}$$

$$B_\varphi=-\frac{c}{e}\left(\frac{\partial P_r}{\partial \xi}-\frac{\partial P_z}{\partial r}\right) \tag{7.20}$$

需要指出的是，尽管式 (7.15)～式 (7.20) 的外形与式 (7.9)～式 (7.14) 相比没有改变，但自变量还是发生变化：在新的方程组中所有未知函数都仅与变量 r 和 ξ 有关。

7.2.3　无量纲方程

本节运用无量纲量：

$$\rho=k_pr,\quad \eta=k_p\xi,\quad \beta_g=\frac{v_g}{c},\quad q_r=\frac{P_r}{mc},\quad q_z=\frac{P_z}{mc}$$

$$\varepsilon_r=\frac{eE_r}{mc^2k_p},\quad \varepsilon_z=\frac{eE_z}{mc^2k_p},\quad B=\frac{eB_\varphi}{mc^2k_p},\quad N=\frac{n_e}{n_0}$$

式中：$k_p=\dfrac{\omega_p}{c}$；$\omega_p=\left(\dfrac{4\pi e^2n_0}{m}\right)^{\frac{1}{2}}$ 为等离子体频率；n_0 为未受扰动电子密度的值。

使用新的变量，消掉 V_r, V_z, B_φ 后，式 (7.15)～式 (7.20) 的形式如下：

$$\frac{\partial}{\partial \eta}\left[N\left(\frac{q_z}{\gamma}-\beta_g\right)\right]+\frac{1}{\rho}\frac{\partial}{\partial \rho}\left(\rho N\frac{q_r}{\gamma}\right)=0 \tag{7.21}$$

$$\beta_g\frac{\partial q_r}{\partial \eta}+\varepsilon_r=\frac{\partial \gamma}{\partial \rho},\quad \beta_g\frac{\partial q_z}{\partial \eta}+\varepsilon_z=\frac{\partial \gamma}{\partial \eta} \tag{7.22}$$

$$\gamma = \sqrt{1 + q_r^2 + q_z^2 + \frac{|a|^2}{2}} \tag{7.23}$$

$$\beta_g \frac{\partial \varepsilon_r}{\partial \eta} = N \frac{q_r}{\gamma} - \frac{\partial}{\partial \eta}\left(\frac{\partial q_r}{\partial \eta} - \frac{\partial q_z}{\partial \rho}\right), \quad \beta_g \frac{\partial \varepsilon_z}{\partial \eta} = N \frac{q_z}{\gamma} + \frac{1}{\rho}\frac{\partial}{\partial \rho}\left[\rho\left(\frac{\partial q_r}{\partial \eta} - \frac{\partial q_z}{\partial \rho}\right)\right] \tag{7.24}$$

7.2.4 适宜的变量方程

所得到的式 (7.21)~ 式 (7.24) 中有 6 个与自变量 ρ 和 η 相关的未知函数 ($q_r, q_z, \varepsilon_r, \varepsilon_z, N, \gamma$)。这个方程组非常庞杂，因此很难以研究。很合理的是把未知函数的数量减少到 4 个，为此引入 3 个新的量：

$$\psi = \beta_g q_z - \gamma, \quad \varphi = N/\gamma, \quad q = \beta_g q_r \tag{7.25}$$

并保留函数 γ 不变。我们要注意的是，如果函数 ψ, φ, q 和 γ 已经确定，那么就可以很轻松且单值地返回最初的变量。

附注：由于符号 φ 是对柱坐标自变量的标准表示，在我们研究的情况中不使用，那么式 (7.25) 中通过 φ 来表示一个新的与变量 ρ 和 η 有关的适宜函数。

由式 (7.22) 的第一个方程可得

$$\varepsilon_r = \frac{\partial \gamma}{\partial \rho} - \beta_g \frac{\partial q_r}{\partial \eta}$$

将上式代入式 (7.24) 的第一个方程，可得

$$\beta_g \frac{\partial}{\partial \eta}\left(\frac{\partial \gamma}{\partial \rho} - \beta_g \frac{\partial q_r}{\partial \eta}\right) = \frac{N}{\gamma} q_r - \frac{\partial}{\partial \eta}\left(\frac{\partial q_r}{\partial \eta} - \frac{\partial q_z}{\partial \rho}\right)$$

将得到的关系式乘以 β_g，消掉 $\beta_g q_z = \psi + \gamma$，并转用含有新变量的式 (7.25)，可得

$$\frac{\partial^2 \psi}{\partial \rho \partial \eta} + q\varphi - \varepsilon\left(\frac{\partial^2 q}{\partial \eta^2} - \frac{\partial^2 \gamma}{\partial \rho \partial \eta}\right) = 0 \tag{7.26}$$

这里及以后都使用符号 $\varepsilon = 1 - \beta_g^2$，考虑到 $0 \leqslant \beta_g \leqslant 1$，有 $\varepsilon \geqslant 0$。

将式 (7.21) 两边同乘以 β_g，消掉 $q\varphi$，运用式 (7.26)，可得：

$$\frac{\partial}{\partial \eta}\left\{\varDelta\psi - \varphi\psi + \varepsilon\left[\varDelta\gamma - \varphi\gamma - \frac{1}{\rho}\frac{\partial}{\partial \rho}\left(\rho\frac{\partial q}{\partial \eta}\right)\right]\right\} = 0$$

式中：$\varDelta = \dfrac{1}{\rho}\dfrac{\partial}{\partial \rho}\left(\rho\dfrac{\partial}{\partial \rho}\right)$ 是柱坐标表示的拉普拉斯算子的径向部分。由于所得到的表达式不论是在激光脉冲内部还是外部都成立，那么可以通过静止状态的未知

函数值确定积分中缺少的常量。根据定义，在 $\rho \to \infty, \eta \to \infty$ 时函数 ψ, φ, q, γ 的极限分别等于 $-1, 1, 0, 1$，由此可得

$$-\Delta\psi + \varphi\psi + 1 + \varepsilon\left[-\Delta\gamma + \varphi\gamma - 1 + \frac{1}{\rho}\frac{\partial}{\partial\rho}\left(\rho\frac{\partial q}{\partial\eta}\right)\right] = 0 \tag{7.27}$$

由式 (7.22) 的第二个方程可得

$$\varepsilon_z = \frac{\partial}{\partial\eta}(\gamma - \beta_g q_z) \equiv -\frac{\partial\psi}{\partial\eta}$$

将上式代入式 (7.24) 的第二个方程，可得

$$-\beta_g\frac{\partial^2\psi}{\partial\eta^2} = \varphi q_z + \frac{1}{\rho}\frac{\partial}{\partial\rho}\left(\rho\frac{\partial q_r}{\partial\eta}\right) - \Delta q_z = 0$$

作代换 $q_z = (\psi + \gamma)/\beta_g$，可得到

$$-\beta_g\frac{\partial^2\psi}{\partial\eta^2} + \frac{1}{\beta_g}[\Delta\psi - \varphi\psi + \Delta\gamma - \varphi\gamma] - \frac{1}{\rho}\frac{\partial}{\partial\rho}\left(\rho\frac{\partial q_r}{\partial\eta}\right) = 0$$

将得到的方程两边同乘以 β_g，与式 (7.27) 相加，合并同类项并化简 $\varepsilon - 1 = -\beta_g^2$，可得

$$\frac{\partial^2\psi}{\partial\eta^2} + \frac{1}{\rho}\frac{\partial}{\partial\rho}\left(\rho\frac{\partial q}{\partial\eta}\right) - \Delta\gamma + \varphi\gamma - 1 = 0 \tag{7.28}$$

通过式 (7.28) 来简化式 (7.27)，整理后形式为

$$-\Delta\psi + \varphi\psi + 1 - \varepsilon\frac{\partial^2\psi}{\partial\eta^2} = 0 \tag{7.29}$$

下面来变换式 (7.21) ~ 式 (7.24) 中还没动过的一个方程式 (7.23)。两边同时平方并作代换：

$$q_r = \frac{q}{\beta_g}, \quad q_z = \frac{\psi + \gamma}{\beta_g}, \quad \frac{1}{\beta_g^2} - 1 = \frac{\varepsilon}{1 - \varepsilon}$$

则

$$\psi^2 + 2\psi\gamma + 1 + q^2 + \frac{|a|^2}{2} + \frac{\varepsilon}{1 - \varepsilon}\left[(\gamma + \psi)^2 + q^2\right] = 0 \tag{7.30}$$

适宜的未知变量的方程方程变换结束，得到了新的方程式 (7.26)、式 (7.28) ~ 式 (7.30)；需要注意的是方程中 ε 参数的合理值：通常激光脉冲速度的无量纲值在 $0.9 \leqslant \beta_g \leqslant 1$ 范围内，所以 $0 \leqslant \varepsilon \leqslant 0.19$。

7.3 基本问题的提出

本节讨论解具有翻转性质的非线性微分代数问题。“尾波的流体动力学模型”首先指的正是这种问题。接下来的所有数值算法都是围绕求解这种问题构建的。此外，为了检验数值算法的性质，还建立一个更简单的（线性化）问题模型，而这一问题的解不具有翻转特性。

7.3.1 非线性问题

本节研究以群速度 v_g（它在稀薄的等离子体中接近光速）顺着 OZ 轴传播的轴对称激光脉冲。假设基本问题中 $v_g = c$，此时转换到与脉冲相关的坐标系。在这一坐标系中，轮廓按高斯定律变化的脉冲是静止的。如果忽略脉冲随时间的变化，对于

$$a(\rho, \eta) = a_* \exp\left\{-\frac{\rho^2}{\rho_*^2} - \frac{\eta^2}{l_*^2}\right\} \tag{7.31}$$

在 $\varepsilon = 0$ 的情况下由方程组式 (7.26)、式 (7.28)～式 (7.30)，可得

$$\begin{cases} \dfrac{\partial \psi}{\partial \eta} = \beta, \quad \dfrac{\partial \beta}{\partial \eta} + \dfrac{1}{\rho}\dfrac{\partial}{\partial \rho}\rho\dfrac{\partial q}{\partial \eta} - \Delta\gamma + \varphi\gamma - 1 = 0, \quad q\varphi + \dfrac{\partial \beta}{\partial \rho} = 0 \\ \varphi\psi - \Delta\psi + 1 = 0, \quad 2\gamma\psi + \psi^2 + q^2 + 1 + \dfrac{|a|^2}{2} = 0 \end{cases} \tag{7.32}$$

为了以后能够更方便地构建数值算法,这里人为地引入新的变量 $\beta = \partial\psi/\partial\eta$。

下面从横向上解的局域性和轴对称性出发来研究问题初始条件和边界条件的表述。

对于物理变量 $q_r, q_z, \varepsilon_r, \varepsilon_z, N, \gamma$，方程具有无量纲形式式 (7.21)～式 (7.24)。如果假设等离子体占据全部空间，那么自变量 ρ 和 η 的变化范围是无穷大的：$\rho \in [0, \infty), \eta \in (-\infty, \infty)$。在这种情况下，由于所求函数的奇偶性，在对称轴上（$\rho = 0$ 时），对 $\forall\eta \in (-\infty, \infty)$，边界条件都具以下形式：

$$q_r = \varepsilon_r = 0, \quad \frac{\partial q_z}{\partial \rho} = \frac{\partial \varepsilon_z}{\partial \rho} = \frac{\partial N}{\partial \rho} = \frac{\partial \gamma}{\partial \rho} = 0 \tag{7.33}$$

同时，在区域的径向边界（$\rho \to \infty$），等离子体处于未受扰动的静止状态，即对于 $\forall\eta \in (-\infty, \infty)$，有

$$q_r = \varepsilon_r = q_z = \varepsilon_z = 0, \quad N = \gamma = 1 \tag{7.34}$$

既然在坐标系 (ρ, η) 中激光脉冲是静止不动的，也就是说，等离子体朝向脉冲“跑”，那么在脉冲的前方，等离子体同样处于未受扰动的静止状态，因此，对于 $\forall\rho \in$

$[0, \infty)$，有

$$
\begin{aligned}
& q_r = \varepsilon_r = q_z = \varepsilon_z = 0, \quad N = \gamma = 1, \\
& \frac{\partial q_r}{\partial \eta} = \frac{\partial \varepsilon_r}{\partial \eta} = \frac{\partial q_z}{\partial \eta} = \frac{\partial \varepsilon_z}{\partial \eta} = \frac{\partial N}{\partial \eta} = \frac{\partial \gamma}{\partial \eta} = 0
\end{aligned} \tag{7.35}
$$

条件式 (7.33)、式 (7.34) 和式 (7.31) 使我们可以将 ρ 和 η 变量的解从无穷大的范围缩小到有限区间：$\rho \in [0, R]$, $\eta \in [Z_e, Z_s]$。问题从物理上规定了脉冲的横向截面要明显小于等离子体占据区域大小的横向尺寸，即 $\exp(-R^2/\rho_*^2) \ll 1$。为此只需令 $R \approx 4.5\rho_*$ 即可。有限区域的纵向性能指标可以通过其他条件来选择，即 $\exp(-Z_s^2/l_*^2) \ll 1$，而 Z_e 的值则仅由研究目的和现有的计算资源决定。在计算中一般 $Z_s \approx 3.5l_*$。要指出的是，问题中的变量 η 是向减小方向变化的，也就是对它积分是反方向进行的。

下面来研究通过适宜变量表示的方程，即式 (7.32)。上面对问题几何参数的协调实际意味着是对以下情况进行建模。在脉冲的前方（$\eta \geqslant Z_s$）有未受扰动等离子体，即在 $0 \leqslant \rho \leqslant R$ 情况下设定初始条件为

$$
\psi(\rho, Z_s) = -1, \beta(\rho, Z_s) = 0, q(\rho, Z_s) = 0, \varphi(\rho, Z_s) = 1, \gamma(\rho, Z_s) = 1 \tag{7.36}
$$

然后（$Z_e \leqslant \eta \leqslant Z_s$）等离子体会根据式 (7.32) 的解改变其自身结构，但是脉冲的横截面非常有限，完全可以认为函数的边界值（在 $\rho = R$, 且 $\eta \geqslant Z_s$ 的情况下）是未受扰动的，即对应于静止状态：

$$
\psi(R, \eta) = -1, \beta(R, \eta) = 0, q(R, \eta) = 0, \varphi(R, \eta) = 1, \gamma(R, \eta) = 1 \tag{7.37}
$$

由于问题具有轴对称性，在轴上（在 $\rho = 0$, $\eta \geqslant Z_s$ 情况下）设置条件：

$$
\frac{\partial \psi}{\partial \rho}(\rho = 0, \eta) = \frac{\partial \beta}{\partial \rho}(\rho = 0, \eta) = \frac{\partial \gamma}{\partial \rho}(\rho = 0, \eta) = \frac{\partial \varphi}{\partial \rho}(\rho = 0, \eta) = q(\rho = 0, \eta) = 0 \tag{7.38}
$$

接下来把式 (7.31)、式 (7.32)（在 $\rho \in [0, R]$, $\eta \in [Z_e, Z_s]$ 里，其中 $R = 4.5\rho_*$, $Z_s = 3.5l_*$）和一组初始条件及边界条件式 (7.36) ~ 式 (7.38) 一起称为等离子体尾波建模的基本问题。应当指出的是，该问题是具有偏导数非线性微分代数方程组的混合初边值问题。边界条件设置在变量 ρ 的变化极限上，而初始条件（与柯西问题一样）则通过变量 η 设定（在 $\eta = Z_s$ 情况下），因为问题中变量 η 是向递减方向变化的。综上可以得出结论："尾波的流体动力学模型" 的对象已完全确定。

7.3.2 线性化问题

非线性问题具有二次特征。因此不难发现，在式 (7.31) 中激光脉冲的振幅 a_* 值很小的情况下，式 (7.32) 的解会与其相当于等离子体未受扰动状态式 (7.37) 的

背景值相差很小。由此可以得到对小扰动式 (7.32) 解的线性方程。

首先对式 (7.32) 作以下形式的变量代换：

$$\tilde{\psi}=\psi+1,\tilde{\varphi}=\varphi-1,\tilde{\gamma}=\gamma-1,\tilde{\beta}=\beta,\tilde{q}=q \tag{7.39}$$

然后对标注“波形号”的函数舍弃其中的二次项。这里假设这些项相比于线性项要大大低于一个数量级，可得

$$\frac{\partial\tilde{\beta}}{\partial\eta}+\frac{1}{\rho}\frac{\partial}{\partial\rho}\rho\frac{\partial\tilde{q}}{\partial\eta}-\Delta\tilde{\gamma}+\tilde{\varphi}+\tilde{\gamma}=0 \tag{7.40}$$

$$\tilde{q}=-\frac{\partial\tilde{\beta}}{\partial\rho},\quad \tilde{\varphi}=\tilde{\psi}-\Delta\tilde{\psi},\quad \tilde{\beta}=\frac{\partial\tilde{\psi}}{\partial\eta},\quad \tilde{\gamma}=\frac{|a|^2}{4} \tag{7.41}$$

将 $\tilde{q},\tilde{\varphi},\tilde{\beta}$ 的显式表达式代入式 (7.40)，可得到

$$(E-\Delta)\left(\frac{\partial^2\tilde{\psi}}{\partial\eta^2}+\tilde{\psi}+\tilde{\gamma}\right)=0 \tag{7.42}$$

式中：E 为恒等算子。

函数 $\tilde{\psi}$ 和 $\tilde{\gamma}$ 的边界条件来自式 (7.37) 和式 (7.39) 产生式 (7.42) 中函数 $\tilde{\psi}(\rho,\eta)$ 的模型方程：

$$\frac{\partial^2\tilde{\psi}}{\partial\eta^2}+\tilde{\psi}+\frac{|a|^2}{4}=0 \tag{7.43}$$

应当指出的是，在这个方程中变量 ρ 只是激光脉冲式 (7.31) 中的一个参数。

最终线性化的基本问题可以表述如下：在 $\rho\in[0,\,R],\eta\in[Z_e,\,Z_s]$ 上求是柯西问题解的函数 β 和 ψ；

$$\frac{\partial\tilde{\psi}}{\partial\eta}=\tilde{\beta},\quad \frac{\partial\tilde{\beta}}{\partial\eta}+\tilde{\psi}+\frac{|a|^2}{4}=0,\quad \tilde{\psi}\left(\rho,Z_s\right)=\tilde{\beta}\left(\rho,Z_s\right)=0 \tag{7.44}$$

在必要情况下，其他函数 $\tilde{q},\tilde{\varphi}$ 和 $\tilde{\gamma}$ 可以通过关系式 (7.41) 单值确定。

转换为线性化问题的一个重要特征是方程形式的变化：由含有偏导数的微分代数方程组得到与空间变量具有参数关系的常微分方程组。这进一步限制了对基本问题的离散化研究方法。

这里我们要特别指出，对于非线性基本问题构建的算法应当能够进行本节中研究的、与微分变换类似的所有离散变换，使式 (7.44) 问题得到离散模拟。

7.4 “慢” 脉 冲

本节研究的情况与基本问题不同，是脉冲速度小于光速（即 $\varepsilon > 0$）的情况。正如本节后文所示，即使是对于线性化的问题来说，这也会导致指数不稳定。本节提出了复合数值渐进法，可以局部减少问题的尖锐性。

7.4.1 线性化方程

首先回顾式 (7.26)、式 (7.28)～式 (7.30) 描述的是任意脉冲速度的情况。一般来说，无量纲激光脉冲速度值 β_g 在 $0.9 \leqslant \beta_g \leqslant 1$ 区间，所以，有 $0 \leqslant \varepsilon \leqslant 0.19$。

我们将方程变为方便分析的形式。对空间自变量进行规范化 $\tau = \dfrac{\eta}{\sqrt{1-\varepsilon}}$，并使用如下符号表示：$q = p\sqrt{1-\varepsilon}, \psi = -\sigma$。那么式 (7.26)、式 (7.28) ～式 (7.30) 具有以下形式：

$$
\begin{gathered}
1+\sigma^2-2\sigma\gamma+p^2+\frac{|a|^2}{2}+\frac{\varepsilon}{1-\varepsilon}(\gamma-\sigma)^2=0, \\
\frac{\partial^2\sigma}{\partial\rho\partial\tau}-p\varphi+\varepsilon\left(p\varphi+\frac{\partial^2 p}{\partial\tau^2}-\frac{\partial^2\gamma}{\partial\rho\partial\tau}\right)=0, \\
\Delta_\perp\sigma-\varphi\sigma+1+\frac{\varepsilon}{1-\varepsilon}\frac{\partial^2\sigma}{\partial\tau^2}=0, \\
\frac{\partial^2\sigma}{\partial\tau^2}-\frac{1}{\rho}\frac{\partial}{\partial\rho}\left(\rho\frac{\partial p}{\partial\tau}\right)+\Delta_\perp\gamma-\gamma\varphi+1+\frac{\varepsilon}{1-\varepsilon}\frac{\partial^2\sigma}{\partial\tau^2}=0
\end{gathered}
\tag{7.45}
$$

像基本问题一样，在式 (7.45) 中等离子体的运动是由脉冲包络线引起的，在忽略脉冲随时间变化的情况下，它可以通过以下公式描述：

$$
a(\rho,\eta)=a_*\exp\left\{-\frac{\rho^2}{\rho_*^2}-\frac{\eta^2}{l_*^2}\right\}
$$

然后假设，在激光脉冲振幅 a_* 值很小的情况下，式 (7.45) 的解与其对应于等离子体未受扰动状态式 (7.37) 的基础值差异很小。那么我们通常可以得到小扰动情况解的线性方程。

将式 (7.45) 中的所求函数作以下替换：

$$
\sigma=1+\tilde{\psi},\quad \gamma=1+\tilde{\gamma},\quad \varphi=1+\tilde{\varphi},\quad p=\tilde{q}
$$

忽略二次项（因为它们很小），可得到

$$\tilde{\gamma} = \frac{|a|^2}{4},$$

$$\frac{\partial^2 \tilde{\psi}}{\partial \rho \partial \tau} - \tilde{q} = \varepsilon \left(\frac{\partial^2 \tilde{\gamma}}{\partial \rho \partial \tau} - \tilde{q} - \frac{\partial^2 \tilde{q}}{\partial \tau^2} \right),$$

$$\Delta_{\perp} \tilde{\psi} - \tilde{\varphi} - \tilde{\psi} + \frac{\varepsilon}{1-\varepsilon} \frac{\partial^2 \tilde{\psi}}{\partial \tau^2} = 0, \tag{7.46}$$

$$\frac{\partial^2 \tilde{\psi}}{\partial \tau^2} - \frac{1}{\rho} \frac{\partial}{\partial \rho} \left(\rho \frac{\partial \tilde{q}}{\partial \tau} \right) + \Delta_{\perp} \tilde{\gamma} - \tilde{\varphi} - \tilde{\gamma} + \frac{\varepsilon}{1-\varepsilon} \frac{\partial^2 \tilde{\psi}}{\partial \tau^2} = 0$$

由此可以看出需要研究的是线性方程组式 (7.46) 相对适合数值解对象的性质，首先是稳定性。

7.4.2 辅助柯西问题

下面来研究在 $\Omega = \{(\rho, \tau) : R \geqslant \rho \geqslant 0, \tau \geqslant 0\}$ 区域上未知函数为 $\psi(\rho, \tau)$ 和 $q(\rho, \tau)$ 线性方程组的辅助柯西问题：

$$\frac{\partial^2 \psi}{\partial \rho \partial \tau} - q = \varepsilon \left(\frac{\partial^2 \gamma}{\partial \rho \partial \tau} - q - \frac{\partial^2 q}{\partial \tau^2} \right), \frac{\partial^2 \psi}{\partial \tau^2} - \frac{1}{\rho} \frac{\partial}{\partial \rho} \left(\rho \frac{\partial q}{\partial \tau} \right) - \Delta_{\perp}(\psi - \gamma) + \psi - \gamma = 0 \tag{7.47}$$

设定的边界条件为

$$\left. \frac{\partial \psi(\rho, \tau)}{\partial \rho} \right|_{\rho=0} = q(0, \tau) = \psi(R, \tau) = q(R, \tau) = 0, \quad \forall \tau \geqslant 0 \tag{7.48}$$

在 $\tau = 0$, 且$R \geqslant \rho \geqslant 0$ 情况下的初始条件为

$$\psi(\rho, 0) = A(\rho), \quad \left. \frac{\partial \psi(\rho, \tau)}{\partial \tau} \right|_{\tau=0} = B(\rho) \tag{7.49}$$

$$q(\rho, 0) = C(\rho), \quad \left. \frac{\partial q(\rho, \tau)}{\partial \tau} \right|_{\tau=0} = D(\rho) \tag{7.50}$$

这里假设初始函数足够光滑并满足边界条件，$\Delta_{\perp} = \frac{1}{\rho} \frac{\partial}{\partial \rho} \left(\rho \frac{\partial}{\partial \rho} \right)$ 是拉普拉斯算子的径向部分，$1 > \varepsilon \geqslant 0$ 是问题的参数。此外，式 (7.47) 是非齐次方程组，因为函数 $\gamma(\rho, \tau)$ 通过以下形式确定：

$$\gamma(\rho, \tau) = \frac{a_*^2}{4} \exp \left\{ -\frac{2\rho^2}{\rho_*^2} - \frac{2(\tau - \tau_c)^2}{\tau_*^2} \right\} \tag{7.51}$$

式中：$a_*, \rho_*, \tau_c, \tau_*$ 均为已知数，并且 $\rho_* \ll R, \tau_* \ll \tau_c$。

我们先来研究齐次（即 $\gamma(\rho, \tau) \equiv 0$）问题式 (7.47)~ 式 (7.50) 的通解。为此把解表示为如下形式：

$$\psi(\rho,\tau)=\sum_{k=1}^{\infty}\psi_k(\tau)Y_k(\rho), \quad q(\rho,\tau)=\sum_{k=1}^{\infty}q_k(\tau)Z_k(\rho) \tag{7.52}$$

其中

$$Y_k(\rho)=\frac{\sqrt{2}}{R\left|\mathrm{J}_1\left(\lambda_k\right)\right|}\mathrm{J}_0\left(\lambda_k\frac{\rho}{R}\right), Z_k(\rho)=\frac{\sqrt{2}}{R\left|\mathrm{J}_1\left(\lambda_k\right)\right|}\mathrm{J}_1\left(\lambda_k\frac{\rho}{R}\right)$$

是满足边界条件（7.48）的函数系；$\mathrm{J}_0(t)$ 和 $\mathrm{J}_1(t)$ 是贝塞尔函数；$\lambda_k, k=1, 2,\cdots$ 是 $\mathrm{J}_0(t)$ 的零点。

$\{Y_k\}_k^{\infty}=1, \{Z_k\}_k^{\infty}=1$ 中每一个函数系的完备性和正交性（在使用标量积 $(u, v)=\int_0^R \rho uv\mathrm{d}\rho$ 和范数 $\|u\|=(u, u)^{1/2}$ 的情况下）对每个固定的 k 可以由式 (7.47) 得到对式 (7.52) 展开系数的相关方程：

$$\nu_k\psi_k'+q_k=\varepsilon\left(q_k''+q_k\right), \quad \psi_k''-\nu_k q_k'+\left(\nu_k^2+1\right)\psi_k=0 \tag{7.53}$$

式中 $\nu_k=\lambda_k/R$，而撇号表示对变量 τ 求微分。

式 (7.53) 的特征方程形式为

$$\left(\lambda^2+1\right)\left[\varepsilon\lambda^2-(1-\varepsilon)\left(1+\nu_k^2\right)\right]=0$$

由此可得式 (7.53) 的通解表达式为

$$\psi_k(\tau)=\sum_{j=1}^{4}H_j^{(1)}g_j(\tau), \quad q_k(\tau)=\sum_{j=1}^{4}H_j^{(2)}g_j(\tau)$$

式中：$\{g_j(\tau)\}_{j=1}^4$ 是基本函数系，可表示为

$$g_1(\tau)=\sin(\tau), g_2(\tau)=\cos(\tau), g_3(\tau)=\exp\left(E_k\tau\right), g_4(\tau)=\exp\left(-E_k\tau\right)$$

后两个函数的系数 $E_k=\left[(1-\varepsilon)\left(1+\nu_k^2\right)/\varepsilon\right]^{1/2}$，而 $H_j^{(i)}\,(i=1, 2)$ 可以由初始函数式 (7.49) 和式 (7.50) 展开成式 (7.52) 的形式，由级数的相应展开式求出。由上述计算可得：

命题 7.4.1 假设 式 (7.47) 中的 ε 为 $(0,1)$ 中的固定值，已知两个正数：g 为任意小正数，G 为任意大的正数。那么对于任意已知数 $\tau>0$，都能在式 (7.49) 和

式 (7.50) 中找到足够光滑的初始函数,使其满足条件 $\max\{\|A\|,\|B\|,\|C\|,\|D\|\} \leqslant g$，并能使齐次方程组式 (7.47)∼ 式 (7.50) 的解满足不等式 $\max\{\|\psi\|,\|q\|\} \geqslant G$。

命题 7.4.1 意味着，如果 $\varepsilon \neq 0$，那么式 (7.47)∼ 式 (7.50) 问题的解是指数不稳定的，这与证明拉普拉斯方程经典柯西问题不稳定性的著名阿达玛（АДаМар）案例一样 [87]，因此，基本上不可能求出这种数值解。不过由于所研究的问题具有特殊性，所以可以避免直接对式 (7.47) 进行积分来求得近似解。

我们来研究在 $\varepsilon = 0$ 情况下式 (7.47)∼ 式 (7.50) 问题稳定的个别情况，这种情况仅需补充给出条件式 (7.48) 和式 (7.49)，并且由式 (7.47) 可得分解式方程组：

$$\frac{\partial^2\psi}{\partial\tau^2} + \psi - \gamma = 0, \quad q = \frac{\partial^2\psi}{\partial\rho\partial\tau} \tag{7.54}$$

引理 7.4.1 正确。

引理 7.4.1 假设 $\psi_0(\rho,\tau)$ 和 $q_0(\rho,\tau)$ 是非齐次方程组式 (7.54) 和式 (7.49) 的足够光滑解，$\gamma(\rho,\tau)$ 已知，那么函数 q_0 在区域 Ω 上满足：

$$\frac{\partial^2\gamma}{\partial\rho\partial\tau} - q_0 - \frac{\partial^2 q_0}{\partial\tau^2} = 0$$

根据此引理，可以建立命题 7.4.2。

命题 7.4.2 假设 $\tau_c \gg \tau_*$，式 (7.51) 形式的函数 $\gamma(\rho,\tau)$ 已知，式 (7.54) 和式 (7.49) 问题的解 ψ_0 和 q_0 已求出，式 (7.50) 中的初始函数通过以下方式确定：

$$C(\rho) = q_0(\rho, 0), \quad D(\rho) = \left.\frac{\partial q_0(\rho,\tau)}{\partial\tau}\right|_{\tau=0}$$

那么在 $\varepsilon \neq 0$时 式 (7.47)∼ 式 (7.50) 问题的解 ψ_ε、q_ε与ψ_0、q_0 完全一致，即

$$\psi_\varepsilon(\rho,\tau) = \psi_0(\rho,\tau), \quad q_\varepsilon(\rho,\tau) = q_0(\rho,\tau) \quad \forall(\rho,\tau) \in \Omega$$

命题 7.4.2 添加两点注意事项非常有用：第一，解与参数 ε 是否无关涉及的只是式 (7.47)，而不是更通用的描述激光和等离子体相互作用的原始方程组。原因在于，从一般情况转换到线性问题（在 $a_* \ll 1$ 情况下）以后，替换了 $\tau = \eta/\sqrt{1-\varepsilon}$ 形式的变量，从而得出了式 (7.47) 的解析式。换句话说，如果使用原始自变量 ρ 和 t 来研究 q_0，那么甚至隐式（τ 与 ε 相关的形式以及相应的 $\gamma(\rho,\tau)$ 的非齐次性形式）解 ψ_0 和 q_0 都与 ε 相关。第二，选择附加初始值的过程可能是人为的，因

为需要将求解 ψ_ε 和 q_ε 替换为求解 ψ_0 和 q_0。但是从实际来看，这一点完全不是必需的，由于条件 $\tau_c \gg \tau_*$ 的存在，物理过程本身是从完全静止状态开始的（所有的函数和导数在初始时刻均为零）。

7.4.3　渐进数值法

7.4.2 节中所研究的辅助柯西问题是“慢”脉冲式 (7.46) 情况中线性化问题的一个重要部分，因为式 (7.47) 是通过消掉式 (7.46) 中的函数 $\tilde{\varphi}$ 并去除“波浪线”符号得到的。

通过 7.4.2 节的分析可以得出两个重要推论。

（1）根据 7.3.2 节的变换，消掉式 (7.47) 第一个方程中的

$$\varepsilon\left(\frac{\partial^2\tilde{\gamma}}{\partial\rho\partial\tau} - p - \frac{\partial^2 p}{\partial\tau^2}\right)$$

项，可以得到求解线性问题的稳定方法。

（2）描述原始非线性问题（式 (7.45)）一次近似解（按小参数 ε 直接展开）的相应方程不包含共振项（至少不包含显式共振项）。

根据上述推论，可以表述出对“慢”脉冲产生的尾波建模的渐进数值方法。我们来逐步描述它。

下面研究对式 (7.45) 中所有未知函数的 ε 直接展开式：

$$f = f_0 + \varepsilon f_1 + \varepsilon^2 f_2 + \cdots$$

那么，为了确定解的零次近似值，可以由式 (7.45) 得到非线性方程组：

$$\begin{gathered}
1 + \psi_0^2 - 2\psi_0\gamma_0 + p_0^2 + \frac{|a|^2}{2} = 0 \\
\frac{\partial^2\psi_0}{\partial\rho\partial\tau} - p_0\varphi_0 = 0 \\
\Delta_\perp\psi_0 - \varphi_0\psi_0 + 1 = 0 \\
\frac{\partial^2\psi_0}{\partial\tau^2} - \frac{1}{\rho}\frac{\partial}{\partial\rho}\left(\rho\frac{\partial p_0}{\partial\tau}\right) + \Delta_\perp\gamma_0 - \gamma_0\varphi_0 + 1 = 0
\end{gathered} \tag{7.55}$$

式 (7.55) 与基本问题的式 (7.31) 和式 (7.32) 一致。因此，对其添加初始条件和边界条件（式 (7.36)～式 (7.38)），就可以通过研究基本问题的任意一种方法来获得未知解的零次近似值。

具有零次近似值就不难由式 (7.45) 得出确定一次近似值的线性方程组：

$$
\begin{gathered}
2\psi_0\psi_1 - 2\psi_0\gamma_1 - 2\psi_1\gamma_0 + 2p_0p_1 + (\gamma_0 - \psi_0)^2 = 0, \\
\frac{\partial^2 \psi_1}{\partial\rho\partial\tau} - p_0\varphi_1 - p_1\varphi_0 + \left(p_0\varphi_0 + \frac{\partial^2 p_0}{\partial\tau^2} - \frac{\partial^2 \gamma_0}{\partial\rho\partial\tau}\right) = 0, \\
\Delta_\perp\psi_1 - \varphi_0\psi_1 - \varphi_1\psi_0 + \frac{\partial^2\psi_0}{\partial\tau^2} = 0, \\
\frac{\partial^2\psi_1}{\partial\tau^2} - \frac{1}{\rho}\frac{\partial}{\partial\rho}\left(\rho\frac{\partial p_1}{\partial\tau}\right) + \Delta_\perp\gamma_1 - \gamma_0\varphi_1 - \gamma_1\varphi_0 + \frac{\partial^2\psi_0}{\partial\tau^2} = 0
\end{gathered} \tag{7.56}
$$

正像上面所指出的，这些线性方程不含共振项，因此可以在很长时间间隔上使用。此外，其中的所有不稳定项显然都是根据已知的零次近似值计算的。

初步的计算表明“慢”脉冲有以下作用。

（1）尾波变化的动态过程向接近脉冲中心偏移，即完全符合纵坐标变换 $\eta = \tau\sqrt{1-\varepsilon}$。

（2）在周期性波动部分几乎察觉不到任何变化。

（3）在非周期波动部分（翻转区域附近）电子密度极大值减小约 5%，而极小值则增加约 28%，即最敏感函数 $N(\rho, \eta)$ 变得平滑。

目前还没有进行过与“慢”脉冲激发尾波相关的比较详尽系统的研究。

7.5 文献评述及说明

文献 [43] 对更深入地理解研究激光脉冲在等离子体中激发尾波性质的必要性是非常有益的。

利用激光加速等离子体中电子的思想是在 1979 年提出的 [166]。对短激光脉冲最初的分析研究成果发表在 20 世纪 80 年代末 [44, 162]。激光加速等离子体中的电子实质上非常接近所谓的电子集体加速方法，这种方法还是苏联时期在哈尔科夫物理技术研究所经过多年研发的，当时科研战线相当广泛，其研究成果代表特殊的民族自豪感。

目前，已经积累了相当多的实验材料和理论材料（在法国、美国、日本和英国）[133]。足以设计和建造出能量超过 1000 MeV 的激光电子加速器。其中已经有几个项目接近完成。

正如导论中所述，模拟等离子体中尾波的主要方法是 PiC 模型。有非常多的著作都描述了这一模型（参见文献 [50，115，139] 及其参考文献）；在评论性文献 [167] 和著作文献 [23] 中俄罗斯学者对该方法产生的观点会对读者有所启发。

本书中主要的研究对象是列别捷夫物理研究所构建的尾波流体动力学模型，其由 Л.М. 戈尔布诺夫 (Л.М. Горбунов) 领导。在这一模型出现前已存在大量激光脉冲激发三维波理论方面的研究论著；其中应当指出的是文献 [9–10，113]。在文献 [10] 中建立了有关强激光脉冲在稀薄等离子体中激发的准平面尾波的解析理论，而在文献 [113] 中建立了有关等离子体通道中尾波结构的线性理论。实际上这些论著已经开始了在本著作中阐述的对等离子体尾波动力学的数值建模。与此同时，П. 摩尔和 T.M. 安东森在论著中也提出了类似的思想，非常值得一提的是他们基于短强激光脉冲传播的动力学模型所发表的学术论文 [153]。

在文献 [10] 中对有关等离子体尾波结构进行了开创性研究，著作中曾讨论在几个周期之后出现翻转的可能性。

与其他尾波模型的显著不同是其使用了关系式：

$$\boldsymbol{B}(\boldsymbol{x},t)+\frac{c}{e}\operatorname{curl}\boldsymbol{p}_e(\boldsymbol{x},t)=0$$

该式是由特殊形式的初始条件式 (1.14) 产生的。

对于稳态非相对论性方程这个关系式是众所周知的（如文献 [37，78]），它首先是与等离子体的无旋运动密切相关。而对于非稳态相对论性方程，该关系式在文献 [3–4] 中推出，称为“广义旋涡守恒定律”。

在文献 [109] 中运用方便数值求解的变量对描述尾波动力学的方程进行了变换。

模拟激光脉冲（以任意速度运动 $0\leqslant v_g\leqslant c$）激发尾波的式 (7.45) 形式的方程组似乎是首次提出。

在文献 [91–92] 中证明了方程在存在 “慢” 脉冲情况下指数的不稳定性。

在激光脉冲激发尾波的情况下，通常需要求解高频激光场振幅缓慢变化的（所谓的包络线）方程。为了不堆砌阐述内容，在本著作中没有研究与脉冲在物质中传播相关的课题。这一课题有一系列著作专门研究，其中研究内容有：在等离子体中射线有质动力自聚焦情况下的瞬态非线性波 [8]，等离子体中波束自聚焦的动力学 [12]，等离子体中热自聚焦 [47] 等。为此，本书基于已有的计算非线性薛定谔方程和热传导方程的方法组合，并考虑到动力学上一致的差分格式和准气体动力学方程，构建了一些原创的数值算法。下面来比较详细地阐述这些工作的实质。

在等离子体中强电磁射线束的传播可能伴随着自聚焦，导致射线束的横向尺寸减小，射线强度增加 [105]。产生这种现象的原因是等离子体在电磁辐射的作用下介电常数发生了改变。

电磁射线束的稳态或准稳态自聚焦的传统理论基于以下假设：形成非线性响应的时间要比强度变化的时间更短 [73，105]。但是等离子体中的很多非线性形式（如热非线性、电离非线性和有质动力的非线性）都是通过相对慢的过程确定的，这些过程的形成时间可能要远大于电磁射线束中强度变化的时间。在这种情况下自聚焦过程的特征很大程度上要决定于形成非线性响应的动态过程。

在文献 [8] 中所研究的等离子体参数情况下，决定非线性响应的主要机制是等离子体在平均有质动力（高频压力）作用下密度的重新分布。在文献 [114] 中已证明，在有质动力自聚焦情况下，在过渡过程中会激发出非线性密度波和辐射强度波，顺着电磁辐射束轴线从边界到等离子体深处传播，其速度要显著大于声速。并且在文献 [114] 中使用了有关等离子体密度小扰动假设。在这种近似框架下，稳态自聚焦通过三次非线性薛定谔方程来描述，众所周知 [57, 105]，其轴对称解具有奇点（焦点）。为了消除这一奇点，在文献 [114] 中运用了非线性耗散电磁场，它实际上符合气体的多光子吸收 [73]，但对于完全电离的等离子体是没有任何物理依据的。

在稳态等离子体中不存在奇点的物理原因是由质动力引起的密度扰动呈非线性。为了描述射线自作用的非稳态过程，在这种情况下对等离子体密度及其在电磁场中的运动速度都必须使用非线性流体动力学方程 [42]。正是在这种方程的基础上，在文献 [8，12] 中研究了轴对称电磁射线束的自聚焦动态过程。这种准稳态计算的结果已发表在一系列著作中，如文献 [127，152]。

根据文献 [114]，瞬态非线性波仅在从等离子体边界到形成稳态焦点的区域传播。与之不同的是，在文献 [8] 中已证明瞬态波不断深入等离子体内部，是介质中自聚焦过程的一个特征，没有非线性耗散且形成非线性响应时间相对较长。在非线性波之后形成稳定状态，这是电磁射线束轴上射线强度的极大值序列。等离子体边界的辐射强度达到其稳态值的时间增加会导致距边界的距离更远就开始激发瞬态非线性波。

对描述等离子体动力学和辐射电场强度的非稳态方程进行联立求解，要求以构建对欧拉方程动力学一致的差分格式为基础（参见文献 [55–56，97] 及其参考文献）研发出一种新的数值算法。计算结果表明，这种方法能够在很大范围的等离子体参数中得到可靠结果，尽管这对气体动力学状态方程的模拟总体来说是非稳态的。

等离子体密度及其运动速度的非线性流体动力学方程组的解与包络线的非线性方程一起可以避免基于声学线性方程的理论中在稳态出现奇点的问题 [114]。已经证明，在过渡过程中会激发非线性等离子体密度波和辐射强度波，它顺着波束轴从等离子体边界向内部传播，其速度显著大于声速。

在文献 [8，114，127，152] 中所研究的模型均假设等离子体中电子的温度恒定。这个假设在电子的自由程远超电磁射线束横向尺寸的稀薄热等离子体中已经得到证实。

在文献 [47] 中研究了另一极端情况（电子的自由程很短情况）的自聚焦过程，这种情况主要是加热等离子体粒子（热自聚焦）。描述等离子体运用了完全流体动

力学方程组 [30]。已经证明，在这种情况下稳态也是电磁射线束轴上强度的极大值序列。尽管过渡过程不是单调的，但在达到这种稳态的过程中不会产生非线性波。

对描述等离子体动力学和辐射电场强度的非稳态方程进行联立求解，要求结合计算非线性薛定谔方程和热传导方程的已知方法（文献 [21，26，63，84]）研发出一种新的数值算法，该方法具有对该科学领域运用非常规的动力学一致的差分格式和准气体动力学方程（文献 [55–56，97]）。

再次提请注意的是：本书不研究诸如激光脉冲自聚焦等效应的建模。但在第 9 章中为了表述的完整性，考虑到对激光与等离子体相互作用建模的现实意义，也介绍了适用于激发尾波的计算包络线算法。

第 8 章 基本问题的数值算法

本章将基于不同的结构思想来建立对非线性微分代数基本问题求近似解的方法并对其进行分析。通过数值实验展示尾波流体动力学模型解的行为特点。

8.1 差分法 I

8.1.1 建立差分格式

在区域 $\Omega=\{(\rho,\eta):0\leqslant\rho\leqslant R,Z_e\leqslant\eta\leqslant Z_s\}$ 上建立两个变量的均匀网格 Ω_h，步长分别为 h_r 和 h_z，使得

$$\rho_m=mh_r,0\leqslant m\leqslant M,R=h_rM$$

$$\eta_j=Z_e+jh_z,0\leqslant j\leqslant N_z$$

$$Z_s=Z_e+h_zN_z$$

下面来描述上述非线性基本问题（式 (7.31) 和式 (7.32) 与一组初始条件和边界条件（式 (7.36)～式 (7.38)））的差分格式及其算法。并且我们对网格函数在节点 (ρ_m,η_j) 上会使用 f_m^j 形式的符号，在不会引起误解的地方略去一些角标。

下面来求网格 Ω_h 上 5 个未知函数中的 4 个：$\beta,\psi,\varphi,\gamma$。在一个略微不同的网格上（在与变量 ρ 相关、并与基础网格 Ω_h 偏移 $0.5\,h_r$ 的节点上）求出函数 q。这里用分数角标来标注如 $q_{m+1/2}^j$ 表示网格函数在节点 $(\rho_m+0.5\,h_r,\eta_j=Z_e+jh_z)$ 上的值。

写出方程

$$\frac{\partial\beta}{\partial\eta}+\frac{1}{\rho}\frac{\partial}{\partial\rho}\rho\frac{\partial q}{\partial\eta}-\Delta\gamma+\varphi\gamma-1=0$$

在网格 Ω_h 的内部节点上即 $j=N_z-1,N_z-2,\cdots,0;m=1,2,\cdots,M-1$ 的情况下的逼近方程为

$$\begin{aligned}&\frac{\beta_m^{j+1}-\beta_m^j}{h_z}+\frac{1}{\rho_mh_r}\left(\rho_{m+\frac12}\frac{q_{m+\frac12}^{j+1}-q_{m+\frac12}^j}{h_z}-\rho_{m-\frac12}\frac{q_{m-\frac12}^{j+1}-q_{m-\frac12}^j}{h_z}\right)\\&-\Delta^h\gamma_m^j+\varphi_m^j\gamma_m^j-1=0\end{aligned}\tag{8.1}$$

这里，对节点 $\rho_m, m \geqslant 1$ 中拉普拉斯算子的径向部分（在运用柱坐标情况下），即

$$\Delta = \frac{1}{r}\frac{\partial}{\partial r}\left(r\frac{\partial}{\partial r}\right)$$

采用通常的逼近法 [22]：

$$\Delta^h f_m = \frac{1}{\rho_m}\frac{1}{h_r}\left(\rho_{m+\frac{1}{2}}\frac{f_{m+1}-f_m}{h_r} - \rho_{m-\frac{1}{2}}\frac{f_m - f_{m-1}}{h_r}\right)$$

在对称轴上，即在 $m=0, j=N_z-1, N_z-2, \cdots, 0$ 的情况下，逼近方程的形式略有不同：

$$\frac{\beta_0^{j+1}-\beta_0^j}{h_z} + \frac{2}{h_r}\left(\frac{q_{+\frac{1}{2}}^{j+1}-q_{+\frac{1}{2}}^j}{h_z} - \frac{q_{-\frac{1}{2}}^{j+1}-q_{-\frac{1}{2}}^j}{h_z}\right) - \Delta\gamma_0^j + \varphi_0^j\gamma_0^j - 1 = 0 \tag{8.2}$$

其中

$$\Delta^h f_0 = \frac{4}{h_r^2}(f_1 - f_0)$$

是拉普拉斯算子在对称轴上的差分模拟值（考虑到函数 $f(\rho)$ 在直线 $\rho = 0$ 附近的奇偶性条件 [22]）。

类似地可以首先写出方程：

$$q\varphi + \frac{\partial\beta}{\partial\rho} = 0$$

在内部节点上即在 $j = N_z-1, N_z-2, \cdots, 0$; $m = 1, 2, \cdots, M-1$ 的情况下有逼近式：

$$q_{m-\frac{1}{2}}^j\frac{\varphi_m^j+\varphi_{m-1}^j}{2} + \frac{\beta_m^j - \beta_{m-1}^j}{h_r} = 0 \tag{8.3}$$

然后写出在对称轴上（$m=0, j=N_z-1, N_z-2, \cdots, 0$）上的逼近式：

$$q_{-\frac{1}{2}}^j\frac{\varphi_0^j+\varphi_1^j}{2} + \frac{\beta_0^j - \beta_1^j}{h_r} = 0 \tag{8.4}$$

由式 (8.3)（在 $m=1$ 情况下）和式 (8.4) 可得：

$$\frac{1}{2}\left(q_{-\frac{1}{2}}^j + q_{\frac{1}{2}}^j\right) = 0, \quad j = N_z-1, N_z-2, \cdots, 0$$

该式是在区域 Ω 的对称轴上对条件 $q(\rho=0, \eta) = 0$ 的二阶逼近。

这里要提请注意的是，这个微分方程的逼近所在的节点不是在基础网格上，而是在辅助网格上。因此，函数的积 $q\varphi$ 替换为函数 q 在节点上的值乘以函数 φ 在相邻节点对变量 ρ 取值的中数。这种方法可以在辅助网格节点对光滑函数得到所研究方程相对于 h_r 值的二阶逼近误差。

剩余方程：

$$\varphi\psi - \varDelta\psi + 1 = 0, \quad 2\gamma\psi + \psi^2 + q^2 + 1 + \frac{|a|^2}{2} = 0, \quad \frac{\partial\psi}{\partial\eta} - \beta = 0$$

用在网格 $\varOmega_h$ 节点的以下离散模拟值替代：

$$\varphi_m^j\psi_m^j - \varDelta^h\psi_m^j + 1 = 0, \quad 2\gamma_m^j\psi_m^j + \left(\psi_m^j\right)^2 + q_{m-\frac{1}{2}}^j q_{m+\frac{1}{2}}^j + 1 + \frac{\left|a_m^j\right|^2}{2} = 0,$$
$$\frac{\psi_m^{j+1} - \psi_m^j}{h_z} - \beta_m^j = 0 \tag{8.5}$$

条件是在 $j = N_z - 1, N_z - 2, \cdots, 0$; $m = 0, 1, \cdots, M-1$ 的情况下在区域 $\varOmega_h$ 内部，以及在对称轴上。在这种情况下应当指出的是，对于光滑函数 q 来说，使用 $q_{m-1/2}\,q_{m+1/2}$ 来逼近 q^2 会导致二阶误差值相对于离散化参数 h_r 来说很小。

为使所列出的差分方程闭合，应该补充缺少的初始条件和边界条件，这种情况就是描述未受扰动等离子体的“静止”条件。在 $j = N_z; m = 0, 1, \cdots, M$ 以及 $m = M; j = N_z, N_z - 1, \cdots, 0$ 的情况下，有

$$\psi_m^j = -1, \quad \beta_m^j = q_{m-\frac{1}{2}}^j = 0, \quad \varphi_m^j = \gamma_m^j = 1 \tag{8.6}$$

应当注意的是，对函数 q 边界条件的一阶形式逼近相对于零值“偏移”了 $0.5hr$。在 $m = M$ 时这不会影响所得到解的质量，因为函数本身指数值很小，而在 $m = 0$ 时，只是在 $j = N_z$ 情况下也就是在与初始未受扰动等离子体有关的区域取零值。这就意味着在这种情况下边界条件的“偏移”不会导致总体上降低差分格式解的收敛速度。

所提出的差分格式在网格内部节点上对于 ρ 的步长具有二阶逼近，而对于 η 的步长则为一阶逼近；而对于线性化问题来说，稳定性以及具有同样逼近阶数的收敛性可以通过下一节描述的变换得出。

8.1.2 变分格式研究

本节对于差分格式式 (8.1)~ 式 (8.6) 写出未知网格函数相对变化不大的方程组。

首先注意到，如果使尾波初始化的函数 a_m^j 恒等于零，那么所研究的差分格式的解只是所求函数式 (8.6) 的背景值：

$$\psi_m^j = -1, \quad \beta_m^j = q_{m-\frac{1}{2}}^j = 0, \quad \varphi_m^j = \gamma_m^j = 1, \quad \forall m \in [0, M], \forall j \in [0, N_z]$$

接下来将所求函数形式表示为

$$\psi_m^j = -1 + \tilde{\psi}_m^j, \quad \beta_m^j = 0 + \tilde{\beta}_m^j, \quad q_{m-\frac{1}{2}}^j = 0 + \tilde{q}_{m-\frac{1}{2}}^j, \quad \varphi_m^j = 1 + \tilde{\varphi}_m^j, \quad \gamma_m^j = 1 + \tilde{\gamma}_m^j \tag{8.7}$$

式中：通过“波浪线”符号表示网格函数的变化。

现在假设激光脉冲足够小（$|a_m^j| \ll 1$），将表达式 (8.7) 代入差分格式式 (8.1)~式 (8.6)，在所得到的关系式中消掉带波浪线量的二次项。结果可以得到具有常系数且变化相对小的线性差分方程组。

式 (8.1) 和式 (8.2) 变换为以下形式：

$$\frac{\tilde{\beta}_m^{j+1} - \tilde{\beta}_m^j}{h_z} + \frac{1}{\rho_m h_r}\left(\rho_{m+\frac{1}{2}} \frac{\tilde{q}_{m+\frac{1}{2}}^{j+1} - \tilde{q}_{m+\frac{1}{2}}^j}{h_z} - \rho_{m-\frac{1}{2}} \frac{\tilde{q}_{m-\frac{1}{2}}^{j+1} - \tilde{q}_{m-\frac{1}{2}}^j}{h_z}\right)$$

$$-\Delta^h \tilde{\gamma}_m^j + \tilde{\varphi}_m^j + \tilde{\gamma}_m^j = 0 \tag{8.8}$$

$$\frac{\tilde{\beta}_0^{j+1} - \tilde{\beta}_0^j}{h_z} + \frac{2}{h_r}\left(\frac{\tilde{q}_{+\frac{1}{2}}^{j+1} - \tilde{q}_{+\frac{1}{2}}^j}{h_z} - \frac{\tilde{q}_{-\frac{1}{2}}^{j+1} - \tilde{q}_{-\frac{1}{2}}^j}{h_z}\right) - \Delta \tilde{\gamma}_0^j + \tilde{\varphi}_0^j + \tilde{\gamma}_0^j = 0$$

类似地，变换关系式 (8.3) 和式 (8.4)：

$$\tilde{q}_{m-\frac{1}{2}}^j + \frac{\tilde{\beta}_m^j - \tilde{\beta}_{m-1}^j}{h_r} = 0, \quad \tilde{q}_{-\frac{1}{2}}^j + \frac{\tilde{\beta}_0^j - \tilde{\beta}_1^j}{h_r} = 0 \tag{8.9}$$

从式 (8.9) 还能得到函数 q 在区域对称轴上的边界条件近似值，即

$$\frac{1}{2}\left(\tilde{q}_{-\frac{1}{2}}^j + \tilde{q}_{\frac{1}{2}}^j\right) = 0, \quad j = N_z - 1, N_z - 2, \cdots, 0$$

相对变化后的差分方程式 (8.5) 形式为

$$\tilde{\varphi}_m^j = \tilde{\psi}_m^j - \Delta^h \tilde{\psi}_m^j, \quad \tilde{\gamma}_m^j = \frac{|a_m^j|^2}{4}, \quad \frac{\tilde{\psi}_m^{j+1} - \tilde{\psi}_m^j}{h_z} - \tilde{\beta}_m^j = 0 \tag{8.10}$$

最后，变化后所求函数的初始条件和边界条件式 (8.6) 为齐次且相同的：

$$\tilde{\psi}_m^j = \tilde{\beta}_m^j = \tilde{q}_{m-\frac{1}{2}}^j = \tilde{\varphi}_m^j = \tilde{\gamma}_m^j = 0 \tag{8.11}$$

把式 (8.9) 中函数 $\tilde{q}_{m-1/2}^j$ 和式 (8.10) 中函数 $\tilde{\varphi}_m^j$ 的显式代入到关系式 (8.8) 中，结果对 $m = 0, 1, \cdots, M-1$, $j = N_z - 1, N_z - 2, \cdots, 0$ 可得

$$(I - \Delta^h)\left(\frac{\tilde{\beta}_m^{j+1} - \tilde{\beta}_m^j}{h_z} + \tilde{\psi}_m^j + \tilde{\gamma}_m^j\right) = 0 \tag{8.12}$$

式中：通过 I 表示恒等算子。

考虑到函数 $\tilde{\beta}_m^j$，$\tilde{\psi}_m^j$，$\tilde{\gamma}_m^j$ 的离散边界条件（在对称轴附近的奇偶条件和在区域周边的“静止”条件），由式 (8.12) 可得差分方程：

$$\frac{\tilde{\beta}_m^{j+1}-\tilde{\beta}_m^j}{h_z}+\tilde{\psi}_m^j+\tilde{\gamma}_m^j=0 \tag{8.13}$$

现在，如果由式 (8.10) 向所得到的方程式 (8.13) 补充方程：

$$\tilde{\gamma}_m^j=\frac{\left|a_m^j\right|^2}{4},\quad \frac{\tilde{\psi}_m^{j+1}-\tilde{\psi}_m^j}{h_z}-\tilde{\beta}_m^j=0 \tag{8.14}$$

那么与式 (8.11) 中的初始条件一起，在给定变化 $\tilde{\gamma}_m^j$ 情况下可以得到有关未知变量 $\tilde{\beta}_m^j, \tilde{\psi}_m^j$ 的柯西差分问题。

不难发现，差分方程式 (8.13) 和式 (8.14) 逼近于微分方程组：

$$\frac{\partial\tilde{\beta}}{\partial\eta}+\tilde{\psi}=-\frac{|\,a(\rho,\eta)|^2}{4},\quad \frac{\partial\tilde{\psi}}{\partial\eta}-\tilde{\beta}=0$$

且相对于离散化参数 h_z 为一阶逼近。

考虑到对变量 η 的积分是往其减小的方向进行的，即差分方程中的角标 j 减小，那么由式 (8.13) 和式 (8.14) 可得特征方程：

$$\left(1+h_z^2\right)\mu^2-2\mu+1=0$$

该方程式有共轭复数根 $\mu_{1,2}=\dfrac{1\pm \mathrm{i}h_z}{1+h_z^2}$，其中每个根的模都严格小于 1。由此，根据 A.Φ. 菲利波夫（A.Φ. Филиппов）提出的定理（参见文献 [22]），这里可以得到线性微分方程的近似解到精确解的收敛性，是对离散化参数 h_z 的一阶收敛。

根据上面的讨论最终可知，对所求网格函数相对较小变化所记录的差分格式是绝对稳定的，其解收敛于线性问题式 (7.44) 的解，且相对于 h_z 为一阶收敛。在这种情况下其余的未知变化 $\tilde{q}_{m-1/2}^j$ 和 $\tilde{\varphi}_m^j$ 可以通过相对于参数 h_r 具有二阶逼近的显式公式求出。

8.1.3 实现差分格式 I 的算法

应当注意的是，尾波模型是在逼近设定脉冲的情况下研究的，也就是说，根据式 (7.31)，可以认为函数 $a_m^j=a(\rho_m,\eta_j)$ 在网格 Ω_h 的任意节点都是已知的。在这种情况下实现所列举的非线性差分格式的算法如下：式 (8.1)～ 式 (8.6) 对 η

向角标 j 减小的一方进行积分，也就是说依次对每一个 $j = N_z - 1, N_z - 2, \cdots, 0$ 三点向量方程组都可以通过牛顿法求解，这是利用 5×5 矩阵追赶法实现的。下面来对上述情况进行明确说明。

这里把所求解表示为式 (8.7) 的形式：

$$\psi_m^j = -1 + \tilde{\psi}_m^j,\quad \beta_m^j = 0 + \tilde{\beta}_m^j,\quad q_{m-\frac{1}{2}}^j = 0 + \tilde{q}_{m-\frac{1}{2}}^j,\quad \varphi_m^j = 1 + \tilde{\varphi}_m^j,\quad \gamma_m^j = 1 + \tilde{\gamma}_m^j$$

式中：“波浪线”符号与之前一样，表示网格函数的变化。但是，这里不认为激光脉冲很小，因此方程中二次项保留下来，使其成为非线性。

下面设定式 (8.1)～式 (8.6) 中某些角标 j 的值。由于对变量 η 的积分向其递减的一方进行，那么角标 $j+1$ 标注的函数的值可以认为是已知的（给定或已计算出）。然后确定未知数的向量：

$$\boldsymbol{Y} \equiv \boldsymbol{Y}_m = \left[\tilde{\beta}_m^j, \tilde{q}_{m-1/2}^j, \tilde{\varphi}_m^j, \tilde{\gamma}_m^j, \tilde{\psi}_m^j\right]^{\mathrm{T}},\quad m = 0, 1, \cdots, M$$

实际上，未知数会形成一个 $5\times(M+1)$ 矩阵），并将式 (8.1)～式 (8.6) 改写为非线性代数方程组 $F(Y) = 0$ 的形式。为了求解这一方程组，我们使用经典牛顿法 [22]：

$$\begin{aligned} &F'\left(\boldsymbol{Y}^n\right)\left(\boldsymbol{Y}^{n+1} - \boldsymbol{Y}^n\right) + F\left(\boldsymbol{Y}^n\right) = 0, \\ &\boldsymbol{Y}^0 = \left[\tilde{\beta}_m^{j+1}, \tilde{q}_{m-1/2}^{j+1}, \tilde{\varphi}_m^{j+1}, \tilde{\gamma}_m^{j+1}, \tilde{\psi}_m^{j+1}\right]^{\mathrm{T}}, m = 0, 1, \cdots, M \end{aligned} \tag{8.15}$$

在这种情况下辅助线性方程在每次牛顿迭代 $F'(\boldsymbol{Y}^n)\boldsymbol{X} = \boldsymbol{D}$，式中 $\boldsymbol{X} = \boldsymbol{Y}^{n+1} - \boldsymbol{Y}^n$, $\boldsymbol{D} = -F(\boldsymbol{Y}^n)$，具有以下形式：

$$\begin{aligned} \boldsymbol{C}_0\boldsymbol{X}_0 - \boldsymbol{B}_0\boldsymbol{X}_1 &= \boldsymbol{D}_0, & m &= 0 \\ -\boldsymbol{A}_0\boldsymbol{X}_{m-1} + \boldsymbol{C}_m\boldsymbol{X}_m - \boldsymbol{B}_m\boldsymbol{X}_{m+1} &= \boldsymbol{D}_m, & 1 &\leqslant m \leqslant M-1 \\ \boldsymbol{X}_M &= 0, & m &= M \end{aligned} \tag{8.16}$$

式中：$\boldsymbol{X}_m$ 和 $\boldsymbol{D}_m$ 为 5 维向量；$\boldsymbol{A}_m$、$\boldsymbol{B}_m$ 和 $\boldsymbol{C}_m$ 为 5×5 矩阵。

使用矩阵追赶法求解这种形式的方程组（三点向量方程组）非常方便 [83]。用这种方法首先向着角标增长的一方（$m = 1, 2, \cdots, M-1$）递推确定追赶系数（矩阵和向量）：

$$\begin{aligned} \boldsymbol{\alpha}_{m+1} &= \left(\boldsymbol{C}_m - \boldsymbol{A}_m\boldsymbol{\alpha}_m\right)^{-1}\boldsymbol{B}_m, & \boldsymbol{\alpha}_1 &= \boldsymbol{C}_0^{-1}\boldsymbol{B}_0 \\ \boldsymbol{\beta}_{m+1} &= \left(\boldsymbol{C}_m - \boldsymbol{A}_m\boldsymbol{\alpha}_m\right)^{-1}\left(\boldsymbol{D}_m + \boldsymbol{A}_m\boldsymbol{\beta}_m\right), & \boldsymbol{\beta}_1 &= \boldsymbol{C}_0^{-1}\boldsymbol{D}_0 \end{aligned} \tag{8.17}$$

然后向着角标减小的一方（$m = M-1, M-2, \cdots, 0$）确定未知向量的分量：

$$\boldsymbol{X}_m = \boldsymbol{\alpha}_{m+1}\boldsymbol{X}_{m+1} + \boldsymbol{\beta}_{m+1}, \quad \boldsymbol{X}_M = 0 \tag{8.18}$$

对 8.1.2 节研究的相对小变化的线性化问题，不难检验式 (8.17) 和式 (8.18) 方法对求解式 (8.16) 的准确性和稳定性。原因是这里列出的矩阵追赶法实际上等价于在所求函数变化的对称轴附近的奇偶性条件和“静止”条件下对式 (8.12) 的求解。

牛顿法的收敛性可以通过 $m = 0, 1, \cdots, M-1$ 和所有方程的最大误差值不超过 $\delta = 10^{-4}$ 来判定。一般来说，在计算中这相应地不会超过三次迭代。

8.2 差分法II

8.1 节所研究的差分法 I 有一个很大缺点，就是相应的差分格式相对参数 h_z 具有一阶逼近误差。特别是在计算中，当尾波的传播时间为很多个周期时，这种误差可能大到超出允许范围。此外，差分法 I 的计算量相当大：对变量 η 每步的每次牛顿迭代 5×5 矩阵追赶法都可能导致计算资源的不合理运用。

本节尝试同时克服两个困难，也就是构建一种更准确、更“快速”（计算量更小些）的差分法。

8.2.1 建立差分格式

对区域 $\Omega = \{(\rho, \eta): 0 \leqslant \rho \leqslant R, Z_e \leqslant \eta \leqslant Z_s\}$ 的离散模拟不变：Ω_h 是步长分别为 h_r 和 h_z 两个变量的均匀网格，有

$$\rho_m = mh_r, 0 \leqslant m \leqslant M, R = h_r M; \quad \eta_j = Z_e + jh_z, 0 \leqslant j \leqslant N_z, Z_s = Z_e + h_z N_z$$

与之前一样，我们对节点（ρ_m, η_j）的网格函数使用 f_m^j 形式的符号来表示，省略一些不会引起误解的角标。

我们来确定网格 Ω_h 上 5 个未知函数中的 4 个：$\beta, \psi, \varphi, \gamma$。在一个稍有不同的网格中（也就是在基础网格 Ω_h 偏移 $0.5\,h_r$ 的节点上，该节点与变量 ρ 有关）确定函数 q。这里用分数角标标注，如 $q_{m+1/2}^j$ 表示在节点 $(\rho_m + 0.5\,h_r, \eta_j = Z_e + jh_z)$ 中的网格函数值。

下面关注主要内容，即主要差别集中在方程的逼近上：

$$\varphi\psi - \varDelta\psi + 1 = 0, \quad 2\gamma\psi + \psi^2 + q^2 + 1 + \frac{|a|^2}{2} = 0, \quad \frac{\partial\psi}{\partial\eta} - \beta = 0$$

8.1 节其离散模拟形式为式 (8.5)，即

$$\varphi_m^j\psi_m^j - \Delta^h\psi_m^j + 1 = 0, \quad 2\gamma_m^j\psi_m^j + \left(\psi_m^j\right)^2 + q_{m-\frac{1}{2}}^j q_{m+\frac{1}{2}}^j + 1 + \frac{\left|a_m^j\right|^2}{2} = 0,$$

$$\frac{\psi_m^{j+1} - \psi_m^j}{h_z} - \beta_m^j = 0$$

而在我们所提出变化的格式中，逼近方法稍稍不同：

$$\varphi_m^j\psi_m^j - \Delta^h\psi_m^j + 1 = 0,$$

$$2\gamma_m^j\psi_m^j + \left(\psi_m^j\right)^2 + \left(\frac{q_{m-\frac{1}{2}}^j + q_{m+\frac{1}{2}}^j}{2}\right)^2 + 1 + \frac{\left|a_m^j\right|^2}{2} = 0, \quad \frac{\psi_m^{j+1} - \psi_m^j}{h_z} - \beta_m^{j+1} = 0 \tag{8.19}$$

可以注意到，第二个方程发生了改变（q^2 值变为相邻值平方的中数），第三个方程也发生了改变（变量 β 的上角标发生了变化）。其余的差分方程（式 (8.1)~式 (8.4)）以及相应的初始条件和边界条件式 (8.6) 没有任何变化。

因此可以转向模拟（线性化）问题的研究，以分析新差分格式的逼近方法、稳定性、收敛性。

8.2.2 变分格式研究

本节对差分格式式 (8.1)~ 式 (8.4)、式 (8.6) 以及式 (8.19) 写出相对变化很小的未知网格函数方程组。

与之前一样，我们把所求解表示为对背景值产生偏移的形式：

$$\psi_m^j = -1 + \tilde{\psi}_m^j, \quad \beta_m^j = 0 + \tilde{\beta}_m^j, \quad q_{m-\frac{1}{2}}^j = 0 + \tilde{q}_{m-\frac{1}{2}}^j, \quad \varphi_m^j = 1 + \tilde{\varphi}_m^j, \quad \gamma_m^j = 1 + \tilde{\gamma}_m^j \tag{8.20}$$

式中“波浪线”符号表示网格函数的变化。假设激光脉冲足够小（$|a_m^j| \ll 1$），将式 (8.20) 代入所研究的差分格式中，在所得到的关系式中消掉相对带有“波浪线”值很小的二次项，可以得到相对很小变化的常系数线性差分方程组。

由于只改变了差分方程的一部分，我们使用上一节的结果并补充对差分方程式 (8.19) 的线性化：

$$\tilde{\varphi}_m^j = \tilde{\psi}_m^j - \Delta^h\tilde{\psi}_m^j, \quad \tilde{\gamma}_m^j = \frac{\left|a_m^j\right|^2}{4}, \quad \frac{\tilde{\psi}_m^{j+1} - \tilde{\psi}_m^j}{h_z} - \tilde{\beta}_m^{j+1} = 0 \tag{8.21}$$

线性的情况下与式 (8.10) 的区别变得更小，只是在逼近方程 $\dfrac{\partial\psi}{\partial\eta} - \beta = 0$ 中有区别。

回顾一下所缺少的差分方程式 (8.13)：

$$\frac{\tilde{\beta}_m^{j+1}-\tilde{\beta}_m^j}{h_z}+\tilde{\psi}_m^j+\tilde{\gamma}_m^j=0$$

考虑到对 η 的积分向其减小的一方（也就是向差分方程中角标 j 减小的一方）进行，那么由式 (8.13) 和式 (8.21) 可得特征方程：

$$\mu^2-\left(2-h_z^2\right)\mu+1=0$$

该方程在 $0<h_z<2$ 情况下有共轭复数根，且根的模等于 1。由此，根据 A.Φ. 菲利波夫（A.Φ. Филиппов）定理 [22]，在上述条件下可以得出线性微分方程的近似解向精确解的收敛性（相对于离散化参数 h_z 为二阶收敛）。

根据上面所进行的讨论可知，所求网格函数发生相对较小变化的差分格式是绝对稳定的，其解收敛于线性问题式 (7.44) 的解，且相对于 h_z 为二阶收敛。在这种情况下其余的未知变化 $\tilde{q}_{m-1/2}^j$ 和 $\tilde{\varphi}_m^j$ 可以通过相对于参数 h_r 的二阶逼近显式公式确定。

8.2.3 实现差分格式 II 的算法

首先回顾一下，尾波模型是在逼近给出的脉冲中研究的，也就是根据式 (7.31) 可以认为函数 $a_m^j=a(\rho_m,\eta_j)$ 在网格 Ω_h 的任意节点都是已知的。在这种情况下实现所用的非线性差分格式的算法如下：初始条件和边界条件为式 (8.6) 的方程组式 (8.1)～式 (8.4) 和式 (8.19) 对 η 向下角标 j 减小的一方进行积分。下面通过有效的形式化来明确上述内容。

这里把所求解表示为式 (8.7) 的形式：

$$\psi_m^j=-1+\tilde{\psi}_m^j,\quad \beta_m^j=0+\tilde{\beta}_m^j,\quad q_{m-\frac{1}{2}}^j=0+\tilde{q}_{m-\frac{1}{2}}^j,\quad \varphi_m^j=1+\tilde{\varphi}_m^j,\quad \gamma_m^j=1+\tilde{\gamma}_m^j$$

式中："波浪线" 符号与之前的定义一样，表示变化的网格函数。但是，这里不假设激光脉冲很小，因此方程中的二次项保留，并使其成为非线性形式。

我们确定方程组式 (8.1)～式 (8.4) 和式 (8.19) 中的某一角标 j 的值。由于对变量 η 的积分是向其减少的一方进行，那么角标 $j+1$ 所标注的函数值被认为是已知的（给定的或可计算得出的）。

首先由式 (8.19) 确定变化的函数 $\tilde{\psi}_m^j$：

$$\tilde{\psi}_m^j=\tilde{\psi}_m^{j+1}-h_z\tilde{\beta}_m^{j+1},\quad m=0,1,\cdots,M-1 \tag{8.22}$$

然后根据已得到的 $\tilde{\psi}_m^j$ 按照显式公式计算出变化的函数 $\tilde{\varphi}_m^j$：

$$\tilde{\varphi}_m^j=\frac{\tilde{\psi}_m^j-\Delta^h\tilde{\psi}_m^j}{1-\tilde{\psi}_m^j},\quad m=0,1,\cdots,M-1 \tag{8.23}$$

对其余的未知数，三点向量方程组可以通过 3×3 矩阵追赶法实现的牛顿法求解。我们来确定未知向量：

$$\boldsymbol{Y} \equiv \boldsymbol{Y}_m = \left[\tilde{\beta}_m^j, \tilde{q}_{m-1/2}^j, \tilde{\gamma}_m^j\right]^{\mathrm{T}}, \quad m = 0, 1, \cdots, M$$

实际上，未知数会形成一个 $3 \times (M+1)$ 的矩阵，我们把初始条件和边界条件为式 (8.11) 的其余方程，即式 (8.1)~ 式 (8.4) 和式 (8.19) 改写成对向量 $\boldsymbol{Y}$ 的非线性代数方程组 $F(\boldsymbol{Y}) = 0$ 的形式。使用经典牛顿法对其求解 [22]：

$$\begin{aligned} &F'\left(\boldsymbol{Y}^n\right)\left(\boldsymbol{Y}^{n+1} - \boldsymbol{Y}^n\right) + F\left(\boldsymbol{Y}^n\right) = 0, \\ &\boldsymbol{Y}^0 = \left[\tilde{\beta}_m^{j+1}, \tilde{q}_{m-1/2}^{j+1}, \tilde{\gamma}_m^{j+1}\right]^{\mathrm{T}}, m = 0, 1, \cdots, M \end{aligned} \tag{8.24}$$

在这种情况下，辅助线性方程组每次牛顿迭代 $F'(\boldsymbol{Y}^n)\boldsymbol{X} = \boldsymbol{D}$，式中 $\boldsymbol{X} = \boldsymbol{Y}^{n+1} - \boldsymbol{Y}^n$, $\boldsymbol{D} = -F(\boldsymbol{Y}^n)$，具有式 (8.16) 的形式，式中五维应当替换为三维。使用矩阵追赶法求解三点向量方程组非常方便 [83]。在这种方法中，先根据式 (8.17) 递推确定向角标增长一方（$m = 1, 2, \cdots, M-1$）的追赶系数（矩阵和向量），然后根据式 (8.18) 确定未知向量向角标减小一方（$m = M-1, M-2, \cdots, 0$）的分量。

对 8.1 节研究的相对小变化的线性化问题，式 (8.17) 和式 (8.18) 方法求解方程组式 (8.16) 的准确性和稳定性不难验证。因为这里用到的矩阵追赶法实际上等价于求解满足变化函数对称轴附近的奇偶条件和 “静止” 条件的方程式 (8.12)。

牛顿法的收敛性可以由 $m = 0, 1, \cdots, M-1$ 和所有方程的最大误差值（不超过 $\delta = 10^{-4}$）确定。通常这在计算中相应地不超过三次迭代。

下面要指出在本节对差分法 I 所做的改进。首先，变量 η 差分格式的精度提高了一阶：从 $O(h_z)$ 提高到 $O(h_z^2)$；其次，通过将矩阵的维数从五降到三来实现差分格式时，大大减少了矩阵追赶法的计算量，大概减少到原来的 $\left(\dfrac{3}{5}\right)^3 \approx \dfrac{1}{5}$。这意味着在本节中建立了更精确、更 “快速”（计算量更小）的方法，但依然是差分法。

8.3 差分法 Ⅲ（线性化法）

前面两节研究了计算尾波的隐式有限差分法。本节将讨论求解相同问题有限差分法的显式格式，它的实现更简单，也更节省计算资源。

8.3.1 用方便形式提出问题

首先把模拟等离子体尾波的基本问题（式 (7.31)、式 (7.32) 以及初始条件和边界条件式 (7.36)~ 式 (7.38)）改写为更方便阐述算法的形式。

来看含有偏导数的微分代数方程组：

$$\boldsymbol{F}(\boldsymbol{x}) = \boldsymbol{y} \tag{8.25}$$

式中：$\boldsymbol{x} \equiv \boldsymbol{x}(\rho, \eta) = [q, \varphi, \psi, \gamma]^{\mathrm{T}}$ 是未知向量；$\boldsymbol{y} = \left[0, 0, 0, \frac{|a|^2}{4}\right]^{\mathrm{T}}$ 为已知的右边部分；$\boldsymbol{F} = [f_1, f_2, f_3, f_4]^{\mathrm{T}}$ 为非线性算子：

$$f_1 = q + \frac{\partial^2 \psi}{\partial \rho \partial \eta} + q\varphi, \quad f_2 = \varphi - \psi + \Delta\psi - \varphi\psi,$$

$$f_3 = \frac{\partial^2 \psi}{\partial \eta^2} + \frac{1}{\rho}\frac{\partial}{\partial \rho}\rho\frac{\partial q}{\partial \eta} - \Delta\gamma + \varphi + \gamma + \varphi\gamma, \quad f_4 = \gamma - \gamma\psi + \frac{1}{2}\left[\psi^2 + q^2\right]$$

这里与之前一样，使用 $\Delta = \frac{1}{\rho}\frac{\partial}{\partial \rho}\left(\rho\frac{\partial}{\partial \rho}\right)$ 表示拉普拉斯算子的径向部分。

式 (8.25) 通过无量纲形式描述轴对称尾波在激光脉冲激发的理想相对论性冷电子液体（等离子体）中的传播，激光脉冲的设定振幅（所谓的包络线）为

$$a(\rho, \eta) = a_* \exp\left\{-\frac{\rho^2}{\rho_*^2} - \frac{\eta^2}{l_*^2}\right\} \tag{8.26}$$

脉冲参数 a_*, ρ_* 和 l_* 实际上决定着研究式 (8.25) 初值/边值问题的解所在区域的几何尺寸。这些方程通过与脉冲相关的坐标写出，因此对变量 η 的积分向其减小的方向进行；认为脉冲中心静止不动且位于坐标原点（$\rho = \eta = 0$）。

研究式 (8.25)∼ 式 (8.26) 的区域为 $\Omega = \{(\rho, \eta) : 0 \leqslant \rho \leqslant R, \eta \leqslant Z_s$，式中 R 和 Z_s 决定未受扰动等离子体的边界。例如，如果尾波可以通过式 (8.26) 形式的函数确定，那么只要假设 $R = 4 \sim 4.5\rho_*$, $Z_s = 3.5 \sim 4.5 l_*$ 即可。原始方程式 (8.25) 包含偏导数，因此，应当添加初始条件和边界条件。

在 $\eta = Z_s$ 情况下给出静止状态，即未受扰动等离子体：

$$q = \varphi = \psi = \frac{\partial \psi}{\partial \eta} = \gamma = 0, \quad \forall 0 \leqslant \rho \leqslant R \tag{8.27}$$

在 $\rho = 0$ 情况下给出轴对称条件，即

$$q = \lim_{\rho \to 0} \rho\frac{\partial \varphi}{\partial \rho} = \lim_{\rho \to 0} \rho\frac{\partial \psi}{\partial \rho} = \lim_{\rho \to 0} \rho\frac{\partial \gamma}{\partial \rho} = 0, \quad \forall \eta \leqslant Z_s \tag{8.28}$$

在 $\rho = R$ 情况下给出未受扰动等离子体：

$$q = \varphi = \psi = \gamma = 0, \quad \forall \eta \leqslant Z_s \tag{8.29}$$

式 (8.25)~ 式 (8.29) 有一个已知的特性：式 (8.26) 形式的激光脉冲激发的轴对称尾波迟早会发生翻转。这一效应与携带波能量的电子的轨道相交有关。式 (8.25) 是使用欧拉变量写出的，因此发生翻转就是电子密度扰动趋于无穷（出现奇点），即

$$N(\rho,\eta)=1+\varphi+\gamma+\varphi\gamma \tag{8.30}$$

8.3.2　初步变换

本节来分析式 (8.25) 中算子 $\boldsymbol{F}$ 的性质。首先把线性部分和非线性部分分开，使式 (8.25) 变换为以下形式：

$$\boldsymbol{F}^l\boldsymbol{x}+\boldsymbol{F}^n(\boldsymbol{x})=\boldsymbol{y},\quad \boldsymbol{F}\equiv\boldsymbol{F}^l+\boldsymbol{F}^n$$

式中：$\boldsymbol{F}^n=(f_1^n, f_2^n, f_3^n, f_4^n)^{\mathrm{T}}$ 是非线性部分，可定义为

$$f_1^n=q\varphi,\quad f_2^n=-\varphi\psi,\quad f_3^n=\varphi\gamma,\quad f_4^n=-\gamma\psi+\frac{1}{2}\left[\psi^2+q^2\right]$$

然后对线性部分进行第一次因式分解。通过直接验证确立以下命题：

命题 8.3.1　算子 $\boldsymbol{F}^l$ 可以表示为以下形式：

$$\boldsymbol{F}^l=\boldsymbol{L}\boldsymbol{R} \tag{8.31}$$

式中：L 为下三角算子；R 为上三角算子，可分别表示为

$$\boldsymbol{L}=\begin{bmatrix} I & 0 & 0 & 0\\ 0 & I & 0 & 0\\ \dfrac{1}{\rho}\dfrac{\partial}{\partial\rho}\rho\dfrac{\partial}{\partial\eta} & I & I & 0\\ 0 & 0 & 0 & I \end{bmatrix},\quad \boldsymbol{R}=\begin{bmatrix} I & 0 & \dfrac{\partial^2}{\partial\rho\partial\eta} & 0\\ 0 & I & \Delta-I & 0\\ 0 & 0 & (I-\Delta)\left(\dfrac{\partial^2}{\partial\eta^2}+I\right) & I-\Delta\\ 0 & 0 & 0 & I \end{bmatrix}$$

由命题 8.3.1 可得，可以使式 (8.25) 具有为更适宜的形式：

$$\boldsymbol{R}\boldsymbol{x}=\boldsymbol{L}^{-1}\left(\boldsymbol{y}-\boldsymbol{F}^n(\boldsymbol{x})\right) \tag{8.32}$$

这可以根据显式由非退化矩阵算子 $\boldsymbol{L}$ 的可逆性得出。

接下来对问题的线性部分（即算子 $\boldsymbol{R}$）进行第二次因式分解。也可以通过直接检验确立以下命题：

命题 8.3.2　式 (8.32) 中的算子 $\boldsymbol{R}$ 可以表示为以下形式：

$$\boldsymbol{R}=\boldsymbol{D}\tilde{\boldsymbol{R}} \tag{8.33}$$

式中：$\boldsymbol{D}$ 为对角算子；$\tilde{\boldsymbol{R}}$ 为上三角算子，可分别表示为

$$\boldsymbol{D}=\begin{bmatrix} I & 0 & 0 & 0\\ 0 & I & 0 & 0\\ 0 & 0 & I-\Delta & 0\\ 0 & 0 & 0 & I \end{bmatrix},\quad \tilde{\boldsymbol{R}}=\begin{bmatrix} I & 0 & \dfrac{\partial^2}{\partial\rho\partial\eta} & 0\\ 0 & I & \Delta-I & 0\\ 0 & 0 & \dfrac{\partial^2}{\partial\eta^2}+I & I\\ 0 & 0 & 0 & I \end{bmatrix}$$

应当指出的是，对算子 $\boldsymbol{D}$ 的求逆很大程度上是依靠以下形式边值问题的求解：

$$(I-\Delta)u\equiv-\frac{1}{\rho}\frac{\partial}{\partial\rho}\left(\rho\frac{\partial u}{\partial\rho}\right)+u=g(\rho),\quad \lim_{\rho\to0}\rho\frac{\partial u}{\partial\rho}=0,\quad u(R)=0 \tag{8.34}$$

式中：函数 $g(\rho)$ 是已知的，并且只是平凡解，对应于式 (8.34) 中右侧为 0。

初步变换到这里就结束了，因为对式 (8.33) 因式分解可以使式 (8.25) 具有所需的形式：

$$\tilde{\boldsymbol{R}}\boldsymbol{x}=\boldsymbol{D}^{-1}\boldsymbol{L}^{-1}\left(\boldsymbol{y}-\boldsymbol{F}^n(\boldsymbol{x})\right)\equiv\boldsymbol{y}-\boldsymbol{G}^n(\boldsymbol{x}) \tag{8.35}$$

式中：非线性算子 $\boldsymbol{G}^n=(g_1,g_2,g_3,g_4)^{\mathrm{T}}$ 的形式为

$$g_1=q\varphi,g_2=-\varphi\psi,g_3=(I-\Delta)^{-1}\left(\varphi\psi-\frac{1}{\rho}\frac{\partial}{\partial\rho}\rho\frac{\partial}{\partial\eta}q\varphi+\varphi\gamma\right),$$

$$g_4=-\gamma\psi+\frac{1}{2}\left[\psi^2+q^2\right]$$

8.3.3 线性情况的差分法 Ⅲ

在假设式 (8.35) 中的非线性项很小的情况下本节来阐述对该方程求解的算法。应当指出的是，在这种情况下不要求求解式 (8.34)，因此所求函数与 ρ 的关系可以看作是与某个外部参数的关系。

我们使用变量 η 的均匀网格，使 $\eta^j=Z_s+j\tau\ (j=0,-1,-2,\cdots)$ 需要提醒的是，变量 η 在所研究的问题中是向减少一方变化的。

求解方程 $\tilde{\boldsymbol{R}}\boldsymbol{x}=\boldsymbol{y}$ 分三步实现。

(1) 计算 $\gamma^j(\rho)=\dfrac{\left|a^j(\rho)\right|^2}{4}$。

(2) 对线性方程 $\psi''+\psi+\gamma=0$ 的柯西问题求积分，积分应按以下基于简化为两个一阶方程的格式进行：

$$\frac{\psi^{j+1}(\rho)-\psi^{j}(\rho)}{\tau}-\beta^{j+1}(\rho)=0,\quad \frac{\beta^{j+1}(\rho)-\beta^{j}(\rho)}{\tau}+\psi^{j}(\rho)+\gamma^{j}(\rho)=0 \quad (8.36)$$

因为这可以显著降低计算误差的影响 [22]。

(3) 在必要的情况下（如为了定期检测电子密度），可根据显式公式计算下列值：

$$q^{j}(\rho)=-\frac{\partial\beta^{j}(\rho)}{\partial\rho},\quad \varphi^{j}(\rho)=\psi^{j}(\rho)-\Delta\psi^{j}(\rho)$$

式 (8.36) 等价于对 τ 的二阶精度标准式，而总体上讲，实现这一算法的特点包括能够在每一步先计算 $\psi^{j}(\rho)$，然后再依次计算 $\gamma^{j}(\rho)$ 和 $\beta^{j}(\rho)$。

为了结束对线性格式的描述，应当确定对变量 ρ 的离散化形式：基础网格为 $\rho_m=mh, 0\leqslant m\leqslant M, Mh=R$；除了 q 以外，所有函数都在基础网格的节点上确定，而函数 q 在偏移 $-0.5h$ 的节点上确定，用 m 的分数角标进行标注。边界条件以 $q(0)=0\,\forall\eta^{j}$ 及 $q^{j}_{-1/2}+q^{j}_{1/2}=0\,(\forall j\leqslant 0)$ 的形式给出。对于内部节点 $\rho_m(0<m<M)$ 上拉普拉斯算子的径向部分，可以采用通常的逼近法：

$$\Delta^{h}f_m=\frac{1}{\rho_m}\frac{1}{h_r}\left(\rho_{m+1/2}\frac{f_{m+1}-f_m}{h_r}-\rho_{m-1/2}\frac{f_m-f_{m-1}}{h_r}\right)$$

而在对称轴上（$\rho_0=0$），对于偶函数来说，采用其极限值 $\Delta^{h}f_0=\dfrac{4}{h^2}(f_1-f_0)$。

8.3.4　非线性情况的差分法 Ⅲ

我们所研究的算法基于关系式 (8.35)～ 式 (8.36)，它可以表示为以下形式：

$$\tilde{\boldsymbol{R}}\boldsymbol{x}^{j}=\boldsymbol{y}^{j}-\boldsymbol{G}^{n}\left(\hat{\boldsymbol{x}}^{j}\right) \quad (8.37)$$

式中：$\hat{\boldsymbol{x}}^{j}=(q^{j+1},\varphi^{j},\psi^{j},\gamma^{j})^{\mathrm{T}}$。

这种写法意味着，通过变量 η 从已知（即此前计算出的）层开始表示非线性项仅使用函数 q^{j+1}。而从时间层 j 开始所有其余的未知数都属于式 (8.37)，这使得该格式“几乎”是全隐格式。当然，这会将有关变量 τ 的逼近度形式上降低到一阶，也有可能对稳定性产生限制。不过所有在第 j 个步长进行的计算都是根据显式公式进行的，对式 (8.34) 形式问题的一次求解除外。

我们分步来看实现以上格式的算法。

(1) 计算 ψ^{j}_{m} 和 φ^{j}_{m}：

$$\frac{\psi^{j+1}_{m}-\psi^{j}_{m}}{\tau}-\beta^{j+1}_{m}=0,\quad \varphi^{j}_{m}=\frac{\psi^{j}_{m}-\Delta\psi^{j}_{m}}{1-\psi^{j}_{m}}$$

(2) 计算 γ_m^j：

$$\gamma_m^j = \left(\frac{\left|u_m^j\right|^2}{4} + \frac{1}{2} \left[\left(\psi_m^j\right)^2 + \left(\frac{q_{m-1/2}^{j+1} + q_{m+1/2}^{j+1}}{2} \right)^2 \right] \right) \frac{1}{1-\psi_m^j}$$

(3) 计算式 (8.34) 的右边：

$$g_m = \varphi_m^j \psi_m^j + \varphi_m^j \gamma_m^j - \frac{1}{\rho_m h} \left(\rho \frac{\partial}{\partial \eta} q\varphi \bigg|_{\rho=\rho_{m+1/2}} - \rho \frac{\partial}{\partial \eta} q\varphi \bigg|_{\rho=\rho_{m-1/2}} \right) \Bigg|_{t=t^{j+1}}$$

(4) 求解网格问题式 (8.34)，确定辅助函数 σ_m：

$$\left(I - \Delta^h\right) \sigma_m = g_m$$

(5) 计算 β_m^j：

$$\frac{\beta_m^{j+1} - \beta_m^j}{\tau} + \gamma_m^j + \psi_m^j + \sigma_m = 0$$

(6) 移动网格 $q_{m-1/2}^j$ 上的计算：

$$q_{m-1/2}^j + \frac{\beta_m^j - \beta_{m-1}^j}{h} + q_{m-1/2}^{j+1} \frac{\varphi_m^j + \varphi_{m-1}^j}{2} = 0$$

对 j 号时间层的所有计算均已完成。如果必须要将有关变量 η 的逼近度从形式上的一阶提高到二阶，应该重复第 2 步 ~ 第 6 步。

下面来强调一下差分法 Ⅲ 的特点：在保持差分法 Ⅱ 形式上精度等级的情况下，大大降低了算法的计算量。这里牛顿法与矩阵追赶法相结合不如无迭代的标量追赶法，这在数值实验中会导致实际计算量大约减少一个数量级，也就是比原来小 1/10。

8.4 投 影 法

为了求解描述等离子体三维轴对称尾波的非线性偏微分方程组，本节研究投影法（光谱法）。其结构基础与之前研究的有限差分法格式有很大差别。

8.4.1 用方便形式提出问题

首先回顾一下基本问题。方程很方便地写成以下形式：

$$
\begin{aligned}
&\frac{\partial\psi}{\partial\eta}=\beta,\\
&\frac{\partial\beta}{\partial\eta}+\frac{1}{\rho}\frac{\partial}{\partial\rho}\rho\frac{\partial q}{\partial\eta}=\Delta\gamma-\varphi\gamma+1,\\
&0=q\varphi+\frac{\partial\beta}{\partial\rho},\\
&0=\varphi\psi-\Delta\psi+1,\\
&0=\gamma\psi+\frac{1}{2}\left[\psi^2+q^2+1+\frac{|a|^2}{2}\right]
\end{aligned}
\tag{8.38}
$$

式 (8.38) 表示成未知函数为 γ, β, $\psi=q_z-\gamma$, $\varphi=N/\gamma$, $q=p_r/mc$ 的无量纲形式；对拉普拉斯算子的径向部分使用符号 $\Delta=\dfrac{1}{\rho}\dfrac{\partial}{\partial\rho}\left(\rho\dfrac{\partial}{\partial\rho}\right)$ 表示。

为了在区域

$$\Omega=\{(\rho,\eta):0\leqslant\rho\leqslant R,Z_e\leqslant\eta\leqslant Z_s\}$$

上单值地确定未知函数，需要补充一些条件。之前已经表述了脉冲参数与区域 Ω 大小相匹配的要求，我们来描述它们的结构。

物理上对问题的提出规定，脉冲的横截面要远小于等离子体所占区域的横向尺寸，即 $\exp(-R^2/\rho_*^2)\ll1$。区域的纵向尺寸是通过其他条件选择的，即 $\exp(-Z_s^2/l_*^2)\ll1$，而 Z_e 值仅决定于研究目的和现有的计算资源。需要提醒的是，问题中的变量 η 是向减小的方向变化的，即对其积分往相反的方向进行。

因此，上述参数的匹配实际上意味着对接下来情况的模拟。脉冲前方（$\eta\geqslant Z_s$）是未受扰动的等离子体，即在 $0\leqslant\rho\leqslant R$ 情况下给出初始条件：

$$\psi(\rho,Z_s)=-1,\beta(\rho,Z_s)=0,q(\rho,Z_s)=0,\varphi(\rho,Z_s)=1,\gamma(\rho,Z_s)=1$$

然后（$Z_e\leqslant\eta\leqslant Z_s$）等离子体的结构会根据式 (8.38) 的解发生变化，但是脉冲的横截面非常有限，所以函数的边界值（在 $\rho=R$ 的情况下）完全可以认为是未受扰动的，即对应于静止状态：

$$\psi(R,\eta)=-1,\beta(R,\eta)=0,\varphi(R,\eta)=1,\gamma(R,\eta)=1$$

在轴上（在 $\rho=0$ 情况下），根据问题的轴对称性，给出条件

$$\frac{\partial\psi}{\partial\rho}(0,\eta)=\frac{\partial\beta}{\partial\rho}(0,\eta)=\frac{\partial\gamma}{\partial\rho}(0,\eta)=\frac{\partial\varphi}{\partial\rho}(0,\eta)=q(0,\eta)=0$$

应当指出的是，这种问题中，等离子体中激发的非线性尾波强弱只取决于脉冲参数值 a_*。

8.4.2 投影法概述

为了构建系数仅与变量 η 有关的简单级数形式近似解，需要确定两组基函数 $\{Y_k(\rho)\}_{k=1}^{K}$ 和 $\{Z_k(\rho)\}_{k=1}^{K}$，这与所求函数与对称轴 $\boldsymbol{\rho}=0$ 的奇偶性不同有关。假设 $\lambda_k(k=1,2,\cdots)$ 为贝塞尔函数 $\mathrm{J}_0(t)$ 的零点，即 $\mathrm{J}_0(\lambda_k)=0$，那么函数 $\mathrm{J}_0(\lambda_k t)(k=1,2,\cdots)$ 在权重为 t 的区间 $[0,1]$ 上正交 [52]：

$$\int_0^1 t\mathrm{J}_0(\lambda_k t)\mathrm{J}_0(\lambda_l t)\,\mathrm{d}t=0,\quad k\neq l$$

下面作变量代换 $t=\rho/R$，考虑到区间 $[0,R]$ 上的正交因子，结果可以得出第一组基函数：

$$Y_k(\rho)=\frac{\sqrt{2}}{R\left|\mathrm{J}_1(\lambda_k)\right|}\mathrm{J}_0\left(\lambda_k\frac{\rho}{R}\right),k=1,2,\cdots$$

式中：分母中的模通过归一化系数为正值这一条件选择。

可以发现,所有函数 $Y_k(\rho)$ 相对于轴 $\rho=0$ 都是偶函数,即满足关系式 $\left.\dfrac{\partial Y_k(\rho)}{\partial\rho}\right|_{\rho=0}=0$。此外，这些函数还会在 $\rho=R$ 情况下趋于零。这样就可以有考虑到初始条件和边界条件的表达式：

$$\psi(\rho,\eta)=-1+\sum_{k=1}^{K}\psi_k(\eta)Y_k(\rho),\quad \beta(\rho,\eta)=\sum_{k=1}^{K}\beta_k(\eta)Y_k(\rho),$$
$$\gamma(\rho,\eta)=1+\sum_{k=1}^{K}\gamma_k(\eta)Y_k(\rho),\qquad \varphi(\rho,\eta)=1+\sum_{k=1}^{K}\varphi_k(\eta)Y_k(\rho)$$

为了方便，可以把变量的背景值（未受扰动值）以独立项形式明确分出。

为了建立函数 $q(\rho,\eta)$ 的类似展开式，要求基函数是奇函数。我们利用已知 [52] 的关系式：$\mathrm{J}_0'(t)=-\mathrm{J}_1(t)$ 和 $\mathrm{J}_{-n}(t)=(-1)^n\mathrm{J}_n(t)$，可以得到正交的性质：

$$\int_0^1 t\mathrm{J}_1(\lambda_k t)\mathrm{J}_1(\lambda_l t)\,dt=0,\quad k\neq l$$

相应地，可以得到第二组在 $[0,R]$ 上正交的基函数：

$$Z_k(\rho)=-\frac{\sqrt{2}}{R\left|\mathrm{J}_1(\lambda_k)\right|}\mathrm{J}_1\left(\lambda_k\frac{\rho}{R}\right),k=1,2,\cdots$$

结果得到表达式：

$$q(\rho,\eta)=\sum_{k=1}^{K}q_k(\eta)Z_k(\rho)$$

现在，对于 $k=1,2,\cdots,K$ 可以得到仅与变量 η 有关的未知系数的微分代数方程组。我们运用辅助符号来表示积分：

$$YYY(k,l,s)=\int_0^R \rho Y_k(\rho)Y_l(\rho)Y_s(\rho)\mathrm{d}\rho, YZZ(k,l,s)=\int_0^R \rho Y_k(\rho)Z_l(\rho)Z_s(\rho)\mathrm{d}\rho$$

并来确定 $\varkappa_k=\lambda_k/R$ 的值。考虑到

$$Y_k'(\rho)=\varkappa_k Z_k(\rho),\quad \Delta Y_k(\rho)=-\varkappa_k^2 Y_k(\rho)$$

将所建立的展开式代入微分方程式 (8.38) 并利用正交性条件对基函数投影，可以将所求的方程组写成以下形式：

$$\begin{aligned}
&\psi_k'=\beta_k,\\
&\beta_k'-\varkappa_k q_k'=-\left[1+\varkappa_k^2\right]\gamma_k-\varphi_k-\sum_{l,s=1}^{K}\varphi_l\gamma_s YYY(k,l,s),\\
&0=q_k+\varkappa_k\beta_k+\sum_{l,s=1}^{K}q_l\varphi_s YZZ(s,l,k),\\
&0=\left[1+\varkappa_k^2\right]\psi_k-\varphi_k+\sum_{l,s=1}^{K}\varphi_l\psi_s YYY(k,l,s),\\
&0=-\gamma_k+\sum_{l,s=1}^{K}\psi_l\gamma_s YYY(k,l,s)+\\
&\qquad+\frac{1}{2}\sum_{l,s=1}^{K}\psi_l\psi_s YYY(k,l,s)+\frac{1}{2}\sum_{l,s=1}^{K}q_l q_s YZZ(k,l,s)+a_k
\end{aligned}\tag{8.39}$$

这里，脉冲的影响可通过下式的右边确定：

$$a_k(\eta)=\frac{1}{4}\int_0^R \rho|a(\rho,\eta)|^2 Y_k(\rho)\mathrm{d}\rho$$

需要提醒的是，为了使方程组封闭，必须补充在 $\eta=Z_s$ 情况下的齐次初始条件：

$$\psi_k\left(Z_s\right)=\beta_k\left(Z_s\right)=q_k\left(Z_s\right)=\varphi_k\left(Z_s\right)=\gamma_k\left(Z_s\right)=0$$

通过选取参数 Z_s 保证初始条件的匹配（方程组的代数部分），所以 $|a_k(Z_s)|\ll 1$。

8.4.3 投影法的数值实现

为了计算 λ_k（贝塞尔函数 $\mathrm{J}_0(t)$ 的零点），我们使用了文献 [150] 中的有理分式逼近。该著作中以 IEEE 算术标准给出多项式系数，并以双精度得到所求值。这在使用 FORTRAN-77 语言的各种编译器时非常方便。为了确定贝塞尔函数 $\mathrm{J}_0(t)$ 和 $\mathrm{J}_1(t)$ 本身的近似值，使用了 SPECFUN 软件包中的机器独立程序 [2]，该软件包是由 FUNPACK 软件包开发而来的 [128]。在这些程序中所实现的近似，理论上可以确保至少 18 个正确的十进制有效数字。实际在 $1 \leqslant k \leqslant 300$ 情况下对 $\mathrm{J}_0(\lambda_k)$ 值的测试计算表明，它与零的绝对偏差不超过 0.4×10^{-14}。

为了近似计算 $a_k(\eta)$ 右侧的积分 $\displaystyle\int_0^R \rho \exp\left\{-2\left(\frac{\rho}{\rho_*}\right)^2\right\} Y_k(\rho)\mathrm{d}\rho$ 和作为方程组式 (8.39) 系数的积分 $YYY(k,l,s), YZZ(k,l,s)$，使用了 SLATEC 库 [128] 里 QUADPACK[156] 软件包中的 DQAG 程序。为了测试程序，对之前所构建的基函数 $Y_k(\rho)$ 和 $Z_k(\rho)$ 在权函数为 ρ 的区间 $[0,1]$ 上的正交性进行了检查。计算表明，在 $1 \leqslant k \leqslant 300$ 情况下正交关系的绝对偏差不超过 0.6×10^{-13}。

对 $Ly' = f(x,y)$ 形式的一阶微分代数方程组的数值积分是借助文献 [138] 中的程序 RADAU5 实现的，它实现的是 5 阶精度控制的隐式龙格–库塔法。程序的主要优点是能够求解微分系数或扰动系数值很大的方程组，这决定问题的刚性 [138]。在我们研究的情况下，线性化（分解为独立部分）方程组的系数为 3，而在非线性情况下它可能达到 $3K$，式中 K 为所求函数展开式的项数。

8.5 数值实验与各种方法的对比

本节计算的主要目的是研究在不同脉冲参数值情况下电子密度函数 N 与坐标 ρ 和 η 的依赖关系，这是因为等离子体中尾波破坏的概念是基于与函数 $N = \varphi\gamma$ 奇点（趋于无穷）相关的“波翻转”概念提出的，对此下列表述很适宜。基本问题的式 (7.32) 可以简化为一个有关函数 ψ 的方程 [146]，该函数是作用在沿 OZ 轴以光速 c 运动的电子上的力势。并且式 (8.38) 中的所有函数都可以通过 ψ 及其导数表示。例如，所求电子密度的形式为

$$N(\rho,\eta) = \frac{1}{2}\left\{F(\rho,\eta)\left(1+\psi^{-2}(\rho,\eta)\right) + G^2(\rho,\eta)/F(\rho,\eta)\right\} \tag{8.40}$$

式中：$F(\rho,\eta) = 1 - \varDelta\psi$ 和 $G(\rho,\eta) = \dfrac{\partial^2\psi}{\partial\rho\partial\eta}$ 分别为随脉冲一起运动坐标系中轴向电子流和径向电子流。

无论是通过三种有限差分法还是通过投影法进行的数值计算，得到的结果在数值上都非常相近，并且还显示以下结果：所激发的尾波只在脉冲之后一定距离

处保持其结构。随着远离脉冲，相位的波前会变得逐渐弯曲，并产生不均匀变形，这导致在轴外形成电子密度极大值。之后这些极值还会继续增长，并且其振幅会超过轴上密度的极大值。这种增长具有很强的非线性，会导致绝对值非常大，趋于无穷大。图 8.1 展示了非常典型的计算结果，它对应脉冲参数为 $a_*=1.2$, $\rho_*=1.8$, $l_*=3.5$。在图 8.1(a) 和图 8.1(b) 中展示的是在 $0\leqslant\rho\leqslant 1, 45\leqslant\eta\leqslant 65$ 情况下电子密度 $N(\rho,\eta)$ 水平的线和相对于势的背景值扰动 $\delta\psi(\rho,\eta)$（$\psi=\delta\psi-1$）水平线。纵向变量的距离从脉冲中心开始算起。

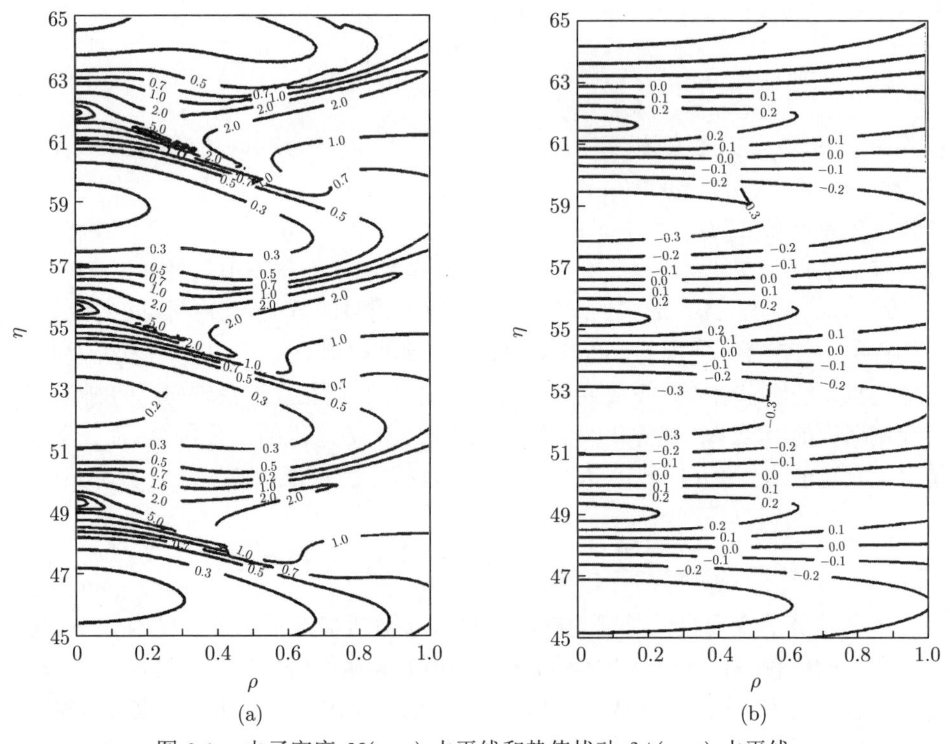

图 8.1　电子密度 $N(\rho,\eta)$ 水平线和势值扰动 $\delta\psi(\rho,\eta)$ 水平线

图 8.2 描绘的是相同边界和范围中轴向电子流 $F(\rho,\eta)$ 和径向电子流 $G(\rho,\eta)$ 水平线。

不难发现，电子密度的主要部分由轴向电子流，即式 (8.40) 的第一项决定。它的形状与电子密度的形状相同，而绝对值比径向电子流值高出一个数量级。这意味着电子密度产生奇点值与 ψ 和 F 趋于零无关，而与势的横向拉普拉斯算子的增加有关。

此外，在计算随着远离激光脉冲而丧失空间光滑度的函数时两种方法（有限差分法和投影法）的差异也很重要。图 8.3 是很好的实例说明。图 8.3 中展示的是在

$a_* = 1.1$（其他脉冲参数的确定与 8.4 节中的计算一样）情况下描述电子径向速度函数 q 的动态变化。并且有限差分法的参数是网格步长 $h_r = 5{\cdot}10^{-3}$, $h_z = 5{\cdot}10^{-4}$，而投影法的参数是基函数的数量 $K - 200$ 和微分代数方程组数值积分的相对精度 $\delta_{\rm rel} = 10^{-6}$。

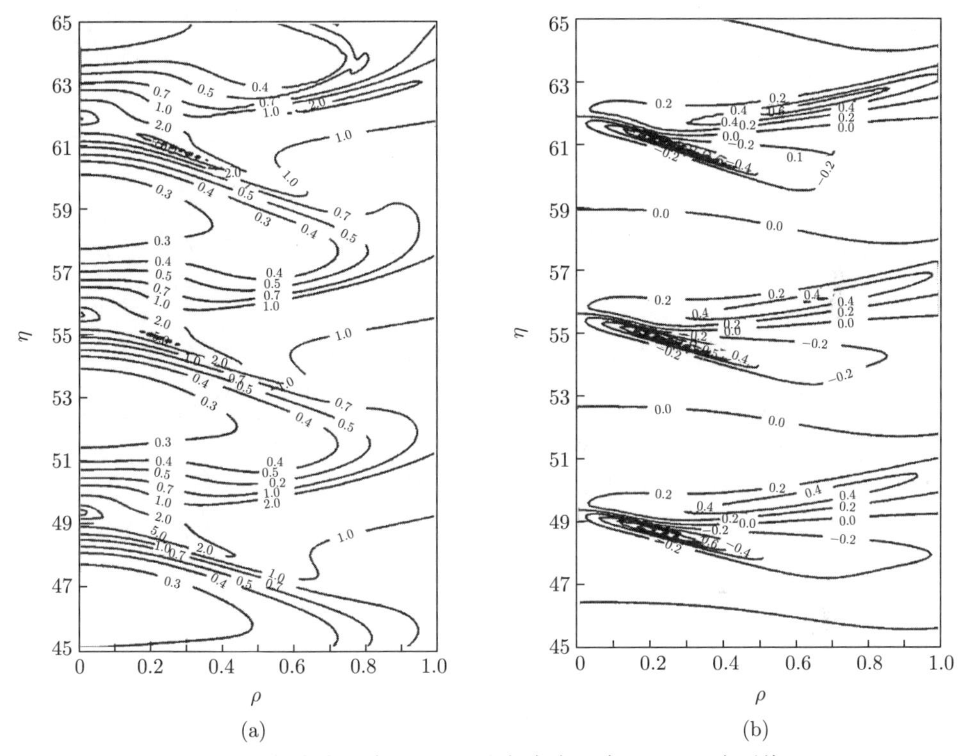

图 8.2 轴向电子流 $F(\rho, \eta)$ 和径向电子流 $G(\rho, \eta)$ 水平线

在初始阶段在 $0 \leqslant \eta \leqslant 20$ 的情况下（图 8.3(a)）$q(\rho, \eta)$ 具有足够的光滑度，也就是说，所需阶数的空间导数是连续的且边界值不大。因此使用两种方法计算出的函数值本身几乎没有差别（可以在第 4 位或第 5 位有效数字附近发现区别）。

随着远离脉冲源尾波会受到破坏，这显著影响所有函数的行为：它们的导数开始急剧增加。图 8.3(b) 展示的是在光滑度 q 明显降低情况下根据有限差分法计算的结果。由于网格 (h_r 和 h_z) 是固定的，那么所显示的函数 $q(\rho, \eta)$ 越来越差，表现为在光滑水平线的背景下出现小幅振荡。

在图 8.3(c) 上相应描述的是在相同区域 (ρ, η) 按照投影法的计算结果。这里图像完全不一样：给定数量的基函数（参数 K）已经不足以充分表示失去光滑度的函数 q，因此水平线变得不那么平滑，并且其扰动幅度也相当大。这种情况是非常典型的，也反映出了两种方法结构上的巨大差异。

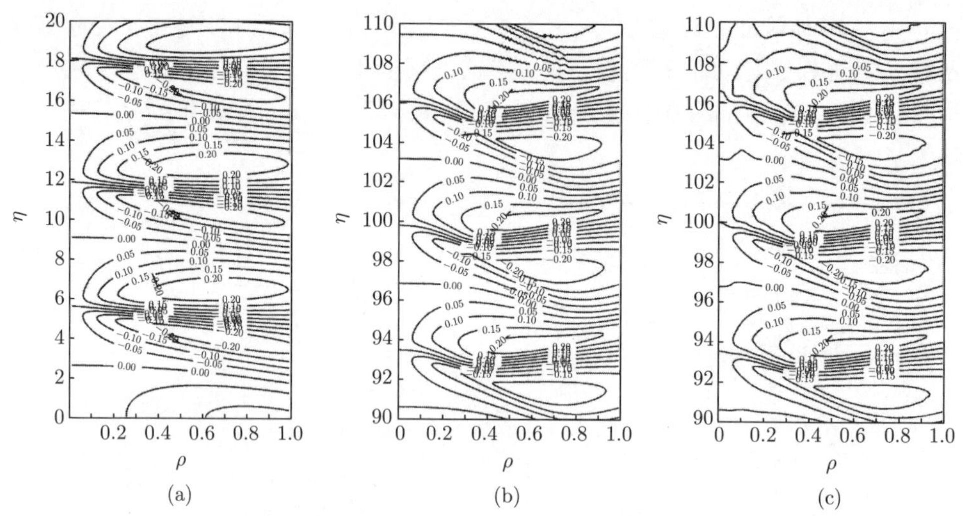

图 8.3　通过差分法和投影法得到的径向电子速度 $q(\rho, \eta)$ 的水平线

我们要注意的是，细化网格或添加基函数并不会改变情况的性质：这样只会出现“远离”所观察图像脉冲的过程。

还要注意方法计算量的对比：为了达到相同精度，投影算法所需的时间要远超差分法 Ⅱ 所需的时间（5~7 倍）。主要是因为要在所求函数的很大梯度范围自动选择变量 η 的积分步长。本章基于流体动力学模型研究的几种模拟尾波的算法中，最好的是差分法 Ⅲ（线性化法）。最差的是投影法。从计算效率的角度来看，差分法 Ⅱ 的效率不如线性化法，大约只是其 1/10。而差分法 Ⅰ 的效率不如差分法 Ⅱ，大约只是其 1/5。这里说的是问题的微分代数方程参数和网格参数选择相同的情况。

差分法 Ⅲ（线性化法）与其他三种算法有以下几点不同。

(1) 在翻转前都可以进行计算。其他几种算法通常在形成第一次轴外电子密度极大值以后就不能计算了。只是差分法 Ⅱ 能够与线性化法一样继续计算，但计算成本非常高。

(2) 其他几种方法中最好的方法（差分法 Ⅱ）的效率优势大约能高出一个数量级，即使问题的解还没有失去光滑度时也是如此。

(3) 无论是通过运用显式公式，还是依靠算法本身的结构，都能够进行并行计算。

(4) 通过将计算量增加大约为原来的 1.6 倍，能够将精度等级从 $O(\tau)$ 提高到 $O(\tau^2)$。

为了确定性，我们记录下列曲线情况的例证参数：

$$a_* = 0.352, \rho_* = 0.6, R = 2.7, l_* = 3.5, Z_s = 11$$

和网格性能数据：

$$h = 1/3200, \tau = 1/64000$$

计算在莫斯科大学的切比雪夫超级计算机上完成，耗时大约两小时。

在图 8.4 上展示的是电子密度函数与纵向变量 η 的两个关系：N_{axis} 为对称轴上（在 $\rho = 0$ 情况）的电子密度，$N_{\max}$ 为径向变量的电子密度极大值。在最初的大约 8 个周期内（注意，变量 η 是向减小方向变化的）电子密度极大值严格位于对称轴上。然后，除了周期性轴上极大值以外，形成一系列轴外密度极大值，它们的增长是强非线性的，会导致翻转。

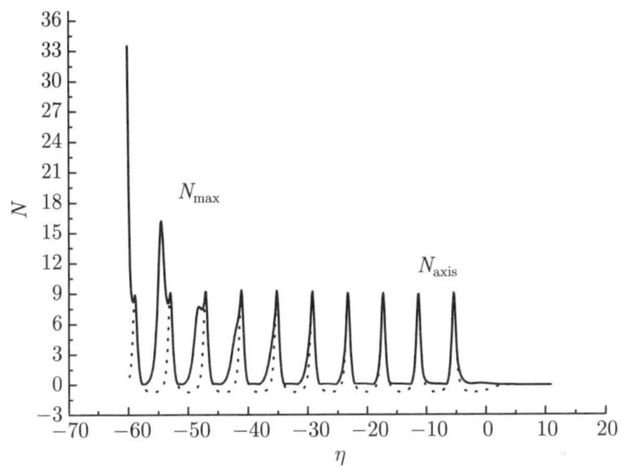

图 8.4 轴上的电子密度和整个区域的极大值

在图 8.5 和图 8.6 上展示的是密度、脉冲和势梯度的径向特征分布。它们是

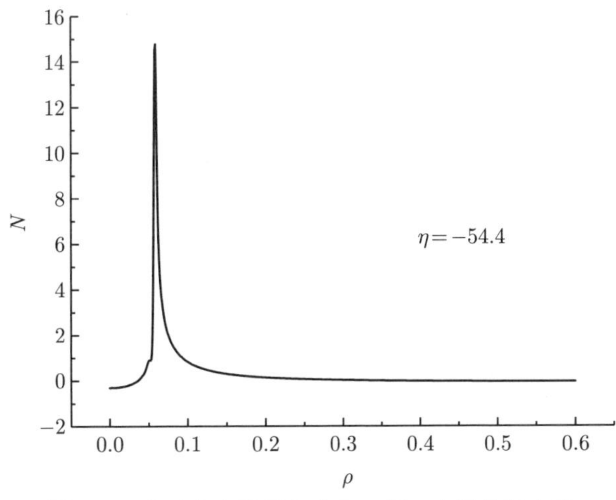

图 8.5 电子密度的径向分布：第二个轴外极大值

在 $\eta \approx -54.4$ 情况下得到的，对应于第 2 个轴外电子密度极大值。可以发现，在极值点附近，势梯度趋于局部阶跃函数，而脉冲趋于导数的拐点。这意味着从解被破坏的类型来看，振动翻转相当于“梯度突变”，因为函数（脉冲，势梯度）本身依然是有限的，而其导数具有奇点。

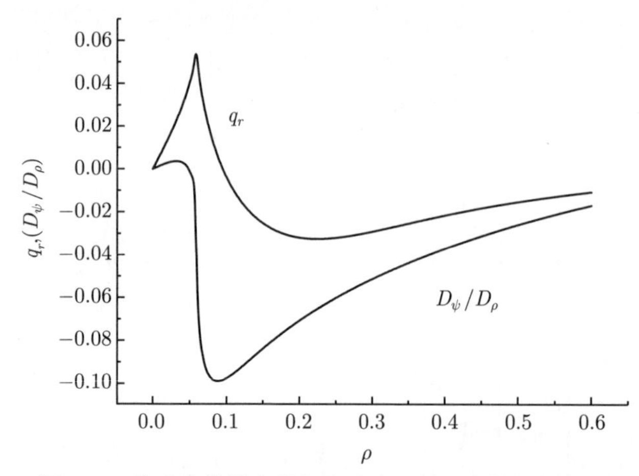

图 8.6　脉冲和势梯度的径向分布：第二个轴外极大值

8.6　文献评述及说明

本章通篇讲述是构建各种数值算法来模拟基本问题的等离子体尾波。

差分法 I 是在文献 [109] 中建立的；在此基础上进行了大量模拟尾波的计算（文献 [108，110−112] 等）。最初的研究是面向光滑解问题，即适用于加速注入电子的波的周期性行为。

差分法 Ⅱ 是在文献 [125] 中建立的，该方法的主要目的是对大量波动周期进行计算，尤其是面向研究尾波中离子动力学影响的计算。在文献 [136] 中根据这一方法进行了数值模拟。

构建差分法的基础是 A.A. 萨马尔斯基的经典理论 [82]，因此，在线性情况对该方法的论证与逼近概念、稳定性和收敛性概念（即 A.Φ. 菲利波夫定理）密切相关 [22]。在非线性情况论证两种算法稳定性的根据是“冻结系数”原理 [20，41，90]。为此，微分方程的差分逼近结构要能够完全再现线性情况中偏微分方程组简化为空间坐标中作为参数的常微分方程组。

在运用差分法 Ⅱ 进行的计算中，首次发现了轴对称激光脉冲激发尾波的轴外翻转效应。文献 [11，49] 是最早发表有关这一主题的著作。

运用当时的“横向翻转”主流观点很难解释这些数值实验的结果 [119]。该效应的实质是，随着远离脉冲源，由于等离子体振动在振幅增加的情况下频率减小 [160]，所以尾波的相位前沿会变得越来越凹[118]。结果在尾波振幅最大的对称轴上，波长是最大的，而随着远离对称轴，波长减小。如果假设在振动过程中，电子液体的运动与相位前沿正交[119]，那么随着远离脉冲，电子液体各部分的径向偏移越来越大。最终会导致从距轴一定距离开始的液体各个部分都会汇聚在轴上，产生一种粒子轨道相交的效应，当时称之为“横向翻转”。事实上，对于这种效应只是从定性观点研究的，并没有通过求解微分流体动力学方程组的性质去论证。结果是把通过“网格质点”法进行的数值实验作为基础。应当指出的是，持有“横向翻转”这一思想的作者们在当时能够达到的计算能力非常有限。结果是粗略的网格参数无法识别轴外翻转，导致得出尾波翻转必须发生在对称轴上，并且具有“燕尾”型特征[14]的结论[32–34，119]。

文献 [114] 曾尝试在流体动力学方程的基础上更加严谨地进行研究，但在文献中做出了一些假设，使作者不能为尾波翻转得出确定的评判标准。

通过与数值方法和求解应用问题领域著名专家的多次磋商（主要是 H.C. 巴赫瓦洛夫（Н.С.Бахвалов）院士和 В.И. 列别捷夫（В.И.Лебедев）），得出了一种思想，即应该建立一种完全不同的数值方法来求解这种问题。基于另外一种思想得到的近似解可能与有限差分法的缺点（特殊性）无关，但它对于原始问题是完全够用的。正是出于这种考虑，在文献[126]中构建了投影（谱线）法。它的构造与加廖尔金近似思想[71]的特殊函数系密切相关[5]。谱线法是非常繁琐的，其消耗的计算资源与差分法 I 大致相当。但是基于投影法所进行的计算证实，发现了轴对称尾波新型（轴外）翻转效应。为了论证这一效应，有人对锐聚焦激光脉冲激发的弱非线性尾波构建了解析理论[93]，还对其轴对称解作了专门研究[100]。这种辅助问题的求解结果完全符合基本问题的数值实验。

应当明确的是，原则上尾波轴上翻转是有可能的。例如，在第 5 章中已经证明，在考虑离子动力学的情况下等离子体振动既可能在问题的对称轴上翻转，也可能在对称轴之外翻转。具体情况决定于激发振动的脉冲参数。实物实验也证实了轴上翻转的可能性。但这里问题的实质在于，要解释这一现象就必须引入考虑到某些附加因素的模型（不是只考虑电子动力学）。如果结论仅基于数值实验结果，那么应该注意，轴外翻转效应会出现在距对称轴大约脉冲宽度 ρ_* 百分之几的距离上。换句话说，如果要在计算中确定该效应，顺着每个空间变量都需要确定数千个点。这意味着，哪怕只是进行二维空间模拟，也需要用到现代超级计算机。

除了本章的结果以外，为了详细地研究轴外翻转效应，本书还对与自由等离子体振动相关的更简单问题进行了数值研究、解析研究和渐进研究，上述内容在本书的第一部分中已有阐述。本章根据文献 [67–68] 中得到的结果建立了差分法 Ⅲ（线性化法），该方法是目前在流体动力学近似中模拟尾波最适合的方法。

正如上面所指出的，研究等离子体振动翻转的原因是在尾波传播过程中电子密度与同类参数不仅在性质上，而且在数量上都非常一致。这首次在文献 [45] 中对非相对论性振动指出过，后来在考虑相对论的情况下得到了证实 [123]。下面根据文献 [45] 来描述对比结果。

我们来看第 4 章中具有以下参数的典型柱面振动计算：

$$a_* = 0.365, \rho_* = 0.6, d = 2.7, \quad h = 1/1600, \tau = 1/32000$$

式中：未知数是速度函数和电场函数，而电子密度通过式 (4.3) 计算。这对应于图 8.7 和图 8.8 上在子区域 $0 \leqslant \rho \leqslant 0.1, 0 \leqslant \theta \leqslant 35$ 中的电子密度函数 $N(\rho, \theta)$。

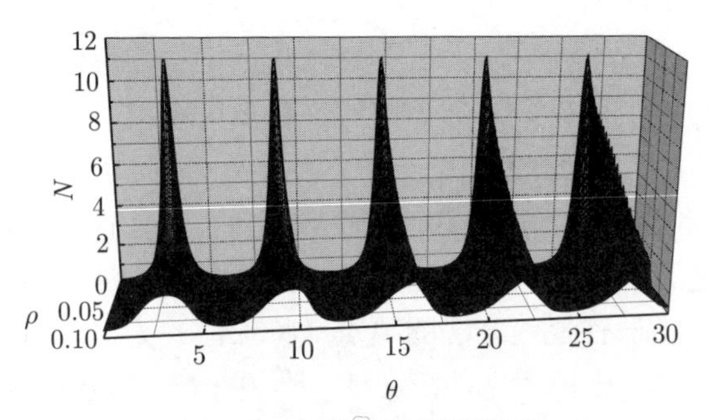

图 8.7　振动的周期性发展

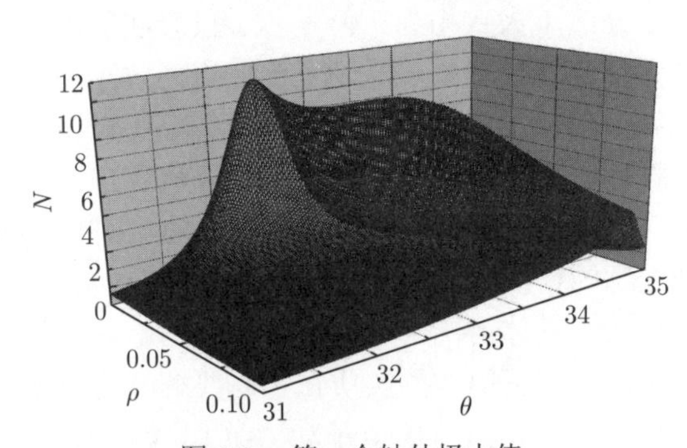

图 8.8　第一个轴外极大值

图 8.7 和图 8.8 中整个振动形状的变化过程清晰可见。这里非常成功地展现了出现峰谷时与山区地形的相似。位于轴 $\rho = 0$ 上的峰状密度扰动与山脊一起，先只是逆时针转动（如果向其传播方向看），然后在周期性极大值附近对旋转添加了山脊的拱起。图 8.7 对应于这一阶段。最后，电子密度出现轴外极大值，其绝对值与轴上极大值相当。这里的旋转角度和弯曲幅度非常大，使得很难在一般扰动图上反映出所描绘的效应（需要更高程度的分辨率）。因此，在图 8.8 上单独展示了具有两个极大值的峰脊，并且为了能够更直观地观察，稍稍改变了视角。

这一点是最基本的：接下来函数 $N(\rho, \theta)$ 的光滑度会逐个周期地大大恶化，大约过 1~2 个周期，由于相邻电子轨道的相交电子密度趋于无穷。实际上由于在很大密度值（数千）附近出现负密度值而停止使用欧拉变量计算。

所研究的过程在由短强激光脉冲激发的等离子体尾波的行为上表现出明显的相似性。并且尾波动力学通过基本方程组式 (7.32) 模拟，该方程组中其他函数是未知的。这里电子密度通过公式 $N(\rho, \eta) = \varphi \cdot \gamma$ 计算。

在图 8.9 和图 8.10 上展示的是通过差分法 Ⅱ 计算的电子密度形状的变化。为了正确比较，问题的参数和网格的步长选择要尽可能与上述实验接近：

$$a_* = 0.360, \rho_* = 0.6, R = 2.7, l_* = 3.5, \quad h = 1/800, \tau = 1/8000$$

电子密度变化情况性质相同，只是稍稍平滑一些。在图 8.9 上可以看到，轴上的峰值保持形状较长时间，相应地“峰脊”慢慢旋转。与振荡过程中出现的类似情况相比，在距脉冲中心再下一个周期可以观察到尾波中电子密度的轴外极大值，其绝对值本身也要稍稍大于最近一个周期的极大值。但这里轴外极大值的出现预示着尾波很快会受到破坏。它的外部特征与上面研究的情况完全类似：轴外极大值每个周期都在急剧增长，在极大值附近会出现电子密度负值。与电子振动的情况类似，通过细化网格参数可以短时期地延长所求解的存在时间。

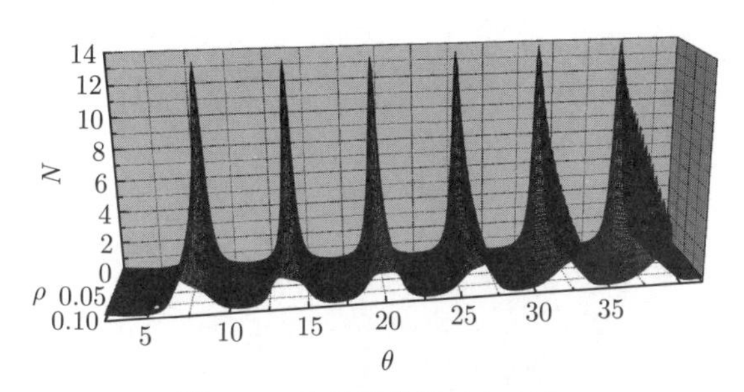

图 8.9 波的周期性动态变化

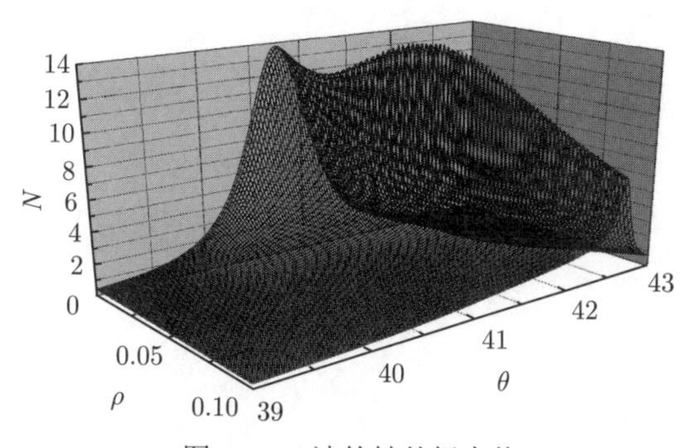

图 8.10 波的轴外极大值

这种解的一致性并非偶然。在研究等离子体振动和尾波时，主要性能指标（电子密度）的行为在性质上和数量上的相似意味着物理现象本身的相似，这最终有助于研究两个过程的破坏原因和机理。不过需要指出地是，模拟三维轴对称等离子体尾波比模拟实际的一维等离子体振动要复杂得多。

第9章 其他研究

本章研究有别于基本问题的各种等离子体尾波建模问题。求解这些问题的数值算法以及解本身的性质都各具独特意义。

9.1 尾波的轴对称解

本节提出问题来研究短激光脉冲激发的尾波在传播时的轴对称解，同时对对称轴上完整问题（基本问题）的解与轴对称解进行对比。所得出的结果是尾波轴外翻转的有力证明。

9.1.1 “截切”问题的提出

与基本问题（式（7.31）和式（7.32）以及相应的一组初始条件和边界条件式（7.36）～式（7.38））（我们称之为“完整”问题）不同，这里来表述描述轴对称解（即基本问题对称轴附近的解）的“截切”问题。

基本问题有关未知函数 γ、β、ψ、φ 和 q 的主要关系式的无量纲形式为

$$a(\rho,\eta)=a_*\exp\left\{-\frac{\rho^2}{\rho_*^2}-\frac{\eta^2}{l_*^2}\right\},$$
$$\frac{\partial\psi}{\partial\eta}=\beta,\quad \frac{\partial\beta}{\partial\eta}+\frac{1}{\rho}\frac{\partial}{\partial\rho}\rho\frac{\partial q}{\partial\eta}=\Delta\gamma-\varphi\gamma+1, \tag{9.1}$$
$$q\varphi+\frac{\partial\beta}{\partial\rho}=0,\quad \varphi\psi-\Delta\psi+1=0,\quad 2\gamma\psi+\psi^2+q^2+1+\frac{|a|^2}{2}=0$$

式中：对拉普拉斯算子的径向部分运用符号 $\Delta=\dfrac{1}{\rho}\dfrac{\partial}{\partial\rho}\left(\rho\dfrac{\partial}{\partial\rho}\right)$ 表示。

推导“截切”问题的基础是描述未受扰动等离子体的初始条件和对称轴上的边界条件。这里假设在脉冲前方 $(\eta\geqslant Z_s)$，即在 $0\leqslant\rho\leqslant R$ 情况下给出：

$$\psi(\rho,Z_s)=-1,\beta(\rho,Z_s)=0,q(\rho,Z_s)=0,\varphi(\rho,Z_s)=1,\gamma(\rho,Z_s)=1 \tag{9.2}$$

而在对称轴上（$\rho=0$），根据问题的轴对称性，可以得出

$$\frac{\partial\psi}{\partial\rho}(0,\eta)=\frac{\partial\beta}{\partial\rho}(0,\eta)=\frac{\partial\gamma}{\partial\rho}(0,\eta)=\frac{\partial\varphi}{\partial\rho}(0,\eta)=q(0,\eta)=0 \tag{9.3}$$

考虑到边界条件式 (9.3) 的形式，也就是所求函数相对于对称轴 $\rho=0$ 的实际奇偶性条件，我们来研究轴对称解，也就是以下结构的解：

$$\begin{aligned}&\psi(\rho,\eta)=\psi_0(\eta)+\psi_2(\eta)\rho^2,\quad \beta(\rho,\eta)=\beta_0(\eta)+\beta_2(\eta)\rho^2,\\&\varphi(\rho,\eta)=\varphi_0(\eta)+\varphi_2(\eta)\rho^2,\quad \gamma(\rho,\eta)=\gamma_0(\eta)+\gamma_2(\eta)\rho^2,\\&q(\rho,\eta)=q_1(\eta)\rho\end{aligned}\tag{9.4}$$

式中：略去了变量 ρ 的较高次项，也就是保留了展开式的低次项，函数的下角标表明它是相当于变量 ρ 阶次情况与变量 η 有关的因子。

将式 (9.4) 形式的解代入式 (9.1) 中，在相同 ρ 的幂的情况下使系数相等，可以得到微分代数方程组：

$$\begin{aligned}&\psi_0'=\beta_0,\quad \psi_2'=\beta_2,\quad \beta_0'+2q_1'=4\gamma_2-\varphi_0\gamma_0+1,\\&\varphi_0\psi_0-4\psi_2+1=0,\quad 2\gamma_0\psi_0+\psi_0^2+1+S^2(\eta)/2=0,\\&q_1\varphi_0+2\beta_2=0,\quad \gamma_2\psi_0+\gamma_0\psi_2+\psi_0\psi_2+q_1^2/2-S^2(\eta)/\left(2\rho_*^2\right)=0\end{aligned}\tag{9.5}$$

式中：函数 $S(\eta)$（类似于完整问题中的 $a(\rho,\eta)$）的形式为

$$S(\eta)=a_*\exp\left\{-\frac{\eta^2}{l_*^2}\right\}$$

应当注意地是，这里与式 (9.1) 不同，方程的个数（7 个）和未知数的个数（8 个）不相等，因此为了使方程组封闭，必须再添加一个关系式（微分关系式或代数关系式）。为此我们可以利用对很小 a_* 的近似值。可以发现，a_* 的值很小只是意味着函数 ψ_0,β_0,γ_0 在轴上的值很小，而不是径向导数即 $\psi_2,\beta_2,\gamma_2,q_1$ 很小。不仅如此，轴上电子密度振动主要由 ψ_2 值决定，它有可能超出背景值 10 倍，因为它在很大程度上不仅取决于 a_*，还取决于 ρ_*。

假设 a_* 值很小，我们将完整方程组式 (9.1) 的解表示为

$$\begin{aligned}&\psi(\rho,\eta)=-1+\tilde{\psi}(\rho,\eta)+o(\tilde{\psi}),\quad \beta(\rho,\eta)=0+\tilde{\beta}(\rho,\eta)+o(\tilde{\beta}),\\&\varphi(\rho,\eta)=1+\tilde{\varphi}(\rho,\eta)+o(\tilde{\varphi}),\quad \gamma(\rho,\eta)=1+\tilde{\gamma}(\rho,\eta)+o(\tilde{\gamma}),\\&q(\rho,\eta)=0+\tilde{q}(\rho,\eta)+o(\tilde{q})\end{aligned}\tag{9.6}$$

为了方便，我们将函数的背景值（未受扰动值）以显式形式单独列出。

在这种情况下，在精度达到低的二阶项时，由式 (9.1) 的前四个方程可得

$$\frac{\partial\tilde{\psi}}{\partial\eta}=\tilde{\beta},\quad \frac{\partial\tilde{\beta}}{\partial\eta}+\frac{1}{\rho}\frac{\partial}{\partial\rho}\rho\frac{\partial\tilde{q}}{\partial\eta}=\Delta\tilde{\gamma}-\tilde{\varphi}-\tilde{\gamma},$$

$$\tilde{q}+\frac{\partial\tilde{\beta}}{\partial\rho}=0,\quad \tilde{\varphi}-\tilde{\psi}-\Delta\tilde{\psi}=0$$

经过一些简单的变换（见 7.3.2 节和文献 [109]），由得到的方程组可得以下方程：

$$\frac{\partial\tilde{\beta}}{\partial\eta}+\tilde{\psi}+\tilde{\gamma}=0$$

这个方程从形式上看对于 ρ 和 η 任意值都成立，但这里我们仅用于在轴上使式 (9.5) 封闭。对所得到的方程采用式 (9.4) 和式 (9.6) 表达式，可以得到 $\rho=0$ 情况的所需方程：

$$\beta_0'+\psi_0+\gamma_0=0 \tag{9.7}$$

考虑到所得方程组式 (9.5) 和式 (9.7) 的结构，很方便将求解轴对称解的问题分为两个子问题。第一个子问题是独立地求出轴上函数本身：

$$\psi_0'=\beta_0,\quad \beta_0'+\psi_0+\gamma_0=0,\quad 2\gamma_0\psi_0+\psi_0^2+1+S^2(\eta)/2=0 \tag{9.8}$$

再添加在 $\eta=Z_s$ 情况的初始条件：

$$\psi_0\left(Z_s\right)=-1,\quad \beta_0\left(Z_s\right)=0 \tag{9.9}$$

第二个子问题是带已求出函数 ψ_0，β_0，γ_0 的径向导数问题：

$$\begin{gathered}\psi_2'=\beta_2,\quad q_1\varphi_0+2\beta_2=0,\quad \varphi_0\psi_0-4\psi_2+1=0,\\ 2q_1'=4\gamma_2-\varphi_0\gamma_0+1+\varphi_0+\gamma_0,\\ \gamma_2\psi_0+\gamma_0\psi_2+\psi_0\psi_2+q_1^2/2-S^2(\eta)/\left(2\rho_*^2\right)=0\end{gathered} \tag{9.10}$$

初始条件为

$$\psi_2\left(Z_s\right)=0,\quad q_1\left(Z_s\right)=0 \tag{9.11}$$

因此，在这种情况求轴对称解的问题可以简化对式 (9.8) 和式 (9.10) 在时间段 $Z_e\leqslant\eta\leqslant Z_s$ 上的积分，初始条件为式 (9.9) 和式 (9.11)。并且所求的轴上电子密度函数值为

$$N(\rho=0,\eta)=\varphi_0\gamma_0=-\frac{\gamma_0}{\psi_0}\left(1-4\psi_2\right) \tag{9.12}$$

9.1.2 求解“截切”问题的数值算法

我们引入均匀网格

$$\eta_k = k\tau, \quad K_{\min} \leqslant k \leqslant K_{\max}, \quad (K_{\max} - K_{\min})\,\tau = Z_s - Z_e$$

并运用网格函数符号 $f^k = f(\eta_k)$ 写出上述两个子问题的离散模拟形式。对式 (9.8) 和式 (9.9)，有：

$$\begin{aligned}
&\frac{\psi_0^{k+1} - \psi_0^k}{\tau} = \beta_0^{k+1}, \\
&\gamma_0^k = -\frac{\left(\psi_0^k\right)^2 + 1 + S^2\left(\eta_k\right)/2}{2\psi_0^k}, \\
&\frac{\beta_0^{k+1} - \beta_0^k}{\tau} + \psi_0^k + \gamma_0^k = 0
\end{aligned} \tag{9.13}$$

和初始条件：

$$\psi_0^{K_{\max}} = -1, \quad \beta_0^{K_{\max}} = 0 \tag{9.14}$$

需要注意地是，式 (9.13) 和式 (9.14) 是显式格式，因为对变量 η 的积分是向其减小的方向进行的。

要求式 (9.10) 的数值解，非常方便的是先从方程组中消掉 β_2、γ_2 和 φ_0，并将其变换成以下形式：

$$\begin{aligned}
&\psi_2' = \frac{q_1}{2\psi_0}\left(1 - 4\psi_2\right), \\
&q_1' + \frac{q_1^2}{\psi_0} = \frac{1}{2}\left[1 + \psi_0 + \gamma_0 + \frac{\gamma_0}{\psi_0}\left(1 - 4\psi_2\right)\right] - \frac{2}{\psi_0}\left[\psi_2\left(\gamma_0 + \psi_0\right) - \frac{S^2(\eta)}{2\rho_*^2}\right]
\end{aligned}$$

然后再写出相应的计算格式：

$$\begin{aligned}
&\frac{\psi_2^{k+1} - \psi_2^k}{\tau} = \frac{q_1^{k+1}}{2\psi_0^{k+1}}\left(1 - 4\psi_2^{k+1}\right), \\
&\frac{q_1^{k+1} - q_1^k}{\tau} + \frac{q_1^k}{\psi_0^k} = \frac{1}{2}\left[1 + \psi_0^k + \gamma_0^k + \frac{\gamma_0^k}{\psi_0^k}\left(1 - 4\psi_2^k\right)\right] - \frac{2}{\psi_0^k}\left[\psi_2^k\left(\gamma_0^k + \psi_0^k\right) - \frac{S^2\left(\eta_k\right)}{2\rho_*^2}\right]
\end{aligned} \tag{9.15}$$

并补充所需的初始条件：

$$\psi_2^{K_{\max}} = 0, \quad q_1^{K_{\max}} = 0 \tag{9.16}$$

与式 (9.13) 和式 (9.14) 不同，式 (9.15) 和式 (9.16) 是以显式形式实现的：ψ_2^k 值显然可以通过第一个关系式求出，而 q_1^k 值则可以通过第二个（非线性）关系式利用经典牛顿法计算出来。在这种情况下，当误差的模不超过 δ_{newt} 时停止迭代。在计算中最初的近似值取自相邻的时间步长，而 δ_{newt} 值可认为约等于 τ^2。

应当指出的是，对解发生小变化（扰动）所进行的数值算法分析可以证实，线性化格式对参数 τ 具有二阶精度，且等价于标准“跨越”格式。

9.1.3 计算结果

我们先来研究具有以下参数的“完整”问题的计算结果：

$$a_* = 0.088, \quad \rho_* = 0.15, \quad l_* = 3.5, \quad Z_s = 11$$

在图 9.1 和图 9.2 上展示的是函数 $\beta_f = \tilde{\beta}(0, \eta)$ 和 $\psi_f = \tilde{\psi}(0, \eta)$ 的曲线。从中可得，假设这两个函数在对称轴上很小是完全适合的，因为它们相对于背景值

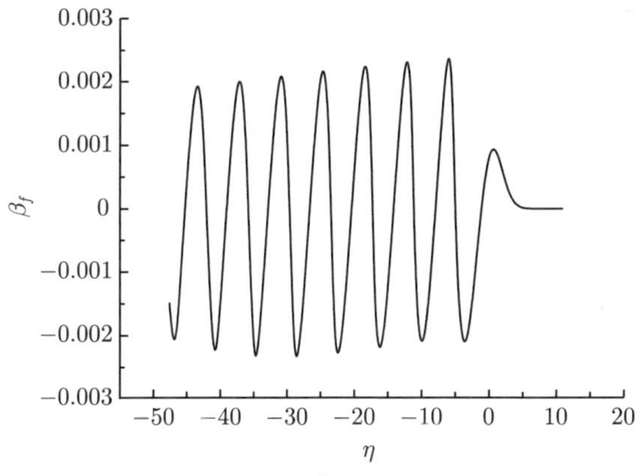

图 9.1 检查 $\beta_f = \tilde{\beta}(0, \eta)$ 问题的封闭性

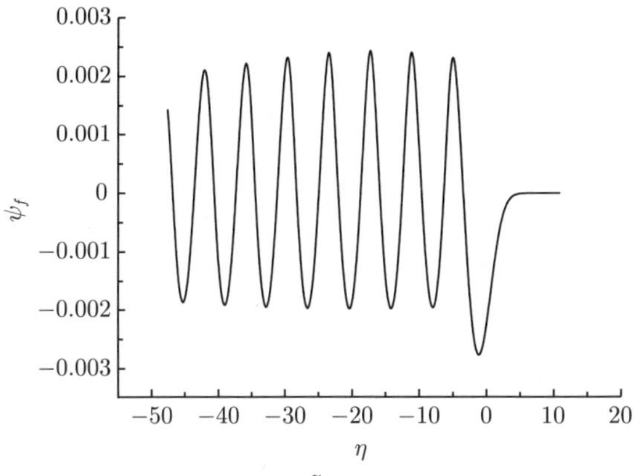

图 9.2 检查 $\psi_f = \tilde{\psi}(0, \eta)$ 问题的封闭性

偏差的模分别不超过 $2 \cdot 10^{-3}$ 和 $3 \cdot 10^{-3}$。此外，$\tilde{\gamma}(\rho, \eta)$ 函数值的模甚至在脉冲中心附近也不超过 $2 \cdot 10^{-3}$。所有这一切都证明了使用关系式 (9.7) 使式 (9.5) 封闭是正确的。

现在我们来分析表 9.1。在 $N_{f,1}$ 列展示的是在 $\rho = 0$ 的情况下电子密度函数对所指出参数 η 值的极值，这是通过差分法 Ⅱ 计算"完整"问题得到的，其网格参数如下：$h_1 = 0.5 \cdot 10^{-3}, \tau_1 = 0.5 \cdot 10^{-4}$。

表 9.1 $\rho = 0$ 的情况下电子密度函数对参数 η 的极值

η	$N_{f.1}$	$N_{f.2}$	$N_{a.2}$
−02.0	0.2231	0.2231	0.2231
−05.4	11.483	11.536	11.584
−08.3	0.2556	0.2556	0.2554
−11.3	11.500	11.547	11.602
−14.2	0.2556	0.2555	0.2553
−17.2	11.500	11.539	11.588
−20.1	0.2555	0.2555	0.2553
−23.1	11.505	11.536	11.566
−26.0	0.2555	0.2555	0.2555
−29.0	11.510	11.531	11.535
−31.9	0.2556	0.2556	0.2558
−34.9	11.505	11.517	11.495
−37.8	0.2558	0.2558	0.2561
−40.7	11.514	11.527	11.541
−43.7	0.2560	0.2561	0.2565
−46.6	翻转	11.542	11.554
−49.6		翻转	0.2568
−52.5			11.569
−55.5			0.2570
−58.4			11.585
−61.4			0.2572
−64.3			11.601

要注意的是，在这种情况下在 $\eta = -46.6$ 时网格上已经不存在尾波（发生了翻转）。下一列 $N_{f,2}$ 展示的是同一个函数对网格参数为 $h_2 = h_1/2, \tau_2 = \tau_1/4$ 的值。不难看到，在光滑解区域（也就是在 $\eta \geqslant -43.7$ 的情况下），极大值之间的偏差不超过 0.5% ，换句话说，网格的收敛性已经达到了令人满意的精度。在这种情况下，网格上的尾波翻转发生在距脉冲中心的一定距离上（在 $\eta \geqslant -47.6$ 的情况下），而这也证明了网格参数已经足够小，但并非人为地降低要求。最后，$N_{a,2}$ 列的电子密度值是运用网格参数 τ_2 通过求解"截切"问题得到的。这里 $N_{a,2}$ 与 $N_{f,2}$ 的偏差也不超过 0.5% ，这很显然地证明了这种模拟轴对称解的方法是正确的。

下面来评估一下计算量缩减。在这种情况下计算要比较的值并不简单。因为在求解两个问题（“完整” 问题和 “截切” 问题）时在变量 η 的每一步都要运用牛顿法。并且牛顿法对 “完整” 问题是通过 3×3 矩阵的追赶法实现的 [83]，而对 “截切” 问题，则是通过标量公式（对于一个方程）实现的。因此，即便忽略对 $M \approx 2600$ 个方程构成的方程组收敛性减慢（与对一个方程的收敛性相比），那么下面计算量缩减的估算即约 $M \times K_p > 20000$ 倍（$K_p = 8$）。这里通过 K_p 表示追赶法渐进行为中的常数，它与系数是变量还是常量有关 [83]。需要注意地是，这种计算量 “不大的” 缩减在实际计算中却非常明显。因为尾波的计算量非常庞大。例如，从计算角度看一个很简单的 “完整” 问题在运用 Intel Core2 Duo Wolfdale（2.66GHz）CPU 的情况下大约需要计算 10h。因此在同一处理器上仅需 2~3s 就能确定轴对称解对于求解辅助优化问题的多次重复计算具有一定的意义。

在本节的最后利用图 9.3～图 9.8 来说明轴对称解，因为这个内容非常重要。

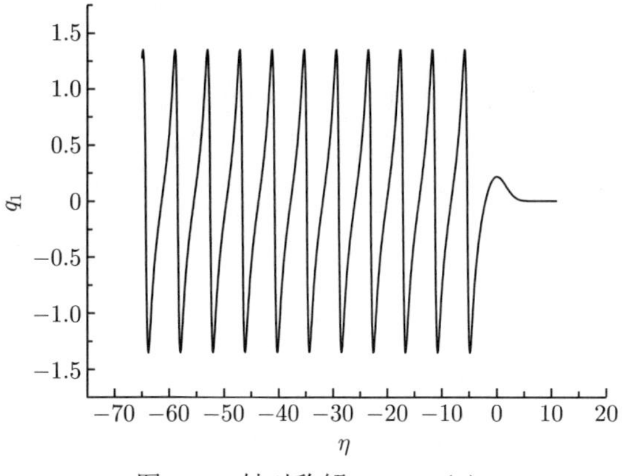

图 9.3 轴对称解 $q_1 = q_1(\eta)$

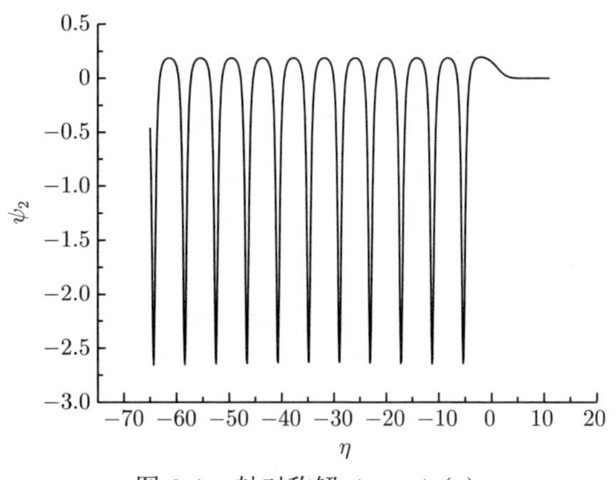

图 9.4 轴对称解 $\psi_2 = \psi_2(\eta)$

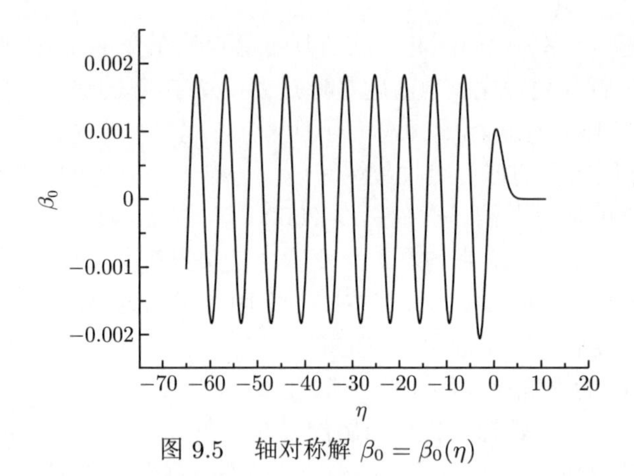

图 9.5 轴对称解 $\beta_0 = \beta_0(\eta)$

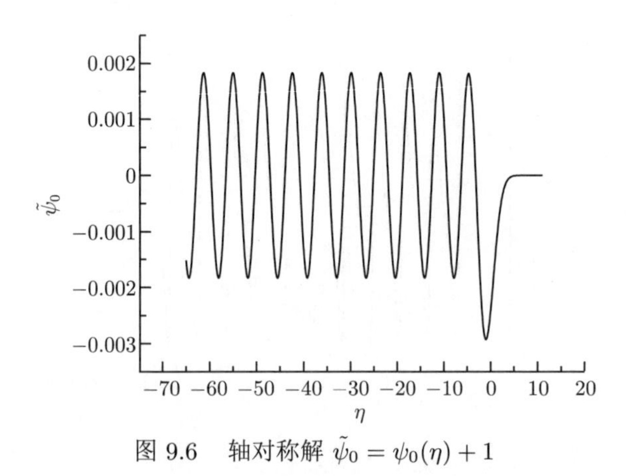

图 9.6 轴对称解 $\tilde{\psi}_0 = \psi_0(\eta) + 1$

应当注意地是，径向导数 q_1 和 ψ_2 至少比函数 β_0，ψ_0，γ_0 的轴向扰动值高出两个数量级。因此在 a_* 很小的情况下只由导数决定在轴上（$\rho = 0$）的电子密度值。再次说明封闭关系式 (9.7) 对从式 (9.5) 中得出轴对称解是正确的。

当然，“完整”问题的解（图 9.1 和图 9.2）中函数 $\tilde{\beta}(0, \eta)$ 和 $\tilde{\psi}(0, \eta)$ 的行为与“截切”问题的解（图 9.5 和图 9.6）中函数 $\beta_0(\eta), \tilde{\psi}_0 = \psi_0(\eta) + 1$ 的行为有些区别。特别是，轴对称解与“完整”问题的轴上解相比明显表现出周期性。但是，由于其绝对值小，很难确定地说偏离周期性行为不受径向变量的逼近误差制约。

需要注意地是，轴对称解与“完整”问题的解相比，距脉冲中心的距离更远。这是尾波轴外翻转的有力证据。问题是此前有些论著持有不同的观点：轴上翻转（参见文献 [32] 及其参考文献）是由于“完整”问题的解产生“燕尾”形特征导致的 [14]。根据本节中所阐述的数值计算，可以得出结论，长时间存在（至少几个周期）的尾波在对称轴以外翻转。

需要提醒地是，本节所列的“完整”问题的计算是借助差分 Ⅱ 进行的。

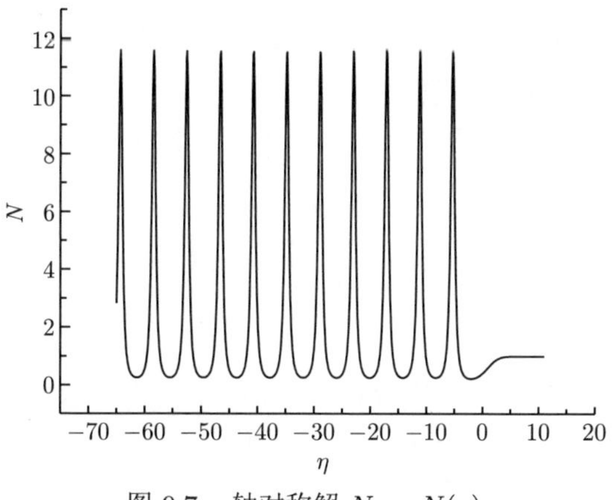

图 9.7 轴对称解 $N = N(\eta)$

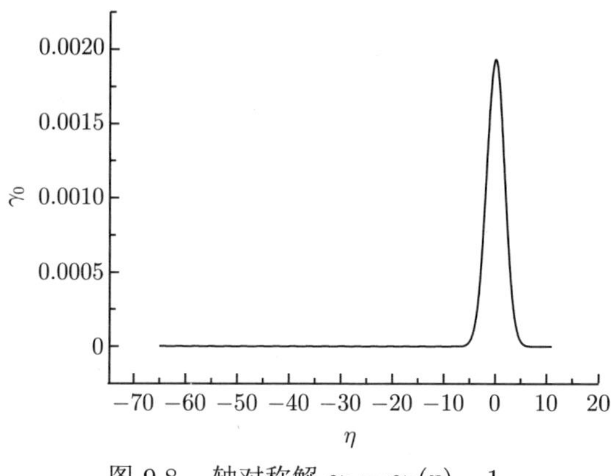

图 9.8 轴对称解 $\gamma_0 = \gamma_0(\eta) - 1$

9.2 尾波的离子动力学计算

为了求解描述等离子体尾波中离子和电子三维动力学的非线性偏微分方程组，本节将研究一种差分格式及实现该格式的迭代算法。数值模拟的结果表明，在短激光脉冲的后方会形成低密度离子区域（所谓的等离子体通道），造成尾波破坏。

9.2.1 通过物理变量提出问题

一般来说，研究激光脉冲的传播和尾波的激发时，会运用一系列的假设来简化问题。例如，忽略质量超过电子两个数量级的离子的运动。但是在高强激光射线的实验中（见文献 [135，147–148，171]）却发现了快速运动的离子束。此外，具有科普性、但专业性又很强的文献 [35] 对这一题目也进行了详细分析。显然，对这种效应的描述要求考虑离子的运动，因此 7.3 节中的基本问题还必须对离子再增补方程、初始条件和边界条件。

通过描述激光场 a 复振幅的动力学（又称包络线）方程使模型式（7.1）～ 式（7.8）更为复杂：

$$\left(\frac{2\mathrm{i}\omega}{c^2}\frac{\partial}{\partial t}+2\mathrm{i}k\frac{\partial}{\partial z}+\varDelta_{\perp}\right)a=\frac{\omega_{p0}^2}{c^2}\left(\frac{n_e}{n_{e_0}\gamma}-1\right)a \tag{9.17}$$

式中：ω 和 k 分别为顺 OZ 轴传播的激光脉冲的频率和波数；n_{e0} 为激光脉冲前方中性等离子体区域（$e_i n_{i0}+en_{e0}=0$）的电子浓度；$\omega_{p0}=\sqrt{4\pi n_{e0}\,e^2/m_e}$ 为等离子体频率；$\varDelta_{\perp}=\dfrac{\partial^2}{\partial x^2}+\dfrac{\partial^2}{\partial y^2}$ 为拉普拉斯算子的横向部分。

在轴对称情况中所有数值都只与 z、r 和 t 有关。引入新的自变量：

$$\eta=\frac{\omega_{p0}}{c}(z-ct),\quad \rho=\frac{\omega_{p0}}{c}r,\quad \theta=\omega_{p0}t$$

和新的无量纲函数：

$$\boldsymbol{q}=\frac{\boldsymbol{p}_e}{m_e c},\boldsymbol{w}^e=\frac{\boldsymbol{v}_e}{c},\boldsymbol{w}^i=\frac{\boldsymbol{v}_i}{c},\boldsymbol{\epsilon}=\frac{e\boldsymbol{E}}{m_e c\omega_{p0}},\nu_e=\frac{n_e}{n_{e_0}},\nu_i=\frac{n_i}{n_{i_0}}$$

由准静态近似方程式 (7.1)～ 式 (7.8) 和式 (9.17)（这时 $\dfrac{\partial}{\partial\theta}\ll\dfrac{\partial}{\partial\eta},\varepsilon=\dfrac{\omega_{p0}}{\omega}\ll 1$，$|\boldsymbol{w}_i|\ll 1$ 与 7.2.2 节一样）可以得到数值模拟的原始方程组。

结果对所研究问题的数学描述如下：

在无界区域 $\varOmega$，即

$$\varOmega=\{(\rho,\eta,\theta):0\leqslant\rho<\infty,-\infty<\eta<\infty,0\leqslant\theta\}$$

上研究方程组：

$$\frac{\partial}{\partial\eta}\left[\nu_e\left(w_z^e-1\right)\right]+\frac{1}{\rho}\frac{\partial}{\partial\rho}\left(\rho\nu_e w_r^e\right)=0$$

$$\frac{\partial q_z}{\partial\eta}=-\epsilon_z+\frac{\partial\gamma}{\partial\eta}$$

$$\frac{\partial q_r}{\partial\eta}=-\epsilon_r+\frac{\partial\gamma}{\partial\rho}$$

$$\frac{\partial}{\partial\eta}\left[\nu_i\left(w_z^i-1\right)\right]+\frac{1}{\rho}\frac{\partial}{\partial\rho}\left(\rho\nu_i w_r^i\right)=0$$

$$\frac{\partial w_z^i}{\partial\eta}=\epsilon_z\delta,\quad \frac{\partial w_r^i}{\partial\eta}=\epsilon_r\delta$$

$$\gamma=\sqrt{1+q_r^2+q_z^2+\frac{|a|^2}{2}}$$

$$-\frac{\partial\epsilon_z}{\partial\eta}=-\nu_e w_z^e+\nu_i w_z^i-\frac{1}{\rho}\frac{\partial}{\partial\rho}\left[\rho\left(\frac{\partial q_r}{\partial\eta}-\frac{\partial q_z}{\partial\rho}\right)\right]$$

$$-\frac{\partial\epsilon_r}{\partial\eta}=-\nu_e w_r^e+\nu_i w_r^i+\frac{\partial}{\partial\eta}\left(\frac{\partial q_r}{\partial\eta}-\frac{\partial q_z}{\partial\rho}\right)$$

$$\left\{2\mathrm{i}\frac{1}{\varepsilon}\frac{\partial}{\partial\theta}+\frac{1}{\rho}\frac{\partial}{\partial\rho}\left(\rho\frac{\partial}{\partial\rho}\right)\right\}a=\left(\frac{\nu_e}{\gamma}-1\right)a$$

附加条件如下：

$$\nu_{e,i}(\rho,\eta\to\infty)=1,\quad \frac{\partial\nu_{e,i}}{\partial\rho}(\rho=0)=\frac{\partial\nu_{e,i}}{\partial\eta}(\eta\to\infty)=0$$

$$w_z^{e,i}(\rho\to\infty)=w_z^{e,i}(\eta\to\infty)=q_z(\rho\to\infty)=q_z(\eta\to\infty)=0$$

$$w_r^{e,i}(\rho\to\infty)=w_r^{e,i}(\eta\to\infty)=q_r(\rho\to\infty)=q_r(\eta\to\infty)=0$$

$$w_r^{e,i}(\rho=0)=q_r(\rho=0)=\frac{\partial w_r^{e,i}}{\partial\rho}(\rho=0)=\frac{\partial q_r}{\partial\rho}(\rho=0)=0$$

$$a(\rho\to\infty)=\frac{\partial a}{\partial\rho}(\rho=0)=0$$

$$\epsilon_r(\rho\to\infty)=\epsilon_r(\eta\to\infty)=\epsilon_r(\rho=0)=0$$

$$\epsilon_z(\rho\to\infty)=\epsilon_z(\eta\to\infty)=0$$

$$a(\theta=0)=a_*\exp\left\{-\frac{\rho^2}{\rho_*^2}-\frac{(\eta-\eta_*)^2}{l_*^2}\right\}$$

式中：a, $\nu_{e,i}$, γ, $w_r^{e,i}$, $w_z^{e,i}$, q_r, q_z, ϵ_r, ϵ_z 分别为激光射线的无量纲复振幅、电子和离子的密度、洛伦兹因子、电子和离子的速度向量在 ρ 和 η 轴上的投影以及电子脉冲和电场向量（所求函数）在 ρ 和 η 轴上的投影；$\delta=-\dfrac{e_i m_e}{e m_i}\ll 1$；$\varepsilon$, a_*, ρ_*, η_*, l_* 为无量纲参数。

9.2.2 通过适宜变量提出问题

上面所列出的关系式在类似于 7.2.4 节中详细描述的一系列辅助变换后，具有如下形式：

在区域 Ω，即

$$\Omega = \{(\rho, \eta, \theta) : 0 \leqslant \rho \leqslant R, Z_e \leqslant \eta \leqslant Z_s, 0 \leqslant \theta \leqslant T_{\max}\}$$

上求解方程组：

$$\frac{2i}{\varepsilon\theta_*}\frac{\partial a}{\partial \theta} + \Delta a + (1 - \varphi)a = 0 \tag{9.18}$$

$$\frac{\partial \psi}{\partial \eta} - \beta = 0 \tag{9.19}$$

$$\varphi\psi - \Delta\psi + \nu(1 - v) = 0 \tag{9.20}$$

$$\frac{\partial \beta}{\partial \eta} + \frac{1}{\rho}\frac{\partial}{\partial \rho}\rho\frac{\partial q}{\partial \eta} - \Delta\gamma + \varphi\gamma - \nu = 0 \tag{9.21}$$

$$q\varphi + \frac{\partial \beta}{\partial \rho} - \nu w = 0 \tag{9.22}$$

$$2\gamma\psi + \psi^2 + q^2 + 1 + \frac{|a|^2}{2} = 0 \tag{9.23}$$

$$v + \delta(1 + \psi) = 0 \tag{9.24}$$

$$\frac{\partial w}{\partial \eta} - \delta\left(\frac{\partial \gamma}{\partial \rho} - \frac{\partial q}{\partial \eta}\right) = 0 \tag{9.25}$$

$$\frac{\partial}{\partial \eta}[\nu(v - 1)] + \frac{1}{\rho}\frac{\partial}{\partial \rho}(\rho\nu w) = 0 \tag{9.26}$$

边界条件和初始条件如下。

在 $0 \leqslant \rho \leqslant R$ 情况下，有

$$\psi\,(\rho, \eta = Z_s) = -1, \quad \beta\,(\rho, \eta = Z_s) = 0$$

$$\nu\,(\rho, \eta = Z_s) = 1, \quad w\,(\rho, \eta = Z_s) = 0, \quad v\,(\rho, \eta = Z_s) = 0$$

在 $Z_e \leqslant \eta \leqslant Z_s$ 情况下，有

$$\psi(\rho=R,\eta)=-1,\quad q(\rho=R,\eta)=0$$

$$\varphi(\rho=R,\eta)=1,\quad a(\rho=R,\eta)=0$$

$$\nu(\rho=R,\eta)=1,\quad w(\rho=R,\eta)=0,\quad v(\rho=R,\eta)=0$$

$$\frac{\partial\psi}{\partial\rho}(\rho=0,\eta)=\frac{\partial\gamma}{\partial\rho}(\rho=0,\eta)=\frac{\partial a}{\partial\rho}(\rho=0,\eta)=0$$

$$\frac{\partial\nu}{\partial\rho}(\rho=0,\eta)=\frac{\partial v}{\partial\rho}(\rho=0,\eta)=w(\rho=0,\eta)=q(\rho=0,\eta)=0$$

在 $\theta = 0$ 情况下，有

$$a(\rho,\eta)=a_*\exp\left\{-\frac{\rho^2}{\rho_*^2}-\frac{(\eta-\eta_*)^2}{l_*^2}\right\} \tag{9.27}$$

这里使用了表达式：

$$\Delta=\frac{1}{\rho}\frac{\partial}{\partial\rho}\left(\rho\frac{\partial}{\partial\rho}\right),\psi=q_z-\gamma,\beta=\frac{\partial\psi}{\partial\eta}$$

$$\varphi=\frac{\nu_e}{\gamma},\nu_i=\nu,q_r=q,w_z^i=v,w_r^i=w$$

要指出的是，能够将变量 ρ 和 η 解的区域由无界变换到有边界与以下情况有关。变量 ρ 的解的局域性可以由在 $\theta=0$ 情况下的初始脉冲形式和所研究的时间范围有界得出。对变量 η，在距脉冲中心有限距离上可以以足够的精度满足零边界条件。由于柯西问题对区域一面（边界）条件提出要求，因此区域另一边界的位置仅由研究的兴趣决定。

设置 R, Z_e, Z_s, $T_{\max}$, ε, δ, a_*, ρ_*, η_*, l_*, θ_* 的具体值使问题结束。为此我们列出在计算中所运用的特征值：

$$R=2\sim5,\ Z_s=-15,\ Z_e=250,\ T_{\max}=1500,\ \varepsilon=\frac{1}{90}$$

$$a_*=0.5\sim2.0,\ \rho_*=1.5\sim5.0,\ \eta_*=0,\ l_*=2\sim5,\ \delta=0\sim0.01,\ \varepsilon\theta_*=\frac{2}{9}\sim\frac{8}{9}$$

下面来说明以上问题对后续阐述很重要的几个特点。尽管所有所求函数都与 ρ、η 和 θ 三个变量有关，在式 (9.19)~ 式 (9.26) 中与 θ 的关系是隐含存在的：以式（9.23）（(ρ,η,θ) 的函数）左侧最后一项 $|a|^2/2$ 的形式存在，类似地，在式

(9.18) 中（以函数 $\varphi(\rho, \eta, \theta)$ 系数形式）与 η 有关。因此，后面阐述问题求解的相应算法部分，与对两个自变量的情况一样。另外还应指出地是，变量 η 是向减少的方向变化，也就是其积分向相反方向进行。

9.2.3　求解方法

本节在区域 Ω 上对所有变量建立步长为 h_r, h_z 和 τ 的均匀网格，使

$$\rho_m = mh_r, 0 \leqslant m \leqslant M; \quad \eta_j = jh_z, 0 \leqslant j \leqslant N; \quad \theta_n = n\tau, 0 \leqslant n$$

再来描述上面所提出问题的差分格式。在这种情况下可以使用 $f(\rho_m, \eta_j, \theta_n) = f_{m,j}^n$ 形式符号来表示网格函数，并省略一些不应引起误解的角标；函数 q 和 ω 在偏移 $-0.5h_r$ 的网格节点上确定，通过 m 的分数角标表示。

我们列出求解区域内部网格函数的差分方程（$j = N-1, N-2, \cdots, 0; m = 1, 2, \cdots, M-1$）：

$$\frac{2i}{\varepsilon\theta_*}\frac{a_{m,j}^{n+1} - a_{m,j}^{n}}{\tau} + \Delta a_{m,j}^{n+1} + (1 - \varphi_{m,j})\, a_{m,j}^{n+1} = 0 \tag{9.28}$$

$$\frac{\psi_{m,j+1} - \psi_{m,j}}{h_z} - \beta_{m,j+1} = 0 \tag{9.29}$$

$$v_{m,j} = -\delta\,(1 + \psi_{m,j}) \tag{9.30}$$

$$\begin{aligned}&\frac{\nu_{m,j+1}(v_{m,j+1} - 1) - \nu_{m,j}(v_{m,j} - 1)}{h_z} + \\ &+\frac{1}{\rho_m h_r}\left(\rho_{m+\frac{1}{2}} w_{m+\frac{1}{2},j+1}\frac{\nu_{m,j+1} + \nu_{m+1,j+1}}{2} - \right.\\ &\left. -\rho_{m-\frac{1}{2}} w_{m-\frac{1}{2},j+1}\frac{\nu_{m,j+1} + \nu_{m-1,j+1}}{2}\right) = 0\end{aligned} \tag{9.31}$$

$$\varphi_{m,j}\psi_{m,j} - \Delta\psi_{m,j} + \nu_{m,j}\,(1 - v_{m,j}) = 0 \tag{9.32}$$

$$\begin{aligned}&\frac{\beta_{m,j+1} - \beta_{m,j}}{h_z} - \Delta\gamma_{m,j} + \varphi_{m,j}\gamma_{m,j} - \nu_{m,j} + \\ &+\frac{1}{\rho_m h_r}\left(\rho_{m+\frac{1}{2}}\frac{q_{m+\frac{1}{2},j+1} - q_{m+\frac{1}{2},j}}{h_z} - \rho_{m-\frac{1}{2}}\frac{q_{m-\frac{1}{2},j+1} - q_{m-\frac{1}{2},j}}{h_z}\right) = 0\end{aligned} \tag{9.33}$$

$$q_{m-\frac{1}{2},j}\frac{\varphi_{m,j} + \varphi_{m-1,j}}{2} + \frac{\beta_{m,j} - \beta_{m-1,j}}{h_r} = w_{m-\frac{1}{2},j}\frac{\nu_{m,j} + \nu_{m-1,j}}{2} \tag{9.34}$$

$$2\gamma_{m,j}\psi_{m,j} + \psi_{m,j}^2 + \left(\frac{q_{m-\frac{1}{2},j} + q_{m+\frac{1}{2},j}}{2}\right)^2 + 1 + \frac{\left|a_{m,j}^{n+1}\right|^2}{2} = 0 \tag{9.35}$$

$$\frac{w_{m-\frac{1}{2},j+1}-w_{m-\frac{1}{2},j}}{h_z}+\delta\frac{q_{m-\frac{1}{2},j+1}-q_{m-\frac{1}{2},j}}{h_z}=\delta\frac{\gamma_{m,j}-\gamma_{m-1,j}}{h_r} \tag{9.36}$$

上面拉普拉斯算子的径向部分：

$$\Delta=\frac{1}{\rho}\frac{\partial}{\partial\rho}\left(\rho\frac{\partial}{\partial\rho}\right)$$

在节点 $\rho_m\,(m\geqslant 1)$ 上运用通常的逼近法：

$$\Delta f_m=\frac{1}{\rho_m}\frac{1}{h_r}\left(\rho_{m+1/2}\frac{f_{m+1}-f_m}{h_r}-\rho_{m-1/2}\frac{f_m-f_{m-1}}{h_r}\right)$$

然后写出差分模拟的初始条件和边界条件，即确定 Ω 边界上网格函数所需的关系式。

在 $j=N;\ m=0,1,\cdots,M$ 情况下，有

$$\psi_{m,N}=-1,\quad \beta_{m,N}=q_{m-\frac{1}{2},N}=0,\quad \varphi_{m,N}=1,\quad \gamma_{m,N}=1$$

$$\nu_{m,N}=1,\quad w_{m-\frac{1}{2},N}=0,\quad v_{m,N}=0$$

在 $m=M;\ j=N,N-1,\cdots,0$ 情况下，有

$$\psi_{M,j}=-1,\quad \varphi_{M,j}=1,\quad \beta_{M,j}=q_{M-\frac{1}{2},j}=\gamma_{M,j}=a^{n+1}_{M,j}=0$$

$$\nu_{M,j}=1,\quad w_{M-\frac{1}{2},j}=v_{M,j}=0$$

在 $m=0;\ j=N,N-1,\cdots,0$ 情况下，有

$$\frac{2i}{\varepsilon\theta}\frac{a^{n+1}_{0,j}-a^{n}_{0,j}}{\tau}+\Delta a^{n+1}_{0,j}+(1-\varphi_{0,j})\,a^{n+1}_{0,j}=0$$

$$\frac{\psi_{0,j+1}-\psi_{0,j}}{h_z}-\beta_{0,j+1}=0$$

$$\varphi_{0,j}\psi_{0,j}-\Delta\psi_{0,j}+\nu_{0,j}\,(1-v_{0,j})=0$$

$$\frac{\beta_{0,j+1}-\beta_{0,j}}{h_z}-\Delta\gamma_{0,j}+\varphi_{0,j}\gamma_{0,j}-\nu_{0,j}+\frac{2}{h_r}\left(\frac{q_{+\frac{1}{2},j+1}-q_{+\frac{1}{2},j}}{h_z}-\frac{q_{-\frac{1}{2},j+1}-q_{-\frac{1}{2},j}}{h_z}\right)=0$$

$$q_{-\frac{1}{2},j}\frac{\varphi_{0,j}+\varphi_{1,j}}{2}+\frac{\beta_{0,j}-\beta_{1,j}}{h_r}=w_{-\frac{1}{2},j}\frac{\nu_{0,j}+\nu_{1,j}}{2}$$

$$2\gamma_{0,j}\psi_{0,j}+\psi^2_{0,j}+\left(\frac{q_{-\frac{1}{2},j}+q_{+\frac{1}{2},j}}{2}\right)^2+1+\frac{\left|a^{n+1}_{0,j}\right|^2}{2}=0$$

$$\frac{\nu_{0,j+1}(v_{0,j+1}-1)-\nu_{0,j}(v_{0,j}-1)}{h_z}+(\nu_{0,j+1}+\nu_{1,j+1})\frac{w_{\frac{1}{2},j+1}-w_{-\frac{1}{2},j+1}}{h_r}=0$$

$$\frac{w_{-\frac{1}{2},j+1}-w_{-\frac{1}{2},j}}{h_z}+\delta\frac{q_{-\frac{1}{2},j+1}-q_{-\frac{1}{2},j}}{h_z}=\delta\frac{\gamma_{0,j}-\gamma_{1,j}}{h_r}$$

其中

$$\Delta f_0=\frac{4}{h_r^2}(f_1-f_0)$$

是对称轴 $\rho=0$ 上拉普拉斯算子的差分式（考虑到函数 $f(\rho)$ 的奇偶性条件）。

在 $n=0; j=N, N-1,\cdots,0; m=0, 1,\cdots,M$ 情况下，有

$$a_{m,j}^0=a_*\exp\left\{-\frac{\rho_m^2}{\rho_*^2}-\frac{(\eta_j-\eta_*)^2}{l_*^2}\right\}$$

对于线性化问题来说，上面用到的差分格式对于 ρ 的步长具有二阶近似，对于 θ 和 η 的步长则具有一阶近似；稳定性以及相同阶数的收敛性，像 8.1 节和 8.2 节中一样，可以得到标准形式。

下面来实现所构建的格式。假设在 θ_n 时刻对于定义域上的所有 m 和 j 来说，$a_{m,j}^n$ 值都已知。求解式 (9.28) 运用的是压缩映射型迭代法（s 为迭代次数）：

$$\frac{2i}{\varepsilon\theta_*}\frac{a_{m,j}^{n+1,s+1}-a_{m,j}^n}{\tau}+\Delta a_{m,j}^{n+1,s+1}+\left(1-\varphi_{m,j}^s\right)a_{m,j}^{n+1,s+1}=0 \tag{9.37}$$

式中：初始近似值选为 $a_{m,j}^{n+1,0}=a_m^n$，而 $\varphi_{m,j}^s$ 为式 (9.29)~ 式 (9.36) 的解，在该方程组中对函数 $a_{m,j}^{n+1}$ 运用了它在上一次迭代中的值，即 $a_{m,j}^{n+1,s}$。

求解式 (9.29)~ 式 (9.36) 的算法如下：根据显式公式，对每个 $j=N-1,N-2,\cdots,0$ 依次确定式 (9.29) 中的函数 $\psi_{m,j}$、式 (9.30) 中的函数 $v_{m,j}$、式 (9.31) 中的函数 $\nu_{m,j}$ 和式 (9.32) 中的函数 $\varphi_{m,j}$；然后通过 4×4 矩阵追赶法实现的牛顿法求解三点非线性向量方程组式 (9.33)~ 式 (9.36)。精度决定于 m 和所有方程的最大误差值（不超过 $\delta_{\text{newt}}=10^{-3}$）。一般来说，相应的迭代不会超过三次。

采用上述算法后我们可以得到对所有 jz 和 $\varphi_{m,j}^s$ 的值，对 ρ 依次用追赶法求解式 (9.37) 来确定 $a_{m,j}^{n+1,s+1}$。

重复这种方法（显式公式和牛顿循环的嵌套组合），直到

$$\max_{m,j}\left|a_{m,j}^{n+1,s+1}-a_{m,j}^{n+1,s}\right|>\delta_{it}=10^{-3}$$

经过 1~2 次这种形式的迭代以后，得到 θ_{n+1} 时刻要求的值 $a_{m,j}^{n+1}$，外循环结束。

因此，时间上完整的一步是一个双重嵌套迭代循环，包括内循环和外循环。内循环是式 (9.33)~ 式 (9.36)4 个函数的牛顿循环，外循环是通过式 (9.37) 对函数 a 的压缩映射型循环。

需要指出地是，类似于 5.2 节中的对所求变量进行缩放是非常有用的。在计算中运用了两种实现上述差分格式的方法。缩放可以降低因迭代次数有限而产生的误差影响，尤其是对能够很好反映重离子动力学影响的多周期计算。

9.2.4 计算结果

对式 (9.27) 形式恒定脉冲的数值模拟表明，短激光脉冲（$l_* = 3.5$）能够有效激发尾波，这种尾波作用于离子时，会在激光脉冲的后方逐渐形成低密度等离子体区（等离子体通道）。随着远离脉冲，通道的深度先是增加，然后减小。从某一时刻开始，在对称轴上的离子浓度开始单调增加，最终导致尾波受到破坏。

在图 9.9 上展示的是窄（$\rho_* = 2$）激光脉冲后方在 (ρ, η) 平面上的电子密度水平线（图的下半部分）和离子密度水平线（图的上半部分）。为了方便，本节中曲线上的变量 η 以相反方向表现。

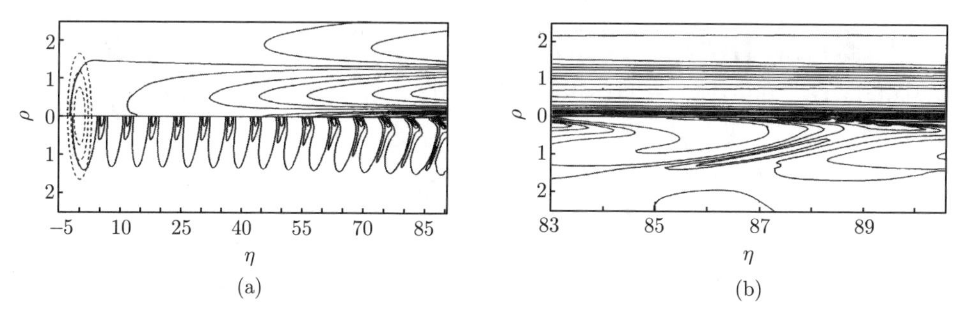

图 9.9　窄激光脉冲后方电子密度函数和离子密度函数的水平线：周期发展和波的破坏

在图 9.9(a) 上表示的是变量 η 的在很宽范围变化（$-5 < \eta < 90$）的尾波发展过程。在图 9.9(b) 上两个变量以相同比例表示解受到破坏的区域。在这种情况下通道为管状，离子密度在对称轴附近具有最大径向梯度，这里电子密度也发生了小规模变化。这里由于对称轴上的离子浓度激增，在对称轴附近的区域可以观察到尾波的翻转效应。与 5.3 节中所描述的实验类似，可以选择脉冲参数使翻转严格发生在对称轴上（参见图 5.6 ~ 图 5.8）。

图 9.10 上展示的函数与图 9.9 中的相同，但激光脉冲更宽（$\rho_* = 3, a_* = 1.2, \delta = 1/2000$）。在这种情况下离子密度径向梯度的极大值离对称轴更远一些，在这里尾波受到破坏。在这种情况会发生尾波的轴外翻转，也就是离子动力学影响不大的情况。在 5.3 节中详细描述了平面电子/离子振动的这种翻转，相应例证如图 5.3～ 图 5.5 所示。

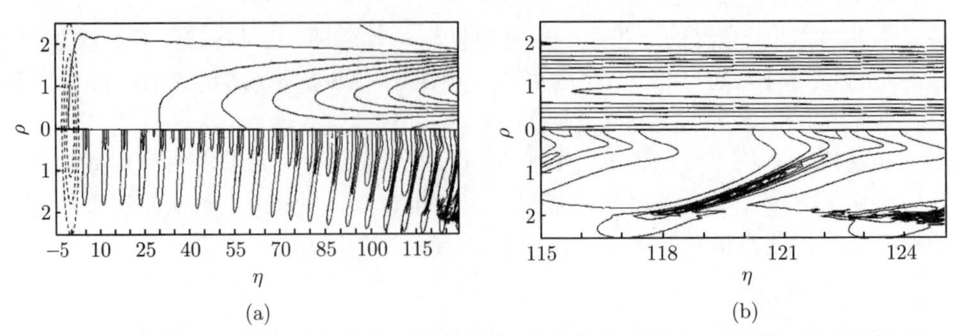

图 9.10 宽激光脉冲后方电子密度函数和离子密度函数的水平线：周期发展和波的破坏

为了对比，在图 9.11 上展示了与图 9.10 上脉冲参数相同，但在离子无限重（$\delta = 0$）情况下尾波的发展过程。解受到破坏和电子密度出现小范围变化都发生在距脉冲相当远的距离上，这与由于电子质量的相对论性变化和问题的几何性质产生的尾波相前翘曲有关。在第 4 章中详细阐述了对相对论性柱面振动情况的这种翻转的模拟 [46]。

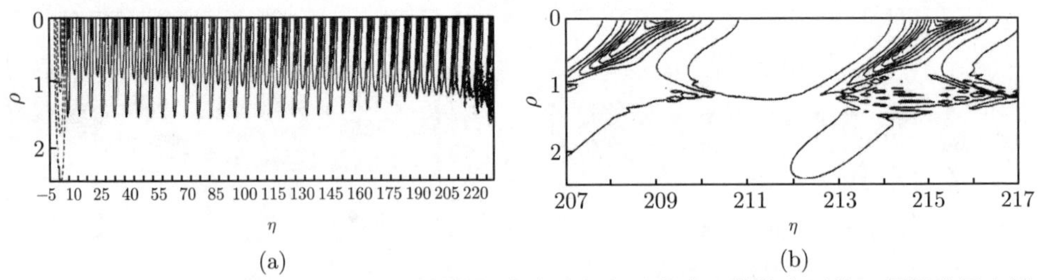

图 9.11 在离子静止不动的情况下，宽激光脉冲后方电子密度函数的水平线：周期发展和波的破坏

通过上述方法对离子动力学更深入的研究在文献 [136] 中阐述。

9.3 椭圆截面脉冲

本节为了求解描述在短强激光脉冲激发的等离子体尾波中的三维离子和电子动力学的非线性偏微分方程组，研究一种差分格式及其实现的迭代算法。与 9.2 节研究的显著差别是问题不具有轴对称性，这导致方程复杂化和维度升高。数值模拟的结果说明了圆截面脉冲和椭圆截面脉冲产生尾波中的差异。

9.3.1 问题的提出

一般来说，在研究激光脉冲的传播和尾波的激发时，会运用一系列假设来简化问题。例如，忽略质量超过电子两个数量级的离子的运动。另一种传统的简化是假设问题具有轴对称性。实际上离子虽然运动很慢，但也是移动的，激光脉冲中的射线强度分布在某种程度上并非是轴对称的，这会反映在尾波的结构上。在本节中研究的问题即考虑离子动力学，也不具有轴对称性。这不仅会增加方程的数量，还会增加自变量的数量。

我们通过描述激光场 a 复振幅（包络线）动力学的方程（见 9.2.1 节和文献 [133]），使模型更加复杂：

$$\left(\frac{2i\omega}{c^2}\frac{\partial}{\partial t}+2ik\frac{\partial}{\partial z}+\varDelta_\perp\right)a=\frac{\omega_{p0}^2}{c^2}\left(\frac{n_e}{n_{e_0}\gamma}-1\right)a \tag{9.38}$$

式中：ω 和 k 为顺 OZ 轴传播的激光脉冲的频率和波数；n_{e0} 为激光脉冲前方（认为这里等离子体呈中性（$e_i n_{i0}+en_{e0}=0$））的电子浓度；$\omega_{p0}=\sqrt{4\pi n_{e0}\,e^2/m_e}$ 为等离子体频率；$\varDelta_\perp=\dfrac{\partial^2}{\partial x^2}+\dfrac{\partial^2}{\partial y^2}$ 为拉普拉斯算子的横向部分。

现在引入新的自变量：

$$\eta=\frac{\omega_{p0}}{c}(z-ct),\quad x'=\frac{\omega_{p0}}{c}x,\quad y'=\frac{\omega_{p0}}{c}y,\quad \theta=\omega_{p0}t$$

和新的无量纲函数：

$$\boldsymbol{q}=\frac{\boldsymbol{p}_e}{m_e c}=(q_x,q_y,q_z)^{\mathrm{T}},\boldsymbol{v}=\frac{\boldsymbol{v}_i}{c}=(v_x,v_y,v_z)^{\mathrm{T}},b_z=\frac{eB_z}{m_e c\omega_{p0}},\nu=\frac{n_i}{n_{i_0}},$$

$$\psi=q_z-\gamma,\quad \beta=\frac{\partial\psi}{\partial\eta},\quad \varphi=\frac{\nu_e}{\gamma}$$

由准静态近似方程式 (7.1)~ 式 (7.8)（见 7.2.2 节），有

$$\frac{\partial}{\partial\theta}\ll\frac{\partial}{\partial\eta},\quad \varepsilon=\frac{\omega_{p0}}{\omega}\ll 1,\quad |\boldsymbol{v}|\ll 1$$

可以得出数值模拟的初始方程组。结果对所研究问题的数学描述如下：在区域 $\varOmega\times[0,T_{\max}]$ 上：

$$\varOmega=\{(x',y',\eta):|x'|\leqslant X_{\max},|y'|\leqslant Y_{\max},Z_e\leqslant\eta\leqslant Z_s\},\quad 0\leqslant\theta\leqslant T_{\max}$$

求解以下方程组：

$$\frac{\partial\psi}{\partial\eta}-\beta=0 \tag{9.39}$$

$$v_z+\delta(1+\psi)=0 \tag{9.40}$$

$$\frac{\partial}{\partial \eta}\left[\nu\left(v_z-1\right)\right]+\frac{\partial}{\partial x'}\left(\nu v_x\right)+\frac{\partial}{\partial y'}\left(\nu v_y\right)=0 \tag{9.41}$$

$$\varphi\psi-\Delta_{\perp}\psi+\nu\left(1-v_z\right)=0 \tag{9.42}$$

$$\frac{\partial \beta}{\partial \eta}+\frac{\partial}{\partial \eta}\left(\frac{\partial q_x}{\partial x'}+\frac{\partial q_y}{\partial y'}\right)-\Delta_{\perp}\gamma+\varphi\gamma-\nu=0 \tag{9.43}$$

$$q_x\varphi+\frac{\partial \beta}{\partial x'}-\nu v_x-\frac{\partial b_z}{\partial y'}=0 \tag{9.44}$$

$$q_y\varphi+\frac{\partial \beta}{\partial y'}-\nu v_y+\frac{\partial b_z}{\partial x'}=0 \tag{9.45}$$

$$2\gamma\psi+\psi^2+q_x^2+q_y^2+1+\frac{|a|^2}{2}=0 \tag{9.46}$$

$$\frac{\partial v_x}{\partial \eta}-\delta\left(\frac{\partial \gamma}{\partial x'}-\frac{\partial q_x}{\partial \eta}\right)=0 \tag{9.47}$$

$$\frac{\partial v_y}{\partial \eta}-\delta\left(\frac{\partial \gamma}{\partial y'}-\frac{\partial q_y}{\partial \eta}\right)=0 \tag{9.48}$$

$$b_z=\frac{\partial q_x}{\partial y'}-\frac{\partial q_y}{\partial x'} \tag{9.49}$$

$$\frac{2\mathrm{i}}{\varepsilon}\frac{\partial a}{\partial \theta}+\Delta_{\perp}a+(1-\varphi)a=0 \tag{9.50}$$

该方程组与两个系数 $\delta=-\dfrac{e_i m_e}{e m_i}$ 和 $\varepsilon=\dfrac{\omega_{p0}}{\omega}$ 有关，而方程组的解是以下 12 个函数：

$$\psi,\beta,\varphi,\gamma,\nu,v_x,v_y,v_z,q_x,q_y,b_z,a$$

由于问题的特点，这些函数与自变量的相关方式不同。例如，前 11 个函数为实数函数，与时间变量 θ 隐式相关，与变量 x', y', η 显式相关：它们通过封闭方程组式 (9.39)~ 式 (9.46) 相关联，而在这个方程组中作为已知函数包含与时间相关的值 $|a|^2/2$（参见式 (9.46)）。这就是说，一方面，上述未知函数与时间这个外部参数有关。另一方面，满足式 (9.50) 的复值函数 a 与变量 θ, x', y' 显式相关，而与变量 η 隐式相关：与 η 的关系通过方程中作为已知系数的函数 φ 来体现。

为了单值确定所求函数，需要补充附加条件（初始条件和边界条件）。为了完整表述问题，我们来描述其结构。在初始时刻（$\theta=0$）给出包络线：

$$a\left(x',y',\eta\right)=a_*\exp\left\{-\frac{\left(x'\right)^2+\alpha\left(y'\right)^2}{\rho_*^2}-\frac{\eta^2}{l_*^2}\right\} \tag{9.51}$$

式中：a_*, α, ρ_*, l_* 为设定激光脉冲几何形状和振幅的无量纲参数。需要指出的是，$\alpha=1$ 对应的是圆截面脉冲，允许通过轴对称描述来提出这种问题。为了简便，脉冲中心位于点 (0, 0, 0)。

下面来表述对脉冲参数与区域 Ω 大小匹配的要求。问题从物理学上规定，脉冲的横截面要明显小于等离子体所占区域的横向尺寸，即 $\rho_* \ll X_{\max}$, $\rho_* \ll Y_{\max}$。计算中所采用的典型数值是 $1.5 \leqslant \rho_* \leqslant 2.5, 5 \leqslant X_{\max} = Y_{\max} \leqslant 8$。区域 Ω 的纵向参数通过其他条件选择：$l_* \ll Z_s$，而 Z_e 的值仅取决于研究目的和现有的计算资源；在计算中的值为 $l_* = 3.5$, $Z_s = 11$, $Z_e = -12$。因此，上述匹配问题实际上就是模拟以下情况：在脉冲前方 $(\eta \geqslant Z_s)$ 有未受扰动的等离子体：

$$\psi = -1, \varphi = \gamma = \nu = 1, \beta = v_x = v_y = v_z = q_x = q_y = b_z = 0$$

随后（在 $Z_e \leqslant \eta \leqslant Z_s$ 的情况下）等离子体会根据方程组式 (9.39)~ 式 (9.49) 的解改变自身结构，但横向平面上的脉冲是非常有局域性的，函数的边界值（在 $|x| = X_{\max}$, $|y| = Y_{\max}$ 的情况下）完全可以认为是未受扰动的，即相当于静止状态的值。接下来等离子体的扰动会导致脉冲按照式 (9.50) 变化，但这种变化集中在距 Ω 的边界相当远的某些子区域上，几乎不会对周边的静止状态产生影响。当然，横向边界上的扰动迟早也会变大，但这完全可以通过改变边界本身的位置或模拟时间的值 $T_{\max}$ 来调整。

9.3.2 差分格式与求解方法

为了构建差分格式，我们需要在变量平面 (x', y') 上的移动网格 $D_i\,(0 \leqslant i \leqslant 3)$ 上，引入符号 $h_x = X_{\max}/M_x$, $h_y = Y_{\max}/M_y$，式中 M_x 和 M_y 分别为变量 x' 和 y' 在第一象限的节点数，可以确定

$$D_0 = \{(x_k, y_l) : x_k = kh_x, |k| \leqslant M_x; y_l = lh_y, |l| \leqslant M_y\}$$

$$D_1 = \{(x_k, y_l) : x_k = (k+1/2)h_x, -M_x \leqslant k \leqslant M_x - 1; y_l = lh_y, |l| \leqslant M_y\}$$

$$D_2 = \{(x_k, y_l) : x_k = kh_x, |k| \leqslant M_x; y_l = (l+1/2)h_y, -M_y \leqslant l \leqslant M_y - 1\}$$

$$D_3 = \{(x_k, y_l) : x_k = (k+1/2)h_x, -M_x \leqslant k \leqslant M_x - 1$$

$$y_l = (l+1/2)h_y, -M_y \leqslant l \leqslant M_y - 1\}$$

现在使用 $h_z = (Z_s - Z_e)/M_z$，式中 M_z 为变量 η 的节点数，我们来对原始区域 Ω 建立以下形式的离散化近似：

$$\Omega_{i,h} = \{(x_k, y_l, \eta_j) : (x_k, y_l) \in D_i, \eta_j = Z_e + jh_z, 0 \leqslant j \leqslant M_z\}, 0 \leqslant i \leqslant 3$$

接下来使用不同的 $\Omega_{i,h}$ 作为未知网格函数组的定义域：在 $\Omega_{0,h}$ 上确定 $a, \psi, \varphi, \nu, vz, \beta, \gamma$，在 $\Omega_{1,h}$ 上确定 qx 和 vx，在 $\Omega_{2,h}$ 上确定 qy 和 vy，在 $\Omega_{3,h}$ 上确定 bz。这里及以后函数的下角标用于拓展名称（如 $b_z \to bz$），目的是避免与网格节点的角标混淆。

运用 $f(x_k, y_l, \eta_j, \theta_n) = f^n_{k,l,j}, \theta_n = n\tau (n \geqslant 0)$, 形式表示网格函数，在不应引起误解的地方略去某些角标，我们列出差分方程。

为了后续确定函数 ψ, vz, ν, φ（向角标 j 减少的一方），先在 $\Omega_{0,h}$ 上进行一组显式计算：

$$\frac{\psi_{k,l,j+1} - \psi_{k,l,j}}{h_z} - \beta_{k,l,j+1} = 0 \tag{9.52}$$

$$vz_{k,l,j} + \delta(1 + \psi_{k,l,j}) = 0 \tag{9.53}$$

$$\begin{aligned}&\frac{\nu_{k,l,j+1}(vz_{k,l,j+1} - 1) - \nu_{k,l,j}(vz_{k,l,j} - 1)}{h_z}\\&+\frac{1}{h_x}\left(vx_{k+1,l,j+1}\frac{\nu_{k+1,l,j+1} + \nu_{k,l,j+1}}{2} - vx_{k,l,j+1}\frac{\nu_{k-1,l,j+1} + \nu_{k,l,j+1}}{2}\right)\\&+\frac{1}{h_y}\left(vy_{k,l+1,j+1}\frac{\nu_{k,l+1,j+1} + \nu_{k,l,j+1}}{2} - vy_{k,l,j+1}\frac{\nu_{k,l-1,j+1} + \nu_{k,l,j+1}}{2}\right) = 0\end{aligned} \tag{9.54}$$

$$\varphi_{k,l,j}\psi_{k,l,j} - \Delta\psi_{k,l,j} + \nu_{k,l,j}(1 - vz_{k,l,j}) = 0 \tag{9.55}$$

这里要注意的是，通过函数 ψ, vz, ν, φ 第 $j+1$ 层上的已知值确定的是其在 D_0 区域内部节点上第 j 层的值。在这种情况下 D_0 区域边界节点的值不发生变化。因此，对变量 η 的积分向其减少的方向进行。其余参与这组计算的函数均认为是已知的（之前已确定）。

下面 7 个方程联合成一组，这里函数 $\beta, qx, qy, \gamma, vx, vy, bz$ 之间的相互关系更加复杂，因此通过隐式确定：

$$\begin{aligned}&\frac{\beta_{k,l,j+1} - \beta_{k,l,j}}{h_z} - \Delta\gamma_{k,l,j} + \varphi_{k,l,j}\gamma_{k,l,j} - \nu_{k,l,j}\\&+\frac{1}{h_x h_z}(qx_{k+1,l,j+1} - qx_{k+1,l,j} - qx_{k,l,j+1} + qx_{k,l,j})\\&+\frac{1}{h_y h_z}(qy_{k,l+1,j+1} - qy_{k,l+1,j} - qy_{k,l,j+1} + qy_{k,l,j}) = 0, \quad \Omega_{0,h}\end{aligned} \tag{9.56}$$

$$\begin{aligned}&qx_{k,l,j}\frac{\varphi_{k,l,j} + \varphi_{k-1,l,j}}{2} + \frac{\beta_{k,l,j} - \beta_{k-1,l,j}}{h_x}\\&-vx_{k,l,j}\frac{\nu_{k,l,j} + \nu_{k-1,l,j}}{2} - \frac{bz_{k,l+1,j} - bz_{k,l,j}}{h_y} = 0, \quad \Omega_{1,h}\end{aligned} \tag{9.57}$$

$$
\begin{aligned}
& qy_{k,l,j}\frac{\varphi_{k,l,j}+\varphi_{k,l-1,j}}{2}+\frac{\beta_{k,l,j}-\beta_{k,l-1,j}}{h_y} \\
& -vy_{k,l,j}\frac{\nu_{k,l,j}+\nu_{k,l-1,j}}{2}+\frac{bz_{k+1,l,j}-bz_{k,l,j}}{h_x}=0, \quad \Omega_{2,h}
\end{aligned}
\tag{9.58}
$$

$$
\begin{aligned}
& 2\gamma_{k,l,j}\psi_{k,l,j}+\psi_{k,l,j}^2+\left(\frac{qx_{k,l,j}+qx_{k+1,l,j}}{2}\right)^2 \\
& +\left(\frac{qy_{k,l,j}+qx_{k,l+1,j}}{2}\right)^2+1+\frac{\left|a_{k,l,j}^{n+1}\right|^2}{2}=0, \quad \Omega_{0,h}
\end{aligned}
\tag{9.59}
$$

$$
\begin{aligned}
& \frac{vx_{k,l,j+1}-vx_{k,l,j}}{h_z}+\delta\frac{qx_{k,l,j+1}-qx_{k,l,j}}{h_z} \\
& =\delta\frac{\gamma_{k,l,j}-\gamma_{k-1,l,j}}{h_x}, \quad \Omega_{1,h},
\end{aligned}
\tag{9.60}
$$

$$
\begin{aligned}
& \frac{vy_{k,l,j+1}-vy_{k,l,j}}{h_z}+\delta\frac{qy_{k,l,j+1}-qy_{k,l,j}}{h_z} \\
& =\delta\frac{\gamma_{k,l,j}-\gamma_{k,l-1,j}}{h_y}, \quad \Omega_{2,h},
\end{aligned}
\tag{9.61}
$$

$$
bz_{k,l,j}-\frac{qx_{k,l,j}-qx_{k,l-1,j}}{h_y}+\frac{qy_{k,l,j}-qy_{k-1,l,j}}{h_x}=0, \quad \Omega_{3,h} \tag{9.62}
$$

上面对拉普拉斯算子的横向部分：

$$
\Delta_{\perp}=\frac{\partial^2}{\partial\left(x'\right)^2}+\frac{\partial^2}{\partial\left(y'\right)^2}
$$

在节点 (x_k, y_l) 上使用标准的五点“交叉”逼近法 [22]：

$$
\Delta f_{k,l}=\frac{f_{k+1,l}-2f_{k,l}+f_{k-1,l}}{h_x^2}+\frac{f_{k,l+1}-2f_{k,l}+f_{k,l-1}}{h_y^2}
$$

与之前一样，在隐式的一组方程中第 $j+1$ 层的变量值已知，此外，显式的一组方程中的变量已计算出。因此，式 (9.56)∼ 式 (9.62) 把未受扰动值用作边界值，在区域 $D_i\,(0\leqslant i\leqslant 3)$ 内部求解。为了求非线性差分方程组的近似解，采用了基于 UMFPACK 包（用于求解具有非对称稀疏矩阵的大型方程组）[130] 的牛顿法，并对算子的线性部分进行了反演。精度由角标 k, l 和所有方程的最大误差值确定，不超过 $\delta_{\mathrm{newt}}=10^{-3}$。这种情况一般相应地不超过三次牛顿迭代。

综上所述，下面来表述求解式 (9.52)～ 式 (9.62) 的迭代过程。假设在 θ_{n+1} 时刻已知式 (9.59) 中的函数 $a_{k,l,j}^{n+1}$。那么，对每个 $j = M_z - 1, M_z - 2, \cdots, 0$ 依次先进行显式一组方程的计算，然后再进行隐式一组方程的计算，这一过程可以产生所有描述等离子体行为函数的值。

然后从上面得到的解中取函数 $\varphi_{k,l,j}$ 来确定脉冲的方程：

$$\frac{2i}{\varepsilon\theta_*}\frac{a_{k,l,j}^{n+1} - a_{k,l,j}^{n}}{\tau} + \Delta a_{k,l,j}^{n+1} + (1 - \varphi_{k,l,j})\, a_{k,l,j}^{n+1} = 0$$

这个方程使用压缩映射迭代法求解（s 为迭代次数）：

$$\frac{2i}{\varepsilon\theta_*}\frac{a_{k,l,j}^{n+1,s+1} - a_{k,l,j}^{n}}{\tau} + \Delta a_{k,l,j}^{n+1,s+1} + \left(1 - \varphi_{k,l,j}^{s}\right) a_{k,l,j}^{n+1,s+1} = 0 \qquad (9.63)$$

式中：初始近似选为 $a_{k,l,j}^{n+1,0} = a_{k,l,j}^{n}$，而 $\varphi_{k,l,j}^{s}$ 为式 (9.52)～ 式 (9.62) 的解，在该方程组中函数 $a_{k,l,j}^{n+1}$ 使用其在上一次迭代中的值，即 $a_{k,l,j}^{n+1,s}$。一直重复这一过程，直到

$$\max_{k,l,j}\left|a_{k,l,j}^{n+1,s+1} - a_{k,l,j}^{n+1,s}\right| > \delta_{it} = 10^{-3}$$

在 1～2 次这种形式的迭代后，可以得到对 θ_{n+1} 时刻所求的 $a_{k,l,j}^{n+1}$ 值，外循环结束。

因此，时间上完整的一步是双重嵌套迭代循环：内循环和外循环。内循环是方程组式 (9.56)～ 式 (9.62)7 个函数的牛顿循环，外循环是通过式 (9.63) 对函数 a 的压缩映射型循环。

我们对 x', y', η, θ 步长所构建的格式的逼近阶次进行说明。对于时间变量 θ 的格式选择完全是隐式的，这决定了逼近为一阶逼近；对空间变量 x' 和 y' 运用的偏移网格导致逼近为二阶逼近。对于变量 η 的离散化，情况复杂得多。如果研究式 (9.52)～ 式 (9.62) 中导数的形式逼近，那么它的逼近阶次是一阶。但是这里提出的差分格式还有另一个性质，会在接近线性的问题中表现出来，下面来详细阐述。假设描述等离子体的量的背景值扰动很小，例如：

$$\psi = -1 + \tilde{\psi}, \quad \gamma = 1 + \tilde{\gamma}, \quad |\tilde{\psi}| \ll 1, |\tilde{\gamma}| \ll 1$$

那么，原始问题式 (9.39)～ 式 (9.49) 可以在背景值附近线性化。忽略二阶无穷小项，可得线性问题，在消掉未知数后可以得到一个势扰动的基本方程：

$$\frac{\partial^2 \tilde{\psi}}{\partial \eta^2} + (1 + \delta)\tilde{\psi} + \frac{|a|^2}{4} = 0$$

其余量的扰动可以通过 $\tilde{\psi}$ 以显式形式表达。如果对离散化方程式 (9.52)~式 (9.62) 进行类似变换，那么结果可以得到格式：

$$\frac{\tilde{\psi}_{k,l,j+1}-2\tilde{\psi}_{k,l,j}+\tilde{\psi}_{k,l,j-1}}{h_z^2}+(1+\delta)\tilde{\psi}_{k,l,j}+\frac{\left|a_{k,l,j}^{n+1}\right|^2}{4}=0$$

显然该格式对变量 η 具有二阶逼近度。测试计算证实弱线性问题具有这种性质。

9.3.3 计算结果

对式 (9.51) 形式恒定脉冲的数值模拟表明，短激光脉冲（$l_*=3.5$）可以有效激发尾波，这种尾波作用于离子时，在激光脉冲的后方会形成低密度等离子体区 (等离子体通道)。随着远离脉冲，通道的深度增加，最终导致尾波受到破坏。

对比由不同截面脉冲激发的波非常重要。我们列出对静止离子的计算结果，即在 $\delta=0$ 情况下，区域 $\Omega=[-7,7]\times[-7,7]\times[-12,11]$，脉冲中心位于点 $\{0,0,0\}$，网格含有 $31\times31\times231$ 个节点，脉冲的其余参数为 $a_*=1.0$, $\rho_*=1.8$。

图 9.12 展示的是距脉冲中心半个周期距离上的电子密度扰动：图 9.12(a) 对应于圆截面脉冲（α=1），图 9.12(b) 对应椭圆截面脉冲（α=4）。不难发现在问题没有轴对称性的情况下所产生的函数几何形状的差别。应当指出的是，在这两种情况下所研究函数变化的边界几乎相同。

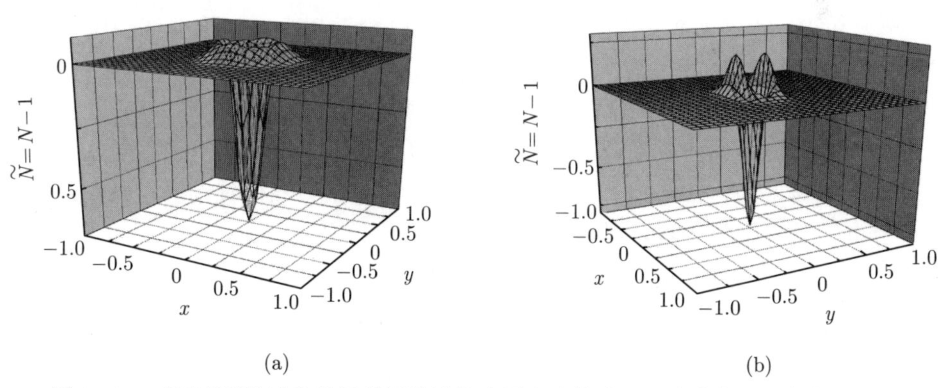

(a) (b)

图 9.12 对圆截面脉冲和椭圆截面脉冲的电子密度扰动（距脉冲中心下半个周期）

在图 9.13 上展示的是对于相同参数距脉冲中心下一个周期的势扰动，这里情况有些不同：几何形状相近，但绝对值的区别更大（它们相差 1 倍以上）。

本节的主要结果可以表述如下：提出了一种差分格式及其实现的迭代算法，用来求解描述离子和电子在短强激光脉冲激发的等离子体尾波中的三维动力学的非线性偏微分方程组。最初的数值实验表明，基于仅模拟轴对称尾波得到的物理结论，可能存在很大出入，这是因为激光脉冲的几何形状在性质和数量上都有很大影响。

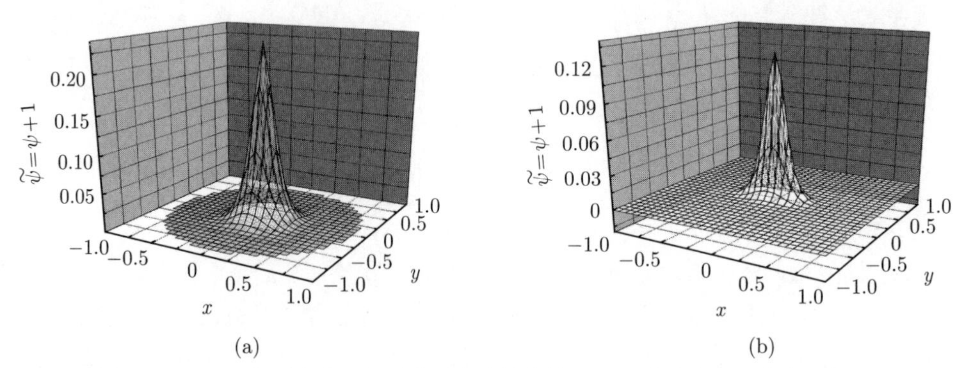

图 9.13　对圆截面脉冲和椭圆截面脉冲的势扰动（距脉冲中心下半个周期）

9.4　文献评述及说明

文献 [100] 分析了尾波的轴对称解；从其结果可得，由轴对称激光脉冲激发的尾波可能在对称轴之外发生翻转。很遗憾，本书作者还没有发现其他有关轴对称解的著作。

有一篇以激光脉冲加速离子为主题的文章，内容浅显易懂但专业水平很高 [35]。文献 [125] 似乎是首次在流体动力学模型框架内对三维非线性轴对称尾波中的离子动力学进行了数值模拟。这里所研究的数值算法后来在文献 [136] 中用于计算。大概在 PiC 模型框架内开始研究离子动力学是从文献 [159] 开始的。

在计算三维尾波中离子运动时不考虑轴对称性会使问题变得相当复杂。基于流体动力学模型的数值模拟方法应该是在文献 [48] 中首次研究的。遗憾的是本书作者没有在文献中找到这种类似的计算。

文献 [93] 是在尾波翻转方面对流体动力学近似的补充研究。该著作对锐聚焦激光脉冲在稀薄等离子体中激发的尾波的空间结构进行了数值研究和解析研究。其运用有限差分法和粒子法对尾波中密度和电场的空间分布进行了强非线性状态计算。数值上显示，随着远离激光脉冲后沿，在距轴一定距离上逐渐形成电子密度极大值。在这个轴外极大值形成以后，其值会随每个周期快速增长。在距脉冲后沿的一定距离上（该距离与激光场的振幅显著相关）轴外电子密度极大值会变成无穷大并发生尾波翻转。使用粒子法进行的数值计算表明，由于相邻电子轨道相交而产生密度奇点。激光场振幅的增加会导致翻转点快速接近脉冲后沿，结果翻转甚至可能发生在激光脉冲内部。该著作在弱非线性状态根据扰动法得到了尾波中径向电子振动的非线性频移表达式。获得了弱非线性尾波的翻转点坐标与激光场振幅的解析关系式，该关系式系数在精度上与粒子法在强非线性情况下计算的结果一致，在逼近给定脉冲情况下进行了分析。基于该文献的研究得出结论：轴对称激光脉冲激发的尾波可能在轴外翻转。

第 10 章　总　　结

在本书的导论中曾提到：本书介绍的内容是面向未来的，能够使研究人员关注新的问题。在这里我们指出几个可能的研究方向。

二次常微分方程组的爆破解。当研究微分方程时，几乎总是会出现与是否存在全局解相关的问题。其中有两个问题迄今为止尚未得到充分研究 [17]：

(1) 微分方程组的某些解存在的区间何时有限，何时无限？

(2) 如何高效地找到这个区间？

本书对解决与轴对称解相关的这两个问题做了初步尝试。对与球对称振动有关问题的研究是非常有发展前景的，本书还考虑到在原始问题具有不同对称性情况下离子动力学对电子振动的影响。

预报准线性双曲方程组解的梯度突变。如果研究不变式准线性双曲方程组的柯西问题 [81]，那么当右侧有限的情况下，解（模）依然是有限的，但其导数却仍然可能无限增长。这种效应通常称为“梯度突变”。在等离子体振动中出现这种情况意味着所运用流体动力学模型的适用性已达到极限，因为这会导致电荷浓度无穷大。梯度突变可能发生在一定数量（有时非常重要）的振动周期之后，这使问题变得复杂。在文献 [104] 中尝试研究这种与等离子体振动相关的解，但所得到的结果应该只看作是对这种问题的初步认识。

为翻转问题构建数值算法。在这方面很自然感兴趣的是使用欧拉变量的方法，这种方法在翻转前具有二阶精度。这个问题的特点是非散度型方程，且辅助黎曼问题基本无解，也就是说，分段恒定的（或者一般来说是分段线性的）初值问题无解。

该方法还应当具有捕捉冲击的性质，即能够在没有断点位置、时间，以及所求量在间点附近渐进性的任何信息的情况下，能够跟踪函数和/或其导数产生的断点。

用来计算离子动力学的算法特别重要，因为这种情况所计算的振动周期数量可能会增加到数十（甚至数百！）倍。如何很长时间保持计算精度是在模拟准周期性解时众所周知的难题。

在其他数学模型框架内研究等离子体振动的翻转效应。最重要的是弗拉索夫–泊松方程和弗拉索夫–麦克斯韦方程型的积分微分（动力学）方程。无论是在非相对论情况下，还是考虑相对论效应，对一维平面振动都不难表述相应弗拉索夫方程的柯西问题。不仅如此，对非相对论性问题还已知经典解的存在性定理 [61]。但是，当尝试数值模拟时，马上就会产生人工边界条件问题，首先是在空间自变量变化方向上。文献 [132] 介绍在表述空间一维测试问题的情况下，通常使用周期性边界条件。构建和分析其他类型的条件是一个独立的问题。

对流体动力学模型和“网格质点”模型的数值实验进行形式对比也非常重要。这里再次指出使用 PiC 模型来模拟空间多维等离子体振动原则上是很困难的。这与初始条件有关，首先是粒子的初始分布。原因是在流体动力学振动模型中在初始时刻给出描述电场的函数。而在粒子法中在初始时刻粒子分布（相对于平衡位置的位移）要使粒子的位移恰好形成给出电场，这在某种意义上导致必须能够求解逆向问题，这也是一个独立的问题。

具有前景发展方向是学科领域发展的重要源泉。但是我们要强调的是，本书只是以不同视角研究在模拟等离子体中振动和尾波情况下出现的方程、解和方法等的性质中在数学方面的独特观点。也没有理由认为在研究此类问题时其他观点就不太重要。

参 考 文 献

1. СКИФ МГУ Чебышев *https://parallel.ru/claster/superinfo.*

2. SPECFUN *http://www.netlib.no/netlib/specfun.*

3. Абдуллаев А.Ш., Алиев Ю.М., Фролов А.А. Генерация квазистатических магнитных полей сильным циркулярно поляризованным электромагнитным излучением в релятивистской магнитоактивной плазме // *Физика плазмы*, 1986, том 12, № 7, с. 827–835.

4. Абдуллаев А.Ш., Фролов А.А. Обратный эффект Фарадея в релятивистской электронной плазме // *ЖЭТФ*, 1981, том 81, № 3(9), с. 927–932.

5. Агошков В.И., Дубовский П.Б., Шутяев В.П. Методы решения задач математической физики. – М.: ФИЗМАТЛИТ, 2002.

6. Александров А.Ф., Богданкевич Л.С., Рухадзе А.А. Основы электродинамики плазмы. Изд. 2-е, перераб. и дополн. – М.: Высшая школа, 1988.

7. Андерсон Д., Таннехилл Дж., Плетчер Р. Вычислительная гидромеханика и теплообмен. Т. 1. – М.: Мир, 1990.

8. Андреев Н.Е., Горбунов Л.М., Зыков А.И., Чижонков Е.В. Переходные нелинейные волны при пондеромоторной самофокусировке излучения в плазме // *ЖЭТФ*, 1994, том 106, № 6, с. 1676–1686.

9. Андреев Н.Е., Горбунов Л.М., Кирсанов В.И., Погосова А.А., Рамазашвили Р.Р. Резонансное возбуждение кильватерных волн лазерным импульсом в плазме // *Письма в ЖЭТФ*, 1992, том 55, № 10, с. 551–555.

10. Андреев Н.Е., Горбунов Л.М., Рамазашвили Р.Р. К теории трехмерной кильватерной волны, возбуждаемой мощным лазерным импульсом в разреженной плазме // *Физика плазмы*, 1997, том 23, № 4, с. 303–310.

11. Андреев Н.Е., Горбунов Л.М., Фролов А.А., Чижонков Е.В. О критерии опрокидывания нелинейной кильватерной плазменной волны // *В сб.: Физика экстремальных состояний вещества – 2005. Под ред. В.Е. Фортова и др. – Черноголовка: ИПХФ РАН*, 2005, с. 12–14.

12. Андреев Н.Е., Горбунов Л.М., Чижонков Е.В. Численное моделирование динамики самофокусировки волнового пучка в плазме // *Матем. Моделирование*, 1995, том 7, № 9, с. 65–71.

13. Арнольд В.И. Обыкновенные дифференциальные уравнения. – М.: Наука, 1971.

14. Арнольд В.И. Теория катастроф // *Итоги науки и техники. Сер. Совр. пробл. мат. Фунд. направления*, 1986, том 5, с. 219–277.

15. Ахиезер А.И., Половин Р.В. К теории волновых движений электронной плазмы // *Ж. экспер. и теор. физ.*, 1956, том 30, № 5, с. 915–928.

16. Бабенко К.И. Основы численного анализа. – М.: Наука, 1986.

17. Барис Я., Барис П., Рухлевич Б. Разрушающиеся решения квадратичных систем дифференциальных уравнений // *Современная математика. Фундаментальные направления*, 2006, том 15, с. 29–35.

18. Бахвалов Н.С., Боровский А.В., Коробкин В.В., Чижонков Е.В., Эглит М.Э., Якубенко А.Е. Численный расчет коэффициентов усиления света на переходах Н-ионов в свободно разлетающейся плазме // *Препринт ИОФ АН СССР*, 1985, № 187, с. 34.

19. Бахвалов Н.С., Боровский А.В., Коробкин В.В., Чижонков Е.В., Эглит М.Э. Нагрев и неравновесная тепловая ионизация плазмы коротким лазерным импульсом // *Препринт ИОФ АН СССР*, 1987, № 166, с. 21.

20. Бахвалов Н.С., Жидков Н.П., Кобельков Г.М. Численные методы. – 7-е изд. – М.: БИНОМ. Лаборатория знаний, 2013.

21. Бахвалов Н.С., Жилейкин Я.М., Заболотская Е.А. Нелинейная теория звуковых пучков. – М.: Наука, 1982.

22. Бахвалов Н.С., Корнев А.А., Чижонков Е.В. Численные методы. Решения задач и упражнения. – 2-е изд. – М.: Лаборатория знаний, 2016.

23. Белоцерковский О.М., Давыдов Ю.М. Метод крупных частиц в газовой динамике. – М.: Наука, 1982.

24. Богачев К.Ю. Основы параллельного программирования. – М.: БИНОМ. Лаборатория знаний, 2013.

25. Боголюбов Н.Н., Митропольский Ю.А. Асимптотические методы в теории нелинейных колебаний. – М.: Наука, 1974.

26. Борисов А.Б. Симметричные схемы типа Кранка–Николсона для решения нелинейных уравнений Шредингера // *В сб.: Методы и алгоритмы численного анализа и их приложения. Изд–во МГУ, М.*, 1989, с. 153–181.

27. Боровский А.В., Галкин А.Л., Приймак В.Г., Чижонков Е.В. Методы совместного решения уравнений газовой динамики и кинетики многозарядной плазмы // *Ж. вычисл. матем. и матем. физики*, 1990, том 30, № 9, с. 1381–1393.

28. Боровский А.В., Староверов В.М., Чижонков Е.В. Влияние ионизационно-рекомбинационных процессов, идущих через возбужденные состояния ионов, на эволюцию многозарядной плазмы в газодинамических расчетах // *Препринт ИОФ АН СССР*, 1989, № 32, с. 19.

29. Боровский А.В., Галкин А.Л. Лазерная физика: рентгеновские лазеры, ультракороткие импульсы, мощные лазерные системы. – М.: ИздАТ, 1996.

30. Брагинский С.И. Явления переноса в плазме // *В сб.: Вопросы теории плазмы. Госатомиздат, М.*, 1963, с. 183–285.

31. Брушлинский К.В. Математические и вычислительные задачи магнитной газодинамики. – М.: БИНОМ. Лаборатория знаний, 2009.

32. Буланов С.В., Есиркепов Т.Ж., Кандо М. и др. Релятивистские зеркала в плазме — новые результаты и перспективы // *Успехи физических наук*, 2013, том 183, № 5, с. 449–486.

33. Буланов С.В., Калифано Ф., Дудникова Г.И. и др. Лазерное ускорение заряженных частиц в неоднородной плазме. II: Инжекция частиц в ускоряющую фазу поля при нелинейном опрокидывании кильватерной волны // *Физика плазмы*, 1999, том 25, № 6, с. 517–530.

34. Буланов С.В., Ямагива М., Есиркепов Т.Ж. и др. Ускорение электронного сгустка в режиме опрокидывания кильватерной волны // *Физика плазмы*, 2006, том 32, № 4, с. 291–310.

35. Быченков В.Ю. Экстремальный свет ускоряет ионы // *Природа*, 2012, № 2, с. 3–11.

36. Быченков Ю.В., Чижонков Е.В. Итерационные методы решения седловых задач. – М.: БИНОМ. Лаборатория знаний, 2010.

37. Ватажин А.Б., Любимов Г.А., Регирер С.А. Магнитогидродинамические течения в каналах. – М.: Наука, 1970.

38. Веденяпин В.В. Кинетические уравнения Больцмана и Власова. – М.: ФИЗМАТЛИТ, 2001.

39. Гельфанд И.М., Зуева Н.М., Имшенник В.С., Локуциевский О.В., Рябенький В.С., Хазина Л.Г. К теории нелинейных колебаний электронной плазмы // *Ж. Вычисл. Математики и Матем. Физики*, 1967, том 7, № 2, с. 322–347.

40. Гинзбург В.Л., Рухадзе А.А. Волны в магнитоактивной плазме. – М.: Наука, 1975.

41. Годунов С.К., Рябенький В.С. Разностные схемы. Введение в теорию. – М.: Наука, 1973.

42. Горбунов Л.М. Гидродинамика плазмы в сильном высокочастотном поле // *УФН*, 1973, том 109, № 4, с. 631–655.

43. Горбунов Л.М. Зачем нужны сверхмощные лазерные импульсы? // *Природа*, 2007, № 4, с. 11–20.

44. Горбунов Л.М., Кирсанов В.И. Возбуждение плазменных волн пакетом электромагнитного излучения // *ЖЭТФ*, 1987, том 93, № 2, с. 509–518.

45. Горбунов Л.М., Фролов А.А., Чижонков Е.В. О моделировании нерелятивистских цилиндрических колебаний в плазме // *Вычисл. методы и программ.*, 2008, том 9, № 1, с. 58–65.

46. Горбунов Л.М., Фролов А.А., Чижонков Е.В., Андреев Н.Е. Опрокидывание нелинейных цилиндрических колебаний плазмы // *Физика плазмы*, 2010, том 36, № 4, с. 375–386.

47. Горбунов Л.М., Чижонков Е.В. Численное моделирование процесса тепловой самофокусировки в плазме // *Фундаментальная и прикладная математика*, 1996, том 2, № 3, с. 789–801.

48. Горбунов Л.М., Чижонков Е.В. Численное моделирование динамики трехмерных нелинейных кильватерных волн в гидродинамическом приближении // *Вычисл. методы и программ.*, 2006, том 7, с. 17–22.

49. Горбунов Л.М., Чижонков Е.В. О численных методах моделирования нелинейных кильватерных волн в плазме // *Аналитические и численные методы моделирования естественнонаучных и социальных проблем: сборник статей II Международной научно-технической конференции. – Пенза, АНОО Приволжский Дом знаний*, 2007, с. 277–279.

50. Григорьев Ю.Н., Вшивков В.А., Федорук М.П. Численное моделирование методами частиц-в-ячейках. – Новосибирск: Издательство СО РАН, 2004.

51. Двайт Г.Б. Таблицы интегралов и другие математические формулы. – М.: Наука, 1973.

52. Джексон Д. Ряды Фурье и ортогональные полиномы. – М.: ГИТТЛ, 1948.

53. Днестровский Ю.Н., Костомаров Д.П. Математическое моделирование плазмы. – М.: Наука, 1982.

54. Евстигнеев В.А. NUMA-архитектура: некоторые особенности компиляции и генерации кода // В сб.: Поддержка супервычислений и Интернет-ориентированные технологии. – Новосибирск: ИСИ СО РАН, 2001.

55. Елизарова Т.Г. Квазигазодинамические уравнения и методы расчета вязких течений. – М.: Научный мир, 2007.

56. Елизарова Т.Г., Четверушкин Б.Н. Кинетические алгоритмы для расчета газодинамических течений // *Ж. вычисл. математ. и матем. физ.*, 1985, том 25, № 10, с. 1526–1533.

57. Захаров В.Е., Сынах В.С. О характере особенности при самофокусировке // *ЖЭТФ*, 1975, том 68, № 3, с. 940–947.

58. Зельдович Я.Б., Мамаев А.В., Шандарин С.Ф. Лабораторное наблюдение каустик, оптическое моделирование движения частиц и космология // *Успехи физических наук*, 1983, том 139, № 1, с. 153–163.

59. Зельдович Я.Б., Мышкис А.Д. Элементы математической физики. – М.: Наука, 1973.

60. Ильгамов М.А., Гильманов А.Н. Неотражающие условия на границах расчетной области. – М.: ФИЗМАТЛИТ, 2003.

61. Иорданский С.В. О задаче Коши для кинетического уравнения плазмы // *Труды МИАН СССР*, 1961, том 60, с. 181–194.

62. Камке Э. Справочник по дифференциальным уравнениям. – М.: Наука, 1965.

63. Карамзин Ю.Н. Разностные методы в задачах нелинейной оптики. – М.: Препринт ИПМ им. М.В.Келдыша АН СССР N 74, 1982.

64. Карчевский М.М., Павлова М.Ф. Уравнения математической физики. Дополнительные главы. – СПб.: Издательство «Лань», 2016.

65. Каток А.Б., Хасселблат Б. Введение в современную теорию динамических систем. – М.: Издательство «Факториал», 1999.

66. Коддингтон Э.Л., Левинсон Н. Теория обыкновенных дифференциальных уравнений. – М.: Изд-во иностранной литературы, 1958.

67. Коник А.А., Чижонков Е.В. Разностный метод для моделирования кильватерных волн в плазме // *Материалы Десятой Международной конференции. – Казань: Издательство Казанского государственного университета*, 2014, с. 391–397.

68. Коник А.А., Чижонков Е.В. Об одной разностной схеме для моделирования кильватерных волн в плазме // *Вестник Московского Университета. Серия 1. Математика, механика*, 2016, № 1, с. 44–48.

69. Куликовский А.Г., Погорелов Н.В., Семенов А.Ю. Математические вопросы численного решения гиперболических систем уравнений. – М.: ФИЗМАТЛИТ, 2001.

70. Лебедев В.И. Разностные аналоги ортогональных разложений, фундаментальных дифференциальных операторов и основных начально-краевых задач математической физики // *ЖВМ и МФ*, 1964, том 4, № 3, с. 449–465.

71. Лебедев В.И. Функциональный анализ и вычислительная математика. – М.: ФИЗМАТЛИТ, 2005.

72. Ленг С. Эллиптические функции. – М.: Наука, 1984.

73. Луговой В.Н., Прохоров А.М. Теория распространения мощного лазерного излучения в нелинейной среде // *Успехи физических наук*, 1973, том 111, № 2, с. 203–247.

74. Марчук Г.И. Методы вычислительной математики. – М.: Наука, 1980.

75. Милютин С.В., Фролов А.А., Чижонков Е.В. Опрокидывание кильватерных волн в плазме // В сб.: Суперкомпьютерные технологии в науке, образовании и промышленности. Том 4 /Под редакцией: академика В.А. Садовничего, академика Г.И. Савина, член.-корр. РАН Вл.В. Воеводина. – М.: Издательство Московского университета, 2012.

76. Милютин С.В., Фролов А.А., Чижонков Е.В. Пространственное моделирование опрокидывания нелинейных плазменных колебаний // *Вычисл. методы и программ.*, 2013, том 14, № 2, с. 295–305.

77. Милютин С.В., Фролов А.А., Чижонков Е.В. О разностных схемах для расчета нелинейных плазменных колебаний // *Сборник научных трудов Международной конференции Разностные схемы и их приложения, посвященной 90-летию профессора В.С. Рябенького. – М.: Институт прикладной математики им. М.В. Келдыша РАН*, 2013, с. 105–106.

78. Морозов А.И., Соловьев Л.С. Стационарные течения плазмы в магнитом поле // В сб.: Вопросы теории плазмы. – М.: Атомиздат, 1974.

79. Попов А.В., Чижонков Е.В. Об одной разностной схеме для расчета плазменных аксиально-симметричных колебаний // *Вычисл. методы и программ.*, 2012, том 13, № 1, с. 5–17.

80. Похожаев С.И. Об априорных оценках и градиентных катастрофах гладких решений гиперболических систем законов сохранения // *Труды математического института им. В.А.Стеклова*, 2003, том 243, с. 257–288.

81. Рождественский Б.Л., Яненко Н.Н. Системы квазилинейных уравнений и их приложение к газовой динамике. – М.: Наука, 1968.

82. Самарский А.А. Введение в теорию разностных схем. – М.: Наука, 1971.

83. Самарский А.А., Николаев Е.С. Методы решения сеточных уравнений. – М.: Наука, 1978.

84. Самарский А.А., Соболь И.М. Примѐры численного расчета температурных волн // *Ж. вычисл. математ. и матем. физ.*, 1963, том 3, № 4, с. 702–719.

85. Силин В.П. Введение в кинетическую теорию газов. – М.: Наука, 1971.

86. Силин В.П., Рухадзе А.А. Электромагнитные свойства плазмы и плазмоподобных сред. – М.: Торговый дом «ЛИБРОКОМ», 2012.

87. Соболев С.Л. Уравнения математической физики. 4-е изд. – М.: Наука, 1966.

88. Тихонов А.Н., Самарский А.А. Уравнения математической физики. – М.: Наука, 1972.

89. Тыртышников Е.Е. Методы численного анализа. – М.: Издательский центр «Академия», 2007.

90. Федоренко Р.П. Введение в вычислительную физику. – М.: Издательство Московского физико—технического института, 1994.

91. Федорова И.В., Чижонков Е.В. О численном решении одной неустойчивой задачи // *Математические идеи П.Л. Чебышева и их приложение к современным проблемам естествознания: Тезисы докладов международной конференции*, 2008, с. 82–83.

92. Федорова И.В., Чижонков Е.В. К численному решению одной неустойчивой задачи // *Вестник Моск. Ун-та. Сер. 1,Математика. Механика.*, 2009, № 5, с. 50–53.

93. Фролов А.А., Чижонков Е.В. Опрокидывание кильватерной волны, возбуждаемой в разреженной плазме узким лазерным импульсом // *Физика плазмы*, 2011, том 37, № 8, с. 711–728.

94. Фролов А.А., Чижонков Е.В. О релятивистском опрокидывании электронных колебаний в плазменном слое // *Вычисл. методы и программ.*, 2014, том 15, с. 537–548.

95. Фролов А.А., Чижонков Е.В. Влияние динамики ионов на опрокидывание плоских электронных колебаний // *Математическое моделирование*, 2015, том 27, № 12, с. 3–19.

96. Фролов А.А., Чижонков Е.В. Об опрокидывании двумерных релятивистских электронных колебаний при малом отклонении от аксиальной симметрии // *Ж. Вычисл. Математики и Матем. Физики*, 2017, том 57, № 11, с. 1844–1859.

97. Четверушкин Б.Н. Кинетические схемы и квазигазодинамические системы уравнений. – М.: МАКС Пресс, 2004.

98. Чижонков Е.В. Об одной системе уравнений типа магнитной гидродинамики // *Доклады АН СССР*, 1984, том 278, № 5, с. 1074–1077.

99. Чижонков Е.В. Релаксационные методы решения седловых задач. – М.: ИВМ РАН, 2002.

100. Чижонков Е.В. Численное моделирование аксиальных решений некоторых нелинейных задач // *Вычисл. методы и программ.*, 2010, том 11, № 2, с. 57–69.

101. Чижонков Е.В. О моделировании плоских электронных колебаний с помощью аксиальных решений // *Сеточные методы для краевых задач и приложения. Материалы Восьмой Всероссийской конференции, посвященной 80-летию со дни рождения А.Д. Ляшко. – Казань: Издательство Казанского государственного университета*, 2010, с. 474–482.

102. Чижонков Е.В. К моделированию электронных колебаний в плазменном слое // *Ж. Вычисл. Математики и Матем. Физики*, 2011, том 51, № 3, с. 456–469.

103. Чижонков Е.В. Двухэтапная диагностика градиентной катастрофы для одного класса квазилинейных гиперболических систем // *Сеточные методы для краевых задач и приложения. Материалы Одиннадцатой Международной конференции. – Казань: Издательство Казанского государственного университета*, 2016, с. 321–325.

104. Чижонков Е.В. Искусственные граничные условия для численного моделирования электронных колебаний в плазме // *Вычисл. методы и программ.*, 2017, том 18, с. 65–79.

105. Шен И.Р. Принципы нелинейной оптики. – М.: Наука, 1989.

106. ALIEV YU.M., STENFLO L. Large-amplitude electron oscillations in a plasma slab // *Physica Scripta*, 1994, vol. 50, p. 701–702.

107. AMIRANASHVILI SH., YU M.Y., STENFLO L., BRODIN G., SERVIN M. Nonlinear standing waves in bounded plasmas // *Physical Review*, 2002, vol. 66, p. 046403-1 – 046403-6.

108. ANDREEV N.E., CHIZHONKOV E.V., FROLOV A.A., GORBUNOV L.M. On Laser Wakefield Acceleration in Plasma Channels // *Nuclear Instruments and Methods in Physics Research, Section A*, 1998, vol. 410, p. 469–476.

109. ANDREEV N.E., CHIZHONKOV E.V., GORBUNOV L.M. Numerical modelling of the 3D nonlinear wakefield excited by a short laser pulse in a plasma channel // *Rus. J. Numer. Anal. Math. Modelling*, 1998, vol. 13, N 1, p. 1–11.

110. ANDREEV N.E., CHIZHONKOV E.V., GORBUNOV L.M. Nonlinear Dynamics of Laser Wake Fields in Underdence Plasmas // *in Laser Optics'98: Superstrong Laser Fields and Applications, Alexander A. Andreev, Editor, Proceedings of SPIE*, 1998, vol. 3683, p. 2–8.

111. ANDREEV N.E., CHIZHONKOV E.V., GORBUNOV L.M., RAMASASHVILI R.R. Structure of 3-D nonlinear plasma waves generated by an intense laser pulse // *Proceedings of the International Conference on Lasers-97, STS Press, McLEAN, Virginia*, 1998, p. 831–838.

112. ANDREEV N.E., FROLOV A.A., KUZNETSOV S.V., CHIZHONKOV E.V., GORBUNOV L.M. The Laser Wakefield Electron Acceleration in Homogeneous Plasmas and Plasma Channels // *Proceedings of the International Conference on Lasers-97, STS Press, McLEAN, Virginia*, 1998, p. 875–881.

113. ANDREEV N.E., GORBUNOV L.M., KIRSANOV V.I., NAKAJIMA K., ODATA A. Structure of the wake field in plasma channels // *Phys. of Plasmas*, 1997, vol. 4, p. 1423–1432.

114. ANDREEV N.E., GORBUNOV L.M., TARAKANOV S.V., ZYKOV A.I. Dynamics of pondermotive self-focusing and periodic bursts of SBBS in plasmas // *Phys. Fluids*, 1993, vol. B5, p. 1986–1999.

115. BIRDSALL C.K., LANGDON A.B. Plasma physics via computer simulation. – New York: McGraw-Hill Inc., 1985.

116. BOROVSKII A.V., CHIZHONKOV E.V., GALKIN A.L., KOROBKIN V.V. The Theory of Recombination X-Ray Lasers // *Applied Physics*, 1990, vol. B, N 50, p. 297–302.

117. BULANOV S.V., MAKSIMCHUK A., SCHROTDER C.B., ZHIDKOV A.G., ESAREY E., LEEMANS W.P. Relativistic spherical plasma waves // *Physics of Plasma*, 2012, vol. 19, p. 020702(1—4).

118. BULANOV S.V., PEGORARO F., PUKHOV A.M. Two-Dimensional Regimes of Self-Focusing, Wake Field Generation, and Induced Focusing of a Short Intense Laser Pulse in an Underdense Plasma // *Phys. Rev. Lett.*, 1995, vol. 74, N 5, p. 710–713.

119. BULANOV S.V., PEGORARO F., PUKHOV A.M., SAKHAROV A.S. Transverse-Wake Wave Breaking // *Phys. Rev. Lett.*, 1997, vol. 78, N 22, p. 4205–4208.

120. CHANDRASEKHAR S. Ellipsiodal figures of equilibrium. – New Haven: Yale Univ. Press, 1969.

121. CHIZHONKOV E.V. Diagnostics of a gradient catastrophe for a class of quasilinear hyperbolic systems // *Rus. J. Numer. Anal. Math. Modelling*, 2017, vol. 32, N 1, p. 13–26.

122. CHIZHONKOV E.V., FROLOV A.A. Numerical simulation of the breaking effect in nonlinear axially-symmetric plasma oscillations // *Rus. J. Numer. Anal. Math. Modelling*, 2011, vol. 26, N 4, p. 379–396.

123. CHIZHONKOV E.V., FROLOV A.A., GORBUNOV L.M. Modelling of relativistic cylindrical oscillations in plasma // *Rus. J. Numer. Anal. Math. Modelling*, 2008, vol. 23, N 5, p. 455–467.

124. CHIZHONKOV E.V., FROLOV A.A., MILYUTIN S.V. On overturn of two-dimensional nonlinear plasma oscillations // *Rus. J. Numer. Anal. Math. Modelling*, 2015, vol. 30, N 4, p. 213–226.

125. CHIZHONKOV E.V., GORBUNOV L.M. Numerical modelling of ion dynamics in 3D nonlinear wakefield // *Rus. J. Numer. Anal. Math. Modelling*, 2001, vol. 16, N 3, p. 235–246.

126. CHIZHONKOV E.V., GORBUNOV L.M. Calculation of a 3D axial symmetric nonlinear wakefield // *Rus. J. Numer. Anal. Math. Modelling*, 2007, vol. 22, N 6, p. 531–541.

127. COHEN B.I., LASINSKI B.F., LANGDON A.B., CUMMINGS J.C. Dynamics of pondermotive self-focusing in plasmas // *Phys. Fluids*, 1991, vol. B3, N 3, p. 766–775.

128. COWELL W.R., EDITOR. Sources and development of mathematical software. – Englewood Cliffs, New Jersey: Prentice-Hall Inc., 1984.

129. DAVIDSON R.C. Methods in Nonlinear Plasma. – Academic, New York, 1972.

130. DAVIS T.A. UMFPACK Version 4.3 User Guide. Technical Report TR-04-003. – Univ. of Florida, CISE Dept., Gainesvill, FL, 2004.

131. DAWSON J.M. Nonlinear electron oscillations in a cold plasma // *Phys. Review*, 1959, vol. 113, N 2, p. 383–387.

132. DIMARCO G., PARESCHI L. Numerical methods for kinetic equations // *Acta Numerica*, 2014, vol. 23, p. 369–520.

133. ESAREY E., SPRANGLE P., KRALL J., TING A. Overview of plasma-based acceleration concepts // *IEEE Trans. on Plasma Science*, 1996, vol. 24, p. 252–288.

134. FONSECA R.A., SILVA L.O., TSUNG F.S., DECYK V.K., LU W., REN C., MORI W.B., DENG S., LEE S., KATSOULEAS T., ADAM J.C. OSIRIS: A three-dimensional, fully relativistic particle in cell code for modeling plasma based accelerators // *Lecture Notes in Computer Science*, 2002, vol. 2331, p. 342–351.

135. FUCHS J., MALKA G., ADAM J.C., AMIRANOFF F., BATON S.D., BLANCHOT N., HERON A., LAVAL G., MIGNEL J.L., MORA P., PEPIN H., ROUSSEAUX C. Dynamics of subpicosecond relativistic laser pulse self-channeling in an underdense preformed plasma // *Phys. Rev. Lett.*, 1998, vol. 80, N 8, p. 1658–1661.

136. GORBUNOV L.M., MORA P., SOLODOV A.A. Plasma ions dynamics in the wake of a short laser pulse // *Phys. Rev. Lett.*, 2001, vol. 86, N 15, p. 3332–3335.

137. GORIELY A., HYDE C. Necessary and sufficient condition for finite time singularities in ordinary differential equations // *J. Differential Equat.*, 2000, vol. 161, p. 422–448.

138. HAIRER E., WANNER G. Solving ordinary differential equations II. Stiff and differential-algebraic problems. Second revised edition. – Springer Verlag, 1996.

139. HOCKNEY R.W., EASTWOOD J.W. Computer simulation using particles. – New York: McGraw-Hill Inc., 1981.

140. HUANG C., DECYK V.K., ZHOU M., LU W., MORI W.B., COOLEY J.H., ANTONSEN JR. T.M., FENG B., KATSOULEAS T., VIEIRA J., SILVA L.O. QuickPIC: a highly efficient fully parallelized PIC code for plasma-based acceleration // *Journal of Physics: Conference Series*, 2006, vol. 46, p. 190–199.

141. INFELD E., ROWLANDS G., SKORUPSKI A.A. Analytically solvable model of nonlinear oscillations in a cold but viscous and resistive plasma // *Phys. Rev. Lett.*, 2009, vol. 102, p. 145005(1-4).

142. JACOBSON D.H. Extensions of linear—quadratic control, optimization and matrix theory. – London: Academic Press, 1977.

143. KARIMOV A.R., YU M.Y., STENFLO L. Large quasineutral electron velocity oscillations in radial expansion of an ionizing plasma // *Physics of Plasmas*, 2012, vol. 19, p. 092118(1-5).

144. KIM J.K., UMSTADTER D. Cold Relativistic Threshold of Two-Dimensional Plasma Waves // *Advanced Accelerator Concepts: Eighth Workshop , edited by W.Lawson, C.Bellamy, and D.Brosius, AIP Conference Proceedings 472 (AIP Press, New York)*, 1999, p. 404–412.

145. KOSINSKI W. Gradient catastrophe in the solution of nonconservative hyperbolic systems // *Journal of mathematical analysis and applications*, 1977, vol. 61, p. 672–688.

146. KROLL J., ESAREY E., SPRANGLE P., JOICE G. Propagation of radius-tailored laser pulses over extended distances in a uniform plasma // *Physics of Plasmas*, 1994, vol. 1, p. 1738–1743.

147. KRUSHELNICK K., CLARK E.L., NAJMUDIN Z., SALVATI M., SANTALA M.I.K., TATARAKIS M., DANGOR A.E., MALKA V., NEELY D., ALLOT R., DANSON C. Multy-Mev ion production from high-intensity laser interactions with underdense plasmas // *Phys. Rev. Lett.*, 1999, vol. 83, N 4, p. 737–740.

148. KRUSHELNICK K., TING A., MOORE C.I., BURRIS H.R., ESAREY E., SPRANGLE P., BAINE M. Plasma channel formation and guiding during high intensity short pulse plasma experiments // *Phys. Rev. Lett.*, 1997, vol. 78, N 21, p. 4047–4050.

149. LEHMANN G., LAEDKE E.W., SPATSCHEK K.H. Localized wake-field excitation and relativistic wave-breaking // *Physics of Plasmas*, 2007, vol. 14, p. 103109 (1-9).

150. MACLEOD A.J. Rational expressions for the zeros of several special functions // *Journ. of Comput. and Applied Math.*, 2002, vol. 145, N 1, p. 237–246.

151. MACHALINSKA-MURAWSKA J., SZYDLOWSKI M. Lax-Wendroff and McCormack Schemes for Numerical Simulation of Unsteady Gradually and Rapidly Varied Open Channel Flow // *Archives of Hydro-Engineering and Environmental Mechanics*, 2013, vol. 60, N 1-4, p. 51–62.

152. MAX C.E. Strong self-focusing due to pondermotive force in plasmas // *Phys. Fluids*, 1976, vol. 19, N 1, p. 74–77.

153. MORA P. A., ANTONSEN T.M. Kinetic modeling of intense, short pulses propagating in tenuous plasmas // *Phys. Plasmas*, 1997, vol. 4, N 1, p. 217–229.

154. NAYFEH A.H. Introduction to Perturbation Techniques. – New York: Jon Wiley and Sons, 1981.

155. NIETER C., CARY J.B. VORPAL: a versatile plasma simulation code // *J. Comput. Phys.*, 2004, vol. 196, p. 448–473.

156. PIESSENS R., DEDONCKER-KAPENGA E., UBERHUBER C., KAHANER D. Quadpack: a Subroutine Package for Automatic Integration. – Springer Verlag, Series in Computational Mathematics, v.1, 1983.

157. POHOZAEV S.I. The general blow-up theory for nonlinear PDE's // *Function Spaces, Differential Operators and Nonlinear Analysis. The Hans Triebel Anniversary Volume*, 2003, p. 141–159.

158. PUKHOV A. Three-dimensional electromagnetic relativistic particle-in-cell code VLPL (Virtual Laser Plasma Lab) // *J. Plasma Phys.*, 2001, vol. 61, p. 425–433.

159. PUKHOV A. Three-Dimensional Simulations of Ion Acceleration from a Foil Irradiated by a Short-Pulse Laser // *Phys. Rev. Lett.*, 2001, vol. 86, N 16, p. 3562–3565.

160. ROSENBLUTH M.N., LIU C.S. Excitation of Plasma Waves by Two Laser Beams // *Phys. Rev. Lett.*, 1972, vol. 29, N 11, p. 701–705.

161. ROWLANDS G., BRODIN G., STENFLO L. Exact analytic solutions for nonlinear waves in cold plasmas // *J. Plasma Physics*, 2008, vol. 74, N 4, p. 569–573.

162. SPRANGLE P., ESAREY E., TING A., JOYCE G. Laser wakefield acceleration and relavistic optical guiding // *Appl. Phys. Lett.*, 1988, vol. 53, p. 2146–2148.

163. STENFLO L. Theory of Nonlinear Plasma Surface Waves // *Physica Scripta*, 1996, vol. 63, p. 59–62.

164. STENFLO L., GRADOV O.M. Electron oscillations in a plasma slab // *Physical Review E*, 1998, vol. 58, N 6, p. 8044–8045.

165. STENFLO L., MARKLUND M., BRODIN G., SHUKLA P.K. Large-amplitude Electron Oscillations in a Plasma Slab // *J. Plasma Physics*, 2006, vol. 72, N 4, p. 429–433.

166. TAJIMA T., DAWSON J.M. Laser electron accelerator // *Phys. Rev. Lett.*, 1979, vol. 43, p. 267–270.

167. VERBONCOEUR J.P. Particle simulation of plasmas: review and advances // *Plasma physics and controlled fusion*, 2005, vol. 47, p. A231–A260.

168. VERBONCOEUR J.P., LANGDON A.B., GLADD N.T. An object-oriented electromagnetic PIC code // *Comput. Phys. Commun.*, 1995, vol. 87(1-2), p. 199–211.

169. VERMA P.S., SONI J.K., SEGUPTA S., KAW P.K. Nonlinear oscillations in a cold dissipative plasma // *Physics of Plasmas*, 2010, vol. 17, p. 044503(1-4).

170. YEE K.S. Numerical solution of initial boundary value problems involving Maxwell's equations in isotropic media // *IEEE Transactions on antennas and propagation*, 1996, vol. 14, p. 302–307.

171. YOUNG P.E., GUETHLEIN G., WILKS S.C., HAMMER J.H., KRUER W.L., ESTABROOK K.G. Fast ion production by laser filamenation in laser-produced plasmas // *Phys. Rev. Lett.*, 1996, vol. 76, N 17, p. 3128–3131.